卡耐基写给女人的幸福忠告

（美）戴尔·卡耐基 著
翟晓斐 编译

内蒙古出版集团
远 方 出 版 社

图书在版编目（CIP）数据

卡耐基写给女人的幸福忠告／翟晓斐 编译．——呼和浩特：远方出版社，2013.4

ISBN 978－7－80723－953－6

Ⅰ.①卡… Ⅱ.①翟… Ⅲ.①女性－幸福－通俗读物 Ⅳ.①B82－49

中国版本图书馆 CIP 数据核字（2013）第 076627 号

卡耐基写给女人的幸福忠告

著　　者 翟晓斐 编译

责任编辑 韩　芳

装帧设计 柏拉图创意机构

出版发行 内蒙古出版集团　远方出版社

社　　址 呼和浩特市乌兰察布东路 666 号

（电话：0471－2236466 邮编：010010）

经　　销 新华书店

印　　刷 北京毅峰迅捷印刷有限公司

开　　本 710mm×1000mm　1/16

字　　数 270 千

印　　张 19

版　　次 2013 年 5 月第 1 版

印　　次 2013 年 5 月第 1 次印刷

标准书号 ISBN 978－7－80723－953－6

定　　价 29.80 元

前言

幸福，是个耳熟能详的字眼，每个人对幸福的理解都不同，对幸福的要求也千差万别。尤其在如今这样一个充满竞争和压力、诱惑和挑战的社会，幸福往往来得惊喜，走得突然。许多女性本该优雅、从容地前行，却在现实的压力和种种境遇面前无法停住匆忙的脚步，甚至连路边的风景也无暇顾及。

人们为了琐碎的生活，心疲力竭；忙于繁重的工作，殚精竭虑；追逐金钱和名望，绞尽脑汁……所有这些生命中的欲望和负累，恰恰成了阻碍我们获得幸福的牵绊。当人们因这些牵绊迷失了理智，丢弃了平静的心灵，烦恼和忧郁，甚至对生活失去信心时，绝望便如乌云笼罩，人们不禁开始思索：幸福究竟是什么？为什么我感受不到幸福？

幸福，究竟是什么？幸福，其实是一种美好的心灵体验，它源自于内心，折射到女人的脸上，呈现的就是美丽、优雅、自信和善良。而获得幸福的方法也有很多，关键在于你如何看待身边的人，如何面对你的生活，如何思考自己。

迎着幸福前行的女人，她们都有着淡定的心、饱满的精神，无论她们身处何处，看到的都是艳阳天，听到的都是天籁音；无论她们境遇如何，她们都知道怎样让自己走出泥潭，从生活中挖掘快乐、提炼幸福。而那些无心感知幸福的女人，终日被心中的欲望和负累所困扰，抱怨命运的不公，感慨人生的差别。这样的女人即便头上晴空万里，心中依然乌云密布。所以，她们永远与幸福隔着一层透明的纱，只能憧憬，却渐行渐远。

如果想拥抱幸福，就请敞开内心，让阳光照进来，遵从自己内心的真实，用善良和爱心指引我们前行的路。而当心灵里的阳光照射出温暖的时候，你的伤痛和不幸也将随之融化。所以，要想成为幸福的女人，就要让心灵散发出光彩，顺着生命的流向到达幸福的彼岸。

当我们为此感到迷茫和无助的时候，或许有一个人可以给我们带来一些心灵上的启迪和慰藉，他就是戴尔·卡耐基。戴尔·卡耐基是闻名世界的伟大的成功学大师、成人教育家及人际关系学大师，人们称其为美国“现代成人教育之父”。他结合心理学和社会学知识，探索和分析人类共同的心理特征，从而开创和发展了一套独具特色的集演讲、推销、为人处事、智能开发于一身的成人教育模式，惠及无数读者。

卡耐基在长期的工作实践中，接触到了来自社会各个阶层的女性。她们向他讲述了自己在生活和工作中的各种际遇，有成功的经验，也有失败的教训。他通过对这些女性心理的研究和分析，指导女性应当如何走出迷茫，拥抱幸福，这些忠告也成为了万千女性捧为圣经的心灵宝典。

戴尔·卡耐基指出，女人要想获得幸福，就要学会树立自信，培养乐观的心态，勇敢甩掉稚嫩的外衣，蜕变为成熟的女人。同时，要修炼自己的气质，培养情商，打造一个精彩的生活名片，从而更好地经营婚姻、享受工作带来的乐趣和价值。他还建议女性要学会理财，积极拓展人脉，保证生活的幸福之本，扩展幸福的外延。最后，他告诉女性要远离忧虑，保证身心的健康，拥有一颗善于发现的心，去感悟和探索幸福的源头。这些忠告不是一些冠冕堂皇的寥寥数语，而是像春风拂面一样轻抚女性的心田，引导她们从容地思考生活的意义和人生的价值。

无论你来自哪里，身处何方，无论你的身份、地位、长相如何，只要你追随着卡耐基的脚步，聆听他的教导，一定可以找到开启幸福人生的钥匙，从而打开全新的人生篇章，拥抱久违的幸福。

目录 CONTENTS

第一章　乐观自信，做独一无二的玫瑰

第二章　褪去青涩，成熟面对生活

第三章　修炼气质，塑造魅力女人

第四章　培养情商，让情绪为你所控

第五章　经营婚姻，做幸福的女人

第六章　纵横职场，巾帼不让须眉

第七章　智慧理财，拒绝做财富的奴隶

第八章　扩展人脉，握住社交的金钥匙

第九章　活力四射，身心健康是美丽的保险

第十章　感悟生活，探索幸福之源

第一章　乐观自信，做独一无二的玫瑰

快乐，源自于心灵的体验。生活中从不缺少阳光，也无法躲避风雨，人生的旅途从来都是坎坷不平的。幸福、美好都隐藏在生命的夹缝中，需要我们费些力气、用点心力去发现和获得。而那些对自己充满信心的女人，从不会对那些风雨和坎坷感到恐惧，她们会用乐观和坚强在风雨中绽放出独一无二的美丽。

1. 乐观坚强，积极面对生活

在人生的旅途中，我们每个人都会在某个阶段或者某个时间遭遇低谷，甚至承受不幸。每当面对这些我们无法掌控或者改变的境遇时，常常会听到许多女性抱怨生活的不如意，尽管在他人的眼中，她们是值得羡慕的。

那么，为什么这些女性对身边的幸福会视而不见呢？或许，您可以从我的邻居格莱明夫妇的故事中，找到症结所在。

一天清晨，我在庭院中散步。在一棵高大的树木旁边，一位老人在轮椅上静静地坐着，望着远方。不一会儿，一位老妇人向他缓缓走来，轮椅上的老人轻轻抬起头看着迎面走来的老妇人，脸上洋溢着幸福的笑容。这是一幅美丽而温馨的画面，每天都会在晨曦中绽放。这是格莱明夫妇在享受阳光。

他们是我的邻居。格莱明先生曾经是一家公司的总裁，退休后身体状况很糟糕，十几年的时间里一直与轮椅为伴。都说久病的人性格会有些古怪，格莱明先生偶尔也会情绪暴躁，大声地吼叫。然而，令人惊讶的是，只要格莱明太太一出现，格莱明先生的脸上便洋溢着甜蜜的笑容和深情脉脉的眼神，吼叫声立刻消失得无影无踪。

那天，格莱明先生生病并且很可能会不久于世的消息传到了我的耳朵。可是，让我感到意外的是，今天早上，我仍然看到了他们。两个人并肩站在晨光中，安静和祥和在他们的脸上静静地流淌。看到我后，格莱明先生一脸幸福地说道："早上好，卡耐基先生，今天的阳光真美。"

的确如此，今天的晨光美极了。小小的满足和幸福就在他们的脸上绽放着动人的光彩。因为他们永远都能发现生活的美。

和这对夫妇享受阳光一样，我们的身边并不缺少幸福。重要的是，我们要乐观积极地面对生活，善于发现生活中的美，感受生活中的幸福。

我有一位学心理学的朋友，他曾告诉我，良好的心理暗示可以帮助我们获得成功和幸福，而不良的心理暗示则会使我们的人生变得灰暗。它如同一种慢性的毒药，每天都在侵蚀着我们对生活的信心和希望，甚至对我们的身体也造成了很大的影响。所以，女士们，当我们面临糟糕的境遇时，与其担心、焦虑、一筹莫展，不如乐观、坚强起来，让自己重拾对生活的信心，从而让心情也轻松起来。

事实上，令人们感到忧愁的事情并非都足以构成麻烦，很多时候，貌似棘手的问题最终都是以一种平常的方式得以解决的。所以，无论遇到什么样的困难，都不要丧失对生活的信心和勇气，时刻让自己保有一份美好的生活态度。

曼尔·奥勃朗是英国和好莱坞的著名女星，她出生于塔斯马尼亚，长在印度。她曾经出演了《呼啸山庄》、《我是克劳迪亚斯》等影片，风靡一时。我曾经访问过她，对于自己的经历，她是这样描述的。

20 年代末，奥勃朗从印度来到伦敦，怀揣着演艺梦想的她渴望在影视圈占据一席之地。然而，在最初到达伦敦的日子里，她到处碰壁，没有一家电影公司接受她。没有收入来源，奥勃朗身上带来的钱也慢慢地花光了，她不得不省吃俭用，每天喝着白开水，吃着硬饼干。

那一段日子里，她挣扎于既想坚持自己的演员梦想，又担心失败的矛盾中，同时，她的经济状况依然不容乐观。面对这样的窘迫状况，奥勃朗心中充满了忧虑，她告诉自己：“你这个笨蛋，除了一张还算标致的脸蛋，你还有什么？你永远进不了影视界。”

没过多久，她突然意识到自己不能再整日陷入这种焦虑和担忧中了，“一天早上，我照了照镜子，里面那张紧皱眉头的脸，让我自己都感到吃惊。最让我无法接受的是，我的脸上竟然还出现了皱纹。”看到这样的自己，奥勃朗本能地告诉自己：“不能再这样下去了，你最大的资本就是拥有这张漂亮的脸蛋，而你的忧愁会把它毁掉。”

1930年，奥勃朗终于等来了机会，起初在一些影片中担任小配角，后来又得到赏识，开始饰演主角，最后终于成为了出色的女演员。

奥勃朗虽然一度面临生活的困境，也曾经忧虑和难过，但是最终她认识到了自己的错误，立刻命令自己从糟糕的状态中走出来，用积极的心态去重新面对生活，最后她获得了成功。

所以，女士们，心态的力量不容小觑。三百多年前的弥尔顿曾经说过："思想的运用以及思想的本身，既可以将天堂变成地狱，也可以将地狱变成天堂。"我们都熟悉，海伦·凯勒又聋又哑，双目失明，但是她却告诉全世界："我发现生活如此美好。"我坚信，我们心灵的宁静和期望得到的幸福，并不取决于我们的身份、地位、所处的环境，而是在于我们拥有怎样的心境，生活中，无论是晴空万里还是风暴肆虐，只要我们拥有一颗乐观坚强的心，生命的春天就离我们不远了。

所以，各位女士，从现在起，做个积极快乐的人。当你的思想中流动着正面的能量和积极的想法时，快乐和幸福便会如期而至。

幸福忠告

乐观是一种健康的心态，也是一种智慧的生活态度。面对生活的不幸，与其哀叹和埋怨，不如坚强乐观地寻求解决的方法，这种积极的心态必将赢得幸福的眷顾。

2. 智慧生活，学会接受和适应

荷兰有一座古老的教堂，里面刻有这样一句话：“事情既然已经这样了，那就不会再发生其他改变了。”我认为这句话很有哲理，每当我失意或者难过的时候，总会想起它。

我们每个人的一生都会遭遇挫折和痛苦，尽管我们并不欢迎、也不希望它们的到来，但是它们却实实在在地发生了。所以，我们要试着让自己接受它们，并且适应它们。假如我们在内心里拒绝这些无法躲避的现实，生活很可能会被焦虑和忧愁所击垮，甚至最后精神也陷入崩溃的边缘。

就在不久前，我拜访了著名的心理学家威廉·詹姆斯，向他请教面对不幸应该抱以怎样的心态才能获得最后的胜利。他给我的回答让我有些意外，他说：“这并不难，只要你接受了它，适应了它，那么你就已经赢得了成功战胜不幸的首战。”

萨莱·波恩萨特是近半个世纪里在四大洲剧院里独一无二的“皇后”，拥有无数的听众。然而，在她71岁的时候，却遭到了命运之神的捉弄。她先是破了产，然后腿又出了问题，她被告知必须把那条腿锯掉。

原来，萨莱在乘船去法国的途中，横渡大西洋的时候，突然遇到了暴风雨。她摔倒在甲板上，腿部受了伤。由于船上的医疗条件有限，伤口没有得到及时的处理和救治，最后，她患上了静脉炎和腿痉挛。当她最终被送往医院的时候，萨莱已经因为无法忍受剧烈的疼痛而数次昏厥。医生对她的腿进行仔细的检查后，立即做了诊断，必须要把腿锯掉。

医生很清楚腿对于萨莱的重要性，诊断的结果意味着她有可能会和自己心爱的舞台告别了。所以，医生很担心萨莱对这个结果的反应。当医生有些犹豫和忐忑地把结果告诉萨莱的时候，她却异常平静地说：“哦，这是上帝的安排，这也是我的命运。我不会去反抗，也不会悔恨。既然医生认为这是唯一的解决办法，那我也只有接受这个安排了。”

当萨莱被推进手术室的时候，她的孩子们都伤心地哭了。萨莱却微笑着安慰他们说：“好了，孩子们。不要哭，这样会增加医生和护士的压力。为什么要为这件事伤心呢？我从没有想过去抵抗什么，放心吧，很快就会没事的。”

事实上，她真的做到了。手术做得很成功，萨莱恢复的状况良好。后来，她居然还举行了环游世界的演出，收到了很好的效果。虽然她失去了一条腿，但是她依然没有放弃自己的理想和追求，她的听众仍为她痴迷了7年，直到她离开这个世界。

爱尔西·麦克密克在《读者文摘》中曾经说过：“当我们面对那些无法回避的事实时，不再反抗和抵触，我们就可以节省很多精力，去创造更丰富的生活。”正是因为萨莱·波恩萨特勇敢地接受现实，我们才感受到她的伟大和坚强，而她自身，才能拥有快乐而幸福的晚年。

一天，60多岁的布斯·塔金顿正低头看地上的彩色地毯时，突然发现自己根本看不清楚上面的花纹，就连色彩也都是模糊的。于是，他找到了一位眼科专家，诊断结果是，他的视力正在衰减，并且伴随着病情的恶化，用不了多久他就看不见东西了。

面对即将失明的噩耗，布斯·塔金顿并没有伤心，更没有绝望。他不仅坦然接受了这个事实，而且还用自己独特的幽默改变着自己的生活。以前，他的眼球里总是浮着一些黑色的斑点，挡住他的视线。如今，当那些最大的黑斑从他眼前晃过的时候，他总会幽默地对自己说：“今天的天气这么好，黑斑老爷爷又现身了，真不知道今天他想去哪。”

渐渐地，布斯·塔金顿完全看不清东西了，最后他失明了。对于这样的结果，他并没有感到太多的痛苦，因为在他完全失明之前，就已经让自己接受了这个事实。

为了尽快地恢复视力，布斯·塔金顿在一年的时间里接受了12次手术。这种手术很精细，稍有不慎就会导致彻底失明。布斯·塔金顿并没有表现出丝毫的忐忑，因为他很清楚，担心对于手术的结果毫无益处，还可能会影响手术的正常进行。他唯一能做的就是平静地接受，勇敢地面对。

于是，他开心地住进了医院，坦然而轻松地接受了一系列手术，最后终于得以重见光明。

从这个案例中，我们可以看出，接受那些无法回避的事实，可以帮助我们战胜生活中的不幸。然而，令人感到遗憾的是，很多女士并不懂得接受眼前的事实，她们或者本能地加以拒绝，或者变得退缩，这都是错误的，因为这样的做法除了让自己变得更加焦虑和忧伤，别无他用。

当然，在面对这些无法避免的事实时，我并不建议女士们在任何情况下都选择退缩和放弃，或者认命。事实上，我更希望看到女士们能坚强一些，在面对挫折和生活的不幸时，能够勇敢地面对，哪怕只有一线希望，也不轻易放弃，积极地和困难做抗争。

但是，当诸如亲人的离世、遭遇天灾等我们人力所无法改变的事实时，我们就必须选择接受，学会适应。因为这些事情是我们无法避免的，更是无法改变的。无论我们做任何努力，都不能改变既有的事实。

最后，我想让女士们记住一句经典的话："对那些必然发生的事情，应该轻松快乐地接受它们。"

幸福忠告

如同树木经历风雨的催打，水可以适应所有的容器，对于我们无法避免和改变的事情，我们要懂得坦然地接受和适应，这是一种将自己拉出生命黑洞的捷径，也是一种生活的智慧。

3. 予人玫瑰，给予永远比索取快乐

我小的时候家境不好，常常靠借债度日。但是即便这样，我的父母每年都会想方设法给孤儿院捐些钱。虽然，有一些人会认为他们这么做是想博得一个好名声。但事实上，他们从未去过那家孤儿院，仅仅收到过一两封感谢信而已。他们常常告诉我，帮助别人会让自己感到快乐，而这是任何东西都无法换来的。

后来，我参加了工作，每年的圣诞节我都会给父母寄去支票，想让他们买些自己喜欢的东西。但是，我的父母并没有用这些钱给自己买些什么，而是买了很多礼物，送给了镇上的“值得同情的女人和孩子”。对于他们来说，这样做远比自己花掉这些钱要快乐。

詹姆士先生是一位有名的心理学家，他曾做过这样的实验：他将自己的学生分成两组，分给每个学生10美元钱。然后，他让第一组的学生随意支配这10美元。而第二组则被告知，虽然也可以自由支配这10美元，但是却必须把钱花在别人身上。

等这两组的学生都把钱花完，他开始逐一询问他们的心情，发现他们每个人的心情都不错。但是又过了一天，詹姆士再次询问他们时，却发现那些花钱给自己买东西的人已经感觉没有什么值得高兴的了，但是第二组的学生感觉仍然很好，他们为自己帮助了他人，给予了他人而开心。

从这个实验可以看出，帮助别人所带来的快乐是能够在心里悄然“发酵”的，使这种美好的感觉在内心持久幽香。这并不难理解，如同我们买了一件心仪的衣服，最初一定会觉得很开心，然而一段时间过后，新鲜感不复存在了，你自然就感觉没有那么快乐了。但帮助他人却不同，你可以

让这种感觉长久地留存在内心深处，偶尔拿出来晾晒一下，让自己“满足”一番。所以，女士们，如果你们想让自己的生活多一些快乐，那就多帮助别人。

不过，值得强调的是，在帮助别人的时候不要总想着要别人报答你。假如总抱有这样的想法，不仅感受不到快乐，反而会让自己平添几分怨恨。这也违背了帮助别人的初衷，得不偿失。

泰伦斯是得克萨斯州的一名商人，他正在为某件事情感到烦心。当我从他的身边经过时，一个同伴偷偷告诉我，只要我和他说上一两句话，他就会告诉我他所恼火的事情。果然，我刚和他说了几句话，他便告诉我事情的原委了。

原来，这位商人给手下的员工每人多发了1000美元的年终奖金——这在当时不是一笔小数目。然而，令他感到气愤的是，这些员工居然没有一个人向他表示感谢。虽然这件事已经过去几个月了，他仍然对此耿耿于怀，逢人便要说起。

事实上，泰伦斯的做法是错误的。一位哲学家曾经说过，人的天性是容易忘记感激别人的。所以，各位女士，如果想获得快乐，就不要总是想着让别人对你的帮助表达感激，你只要享受帮助他人所带来的快乐就足够了。

下面，让我们来看看我的朋友奥拉女士的例子吧。正是因为她帮助他人不求回报，她不仅收获了快乐，自己的孩子也从中受到了教育。

奥拉是一家医院的护士。她对待患者很热情，并且总是竭尽所能去照顾和帮助他们。很多患者都称赞她说：“奥拉真是这个世界上少有的好人。”

上个月，医院里来了一位老人，他没有孩子，生活窘迫，只能靠政府的救济维持生活，还得了很严重的病。医院里的护士都不愿意接近他，但是奥拉却对老人嘘寒问暖，照顾得细致入微。不到半年，老人康复出院了。

老人出院后，奥拉给了他一些钱，还经常邀请老人到家里做客。最初，奥拉的两个孩子对这位老人很是反感，其中一个还对她说："妈妈，这个人又老又丑，我们和他又不熟悉，为什么要请他到家里吃饭？他能给我们带来什么呢？"另一个孩子接着说："而且他每次吃完饭连声'谢谢'都不说，很没有礼貌。"

奥拉听后，对她的孩子们说："妈妈觉得帮助别人是很快乐的事情。每次看到他吃饱了饭兴奋的样子，妈妈也感觉很开心。你们不这么觉得吗？"

在奥拉女士的教育下，两个孩子渐渐地不再对老人感到厌烦，还养成了乐于助人的好习惯。

所以，女士们，尽量多施予别人，减少内心的欲望，它会让你的心胸变得开阔，灵魂变得高尚。人生中再也难觅比这更美好的生活态度了。如果想获得快乐，就不要在意别人是否会感激或者回报，因为，我们的付出只为享受施予他人的快乐。

幸福忠告

在我们的生命旅程中，在喧嚣中膨胀的自我会经常令我们忽略，旁人的幸福与我们的快乐是难以完全割裂的。乐于付出爱心，就会发现生命的路上并不孤单，因为我们同在爱的天堂，因为予人玫瑰，手留余香。

4. 珍惜自己，接受不完美的我

人从降生到这个世界上就有美丑贫富的区别，这是我们无法回避的。但是，女士们，你们要明白上帝是公平的，它不会让一个人同时拥有所有美好的东西。美貌的人容易倦怠，碌碌无为；精明的人容易骄傲，功亏一篑；家境优越的人容易花天酒地，败坏家财……似乎就是这样的，我们在得到一样东西的同时又会失去另一些东西，我们每个人的拥有和失去大体是等值的。

所以，我一直认为，接受自己、喜欢自己是一个人成熟的重要标志。当然，那些喜欢自己的人也未必能清楚地说出喜欢的原因，这并不是盲目，他们也知道自己不是完美的，能够客观地意识到自己和他人一样都有很多不足。关键在于，他们对于自己的一切，包括所有的优点和缺点，都愿意接受。他们接受并不完美的自己，既没有想过要掩饰，也不曾试图刻意地改变。而那些不喜欢自己的人，往往能够给自己找到很多原因：我太矮、我太胖、我不够聪明、我的工作不够体面、我不擅与人沟通、我家境贫寒……

5 年前，我的培训班上有一名女士，因为不堪忍受生活的压力，想让我给她一些建议。

女士告诉我，事实上她生活得比较幸福，她的先生是一名政府官员，事业有成，做事积极上进，有一点专制。但是，这位女士的烦恼恰恰来自于她丈夫的成功。由于她丈夫的工作关系，他们两人的社交圈基本都以丈夫的朋友为主。而这些朋友也大都工作体面、有一定的身份地位、家境也富裕。

身处这样的环境，让这位女士感受到了无形的自卑，她无法展现自己的个性。虽然她品质善良、性格淳朴，但是这些并没有被别人关注，反而被忽视，甚至轻视。因此，她愈发地自卑，愈发地陷入这种情绪的低谷而无法自拔。糟糕的是，她越来越不喜欢自己。

听到女士的叙述，我立刻判断出她并不是无法适应环境，问题的症结在于她无法适应自己。但是，我当时没有立刻明确地回复这位女士。并非我不愿意帮助她，而是我当时也没有意识到喜欢自己的重要性。后来，为了帮助她真正解决问题，我专程去拜访了在曼哈顿的老朋友——司麦理·布勒敦医师，希望可以从他那里得到一些启发和建议。

听了我的讲述后，布勒敦对我说："戴尔，这位女士的问题就在于她无法勇敢而快乐地接受自己。在她的潜意识里，她希望自己可以成为另外一个截然不同的人。"

我点头说："是的，我的朋友。我明白，但是我更希望得到一些建议，我该怎么帮助她?"

布勒敦思索了一会儿，说道："她现在需要明确一点，任何人都有他存在的价值，而且这种价值是完全可以在平常的生活中表现出来的。然而，这种价值的表现途径不是通过依靠或者模仿他人，而是要通过自己的个性来表现。我相信，只要能够理解这一点，她一定会变得自信、快乐、成熟。"

我说："你说的很对，我的想法和你一样，只是我以前一直不敢确定。"

布勒敦接着说："戴尔，你不得不承认，喜欢自己是每个人健康成熟的必要条件。但前提是，首先你要清楚这种自爱并非自私，它仅仅是一种自我接受，一种既清醒又实际的接受自己的做法，是人性尊严和自重的表现。适当地爱自己对我们每个人来说都是健康的。无论为了工作还是为了达到某种目的，这种自爱都是必要的。"

我终于真正地理解了布勒敦的话，也真正从内心里感受到了接受和喜欢自己的重要意义。而那位女士之所以会不快乐，原因就在于她对自己的评判是错误的，她的评判标准是别人。后来，我把这些体会告诉了那位女士，告诉她无论怎样，都要建立起属于自己的价值观，并把它作为自己的生活准则。最后，这位女士真的成功了，也变得成熟了。

各位女士，在你们尝试着喜欢自己之前，首先要做的就是不要惧怕喜欢自己，这是一种成熟的表现。细心的你们不妨观察一下，但凡那些思想真正成熟的人，都能做到对自己的容忍，如同他们可以忍耐他人一样。

哥伦比亚大学教育学院的亚斯·卡斯教授始终坚持认为，无论是成人教育还是儿童教育，首先要做的就是让学生了解自己，然后再鼓励他们拥有健康而正确的接受自我的心态。在他为全美教师写的《教师，面对自我》一书中，他这样写道："教师是一个饱含了辛苦、满足、希望和辛酸的职业。对于每一位教师而言，接受自我都显得意义重大。"

我很赞同卡斯教授的观点，因为我清楚地发现，在这个到处都是竞争的社会里，人们常常会以个人在物质上取得的成就来衡量他的价值。人们在埋头追逐名利，做着枯燥的工作。几乎所有的人，包括那位女士，都感觉自己的灵魂孤单而无所寄托。这时，人们便很容易迷失自我，更无法对自我产生认同。

对于这点，哈佛大学心理学家卢伯·怀特先生曾说过："作为现代人，必须要学会自我调节，否则很难适应环境带来的各种压力。"

我的演讲课上有这样一位女士，她对自己要求很苛刻。每次演讲结束，无论表现怎样，她都会抱怨一番，感觉自己的表现不够完美。然而，尽管她对自己的要求如此严格，她也尽了最大的努力，但是进步并不明显，甚至和从前相比还有些退步。正因为这样，她的抱怨越来越多，对演讲也愈发地没有信心。

一次下课，她找到我问道："卡耐基先生，为什么我的付出看不到回报？和别人相比，我真的很笨吗？别人在演讲的时候都很大方、充满信心，而我一站在讲台上，立刻就能意识到自己的笨拙和胆怯。看样子，我真的无法成为一名优秀的演讲家。"

听了她的话，我告诉她："为什么你总是看到自己的缺点呢？其实，你之所以感觉演讲效果不好，原因并非在于你的缺点，而在于你没有将自己的优点完全发挥出来。"我还告诉她，以后在演讲的时候，要尽量想自己比较出色、引以为豪的地方，绝不能总是盯着自己的不足。她接受我的建议后，在演讲上取得了很大的进步，成为了一名出色的学员。

事实的确如此，女士们，懂得喜欢自己、接受自己的女人总会想方设法让自己快乐。每个人来到这个世界上，都有自己存在的价值。你理所当然是独一无二、无法取代的，就凭这点，你也应该喜欢自己。只有这样，你才会取得更大的进步，也能更深刻地体会到生活的幸福和快乐。

幸福忠告

如同一朵花、一棵草、一块石头，我们每个人都有自己的弱点和缺点，同时也有存在的价值和美丽。只有正视自己，接受自己，喜欢自己，你才会赢得他人的认同和尊重。

5. 笑对风雨，迎接彩虹的绽放

在人生中，我们不仅会迎接温暖的阳光、和煦的春风、娇美的花朵，也无法回避不期而至的风雨。所以，女士们，必须要明白这样一个事实：人生的旅途中，挫折和伤痛都是难免的，如果你们想褪去稚嫩和青涩的外衣，勇敢和成熟地面对生活，就一定要学会面对挫折和伤痛。

有时，伤痛和不幸并不一定是坏事。诚然，这些痛苦的经历会让我们感到伤心甚至绝望，但是，如果我们能够换一种心态来看待它，坚强而积极地穿过这一片人生的荒凉，相信风雨过后必然会有彩虹的出现。

美国西南部常常饱受风沙的侵袭，这里的一个农场里生活着一户人家。这个四口之家生活很贫困，常年饥寒交迫，每天都在片刻不停地忙碌着。后来，父母因为劳累过度离开了兄妹俩，那时，哥哥只有21岁，而妹妹才8岁。

父母的过世让他们更加孤苦伶仃，土地没有收成，仓库里也没有粮食，他们一无所有了。如今，年轻的哥哥成了一家之主，面对家徒四壁的窘迫，他懊恼地坐在家里，深锁着眉头。

突然，房门开了，8岁的妹妹走了进来。她拽了拽哥哥的衣角，眼神里充满渴望："哥哥，能给我一个银币吗？我想买点东西吃，我好饿。"

可是，哥哥到哪里给妹妹找银币呢？他只好轻轻拍了拍妹妹的头，无奈地说："对不起，哥哥没有钱。"

一整个晚上，哥哥彻夜无眠。妹妹失望的眼神深深地刻在了他的心上，让他心痛不已。他反复思量着自己和妹妹今后的出路。他以前曾有一个梦想，就是想成为一名教师，而他的父母却希望他可以继续留在农场，所以，他一直犹豫不决。现在，这里肆虐的风沙击败了他的父母，也击败了他。他决心要振作起来，并且将自己的梦想付诸实践。

于是，他来到城市里，找到了一份工作，并且每天都会从图书馆里借一些书来读。通过自己的不懈努力，两年后，这个年轻人成为了一名教师，得到了大家的尊敬。

印度曾有这样一句话："人生真正的美满，不是拥有平静乏味的幸福，而是坚强、勇敢地面对生活中所有的不幸。"这句话非常有道理，正如上面故事里讲述的那样，在遭遇了生活中的不幸和伤痛后，年轻人并没有自暴自弃，而是坚定了追求梦想的决心，最终获得了成功。

所以，各位女士，当我们面对生活中的风雨时，要学会坚强，让自己尽快从悲痛中走出来，用自己的勇气和信念撑起另一片天空。这样，我们才能勇敢地继续前行，而不是让不幸将我们的生活击打得支离破碎。

我认识一位残疾人，他失去了双腿，他叫迈克尔。我们的相识是在纽约一家旅馆的电梯里。当我刚走进电梯时，就注意到了坐在轮椅上的他。他神情坦然，脸上带着一丝微笑。当他到达了想去的楼层时，友善地请我移到角落，以便他的轮椅可以顺利通过。“不好意思!”他说，“麻烦您了!”

当我走出电梯回到房间时，对这位残疾人的好奇心仍然很强烈。于是，我又找到了他，想听听他的故事。

“那是很久以前了，”他平静地说，“为了过冬，我开车到山上去砍伐山胡桃木，把木材都堆在车上后，我就准备回家了。忽然，一根木头滑落了下来，就在我急转弯时，卡在了车轴上，我随即被弹到一棵树上，脊椎骨受到了严重的创伤，双腿也因此而瘫痪了。那年我刚好24岁，从那时起，我便再也没有走过路了。”

24岁，一个多么年轻而美好的年纪，而他却注定要在轮椅上度过漫长的岁月。我问他怎么能如此勇敢地面对这残酷的事实。他回答说：“我不能，我一点勇气也没有。”他说他当时沮丧极了，痛恨命运的不公和残酷。但是随着年龄的增长，他逐渐发现，抗拒、痛恨除了使自己变得愈发尖酸刻薄，别无益处。“我终于明白，当别人都友善礼貌地对我时，我起码也该同样礼貌地回应人家。”

我又问他，事情过去这么多年了，他是否觉得那次事故是场灾难。他说：“不，我甚至庆幸它的发生。”他告诉我，经历了那段茫然而愤恨的时期，他给自己找到了一种和过去截然不同的生活方式。他开始读书，并有意识地培养自己在文学上的爱好。十多年的时间里，他最少读过1400本书，这些书帮助他开阔了视野，丰富了人生。他还逐渐开始欣赏歌剧、音乐，以往听交响乐常常会犯困的他，如今反而会沉浸其中，感动不已。

然而，真正的改变源自于他开始尝试着思考。“我平生第一次，”他说，“真正用心去看这个世界，并体会它的价值。我终于体会到，曾经许多努力追寻的东西，其实都没有真正的价值。”

由于喜爱阅读，他开始对政治产生了兴趣，他开始研究社会问题，坐在轮椅上给大家发表演说。他开始帮助人们，而人们也渐渐地认识了他。坐在轮椅上的他，还当上了区议员……

也许，对于很多人来说，迈克尔的遭遇无疑是场巨大的人生灾难。这样的残疾足以令一个人失去斗志，甚至丧失对生活的信心。然而，他却成功了，面对人生的不幸，他并没有沉溺于扼腕痛苦中无法自拔，而是选择了坦然地接受，并且用自己对人生的坚定信念，收获了别样的精彩。

人生的路途中从不缺少阳光，也回避不了风雨。如果遇到挫折和不幸就一蹶不振，那么这个人今后的路也必定寸步难行。所以，各位女士们，当你面对生活的不幸时，要学会勇敢坚强地面对，振奋精神，把这些生命中的风雨当作是人生必经的风景，也许，你会因此而获得更大的收获。

幸福忠告

我们每个人都无法回避和逃脱生命中的风雨，而每次风雨过后也未必一定会出现彩虹。这一切的决定因素就在于我们是否可以坚强而勇敢地直面挫折，只有积极面对生命中不幸的人，才会在风雨后见到彩虹的美丽。

---

6. 学会减负，让生活简单而不单调

生活中都会遇到很多事情，也会有很多压力，让我们焦头烂额、精神疲惫。而所有这些烦恼的根源就在于我们对成功的渴望，对幸福的追求，其实就是面子追求和金钱的追求。这些都来源于人类自身的欲望，是人之常情，但我们又不得不控制，因为它影响到了我们的生活，让本来简单的

事情复杂化，让本来可以幸福的生活陷入痛苦的欲望旋涡中。

例如“看看人家某某的丈夫，你们同样一起下海经商，人家现在身价百万，你却还是个商店小老板”，“我认为我应该得到更好的享受，为什么不能满足我”，“我觉得周围的人都比我开心，比我有钱，我觉得自己太不行了”。虽然这些话出自不同人的表述，但是它们都有一个共同的特点，就是对生活充满了失望和不满，而这些其实都来自她们自身不断膨胀的欲望和与日俱增强加给自己的压力。

玛丽是我的一位女性朋友，有一天，她见到我后，说：“卡耐基，我听说你为很多人解决了困惑，我现在很不快乐，你可以帮助我吗？”

我询问了她的状况，想知道她苦恼的原因。玛丽说，她并不期望过奢靡的贵族式的生活，但她希望自己的丈夫能出人头地，事业有成，可是她的丈夫却不思进取，安于现状。同时，她说她的孩子每次考试成绩都达不到她的期望，太不争气了。

我听了她的话，进一步确认道：“你丈夫现在做到了什么职位？”玛丽回答我说：“他现在是一名部门主管。”我不禁有些困惑了，能做到这个职位已经相当不错了，玛丽为什么还会不满足呢，她的回答是：“他的能力完全可以胜任经理、总经理，部门主管远远不够。我每次都在催促他争取往上走，可他却安于现状，不愿意去尝试，也不愿为此付诸努力和行动。”然后，我又了解了一下她孩子的状况，得知他积极地参加校园体育社团活动，异常活跃，而且考试成绩都在B以上。于是，我说：“以他现在的年纪和情况，取得B以上的成绩已经不错了。”玛丽却说：“不行，远远不够。为什么不能再努力拼搏一下，拿到A或者A^+？”

通过这些了解，我知道了她的问题所在。于是，我告诉她：“你之所以感觉到不快乐、苦恼，那是因为你太贪婪了。”玛丽听后大声反驳道：“你怎么可以说我贪婪呢？结婚十几年来，我依然住在原来的小房子里，从来不要求换个大房子，从不使用奢侈品，也从没有因为缺少东西而埋怨我的丈夫。你怎么可以这样说我呢！”

我回答她说：“贪婪不是只体现在物质上的，你对日常生活可以任劳任怨，但却非常在乎荣誉、地位和虚荣的东西。一旦发现你期望的状况未能达到或者满足时，你就痛苦无比。其实，你仔细考虑一下，你的丈夫和儿子都很优秀，也懂得体贴和理解你，这难道不算是你的幸福吗?”玛丽听完我的话后，知道了问题所在，然后根据我的建议逐步调整自己的心态，让自己重新找回了快乐。

故事中，正是因为贪婪让玛丽给自己强加了太多不该有的压力。生活本来可以很幸福，但是因为自己没有控制住欲望而导致困惑和焦虑的出现。

女士们，你们是否还在因为各种各样的事情或者期望感到焦虑呢？有些人可能会说：“没有啊，我觉得我的生活很正常，也没有像玛丽那样贪婪啊。”真的是这样吗？

在金钱、权利、地位、荣耀、子女、名望乃至居住的环境和条件等等，你是否曾经迫不及待地期望或者已经习惯了拥有高高在上的感觉，并因此产生了焦虑呢？如果有这些情况，那我来告诉你，高人一等的人如果不会减轻贪婪、去除奢望，他也一定不会快乐的。

约翰·洛克菲勒是举世闻名的石油大亨，他出身贫寒，但从小就热衷于金钱的积累，凭借自己的聪明才智，他很快成为了美国商业界的佼佼者，聚敛了大量的财富。但他并没有因此感到幸福，甚至内心也没有感觉到一丝丝的放松，这突如其来的大量金钱激起了他无尽的欲望，使他成为了金钱的奴隶。

只顾挣钱敛财的约翰·洛克菲勒终于因为劳累过度，身体出现了严重的健康问题，医生警告他说：“如果你依然这样生活，按你目前的身体状况，你是活不过50岁的！”当时，洛克菲勒身体差至极点，就连一个普通的会议都会令他疲惫不堪。医生的话一语中的，绝非大话欺人。最后，医生从健康角度要求他在金钱和生命中抉择，要求他必须要改变现状。

洛克菲勒开始重新审视自己的观念，思考金钱问题：自己真的是太在乎金钱、太执着了。洛克菲勒最后毅然放弃了金钱，选择了生命，在家休养。重新转变的洛克菲勒开始学习打高尔夫、看喜剧电影、耐心地在野外钓鱼，并开始捐出自己的财富，以此找寻自己失去的快乐。

后来的事情大家都很清楚了。后半生的洛克菲勒是一个喜欢运动、身体健康、乐于助人的人。1937 年，约翰·洛克菲勒走完了自己精彩的一生，终年98 岁高龄。

约翰·洛克菲勒正是抛却了对金钱的追逐，才最终找到了真正适合自己的生活方式，也获得了比金钱更有价值的东西——幸福与快乐。

女士们，在现实生活中，你们是否经常遇到不得不放弃的事情，是不是也常因为欲望而苦恼，让生活变得烦杂难堪。所以，只有放掉这些束缚我们的压力，才能减轻心理负担。

生活本不该充斥着太多欲望，例如，每天早上准时起床；晚上按时睡觉；人前不炫耀；不奢望不切实际的事情；控制不良欲望；维护道德和人格，这些都应该成为生活的常态。生活本来就不应该那么复杂，简单的生活才能更快乐。

女士们，让我们减去那些不必要的烦恼吧。人生需要删繁就简才可以快乐前行，要知道，简单的生活才可以长久，才能得到真正的幸福和快乐。

幸福忠告

我们每个人都曾有过攀比，难免有虚荣之心，但我们应该谨记生活是自己的，去掉包袱，减轻压力，让我们身心轻松而行，让本就简单的生活回归自然，享受生命轻装的旅程。

7. 肯定自己，相信我是不可替代的

世界上没有天生的成功者，也没有永远的失败者。成功的机会对于每一个人都是均等的，而打开成功大门的钥匙就是坚信自己。当你自信地对世界说："我是最棒的，我一定能成功！"那么恭喜你，你已经开始掌握成功的机会了。

我的培训班上有很多这样的学员，她们经常会问："你真的认为我可以成功吗？"其实，不是我认为你可以成功，而是应该看你自己怎么认为。女士们，想要成功，除了有期望成功的愿望外，还需要高度的热忱、顽强的毅力和攻坚克难的信心。而这一切都必须有一个重要的前提，那就是相信自己。

拿破仑·波拿马出身贵族，但他出生的时候，他的家庭已经落魄潦倒。虽然如此，拿破仑的父亲最终还是把他送进了一所贵族学校。学校里，他的同学整天想法设法在他面前炫耀自己富贵的家庭，用来讥讽拿破仑，这让他又愤怒又痛苦，对于同学的讥讽，他总找不到好的方法来反击。

有一天，拿破仑忍无可忍，便写信给父亲，希望能从父亲那里得到安慰和办法："我每天都忙于向我的同学们解释我们家为什么贫困，但是他们还是每天都要嘲笑我。他们除了比我们有钱之外，其他任何东西，包括品德都不如我，根本不值得炫耀……我不想再这样低三下四了，他们只是一群为富不仁、高傲自大的人而已。"父亲非常理解儿子的处境，也知道他的痛苦，但他认为这样可以更好地磨练小拿破仑，便言简意赅地回信说："你必须要面对这一切，我们没有更多的钱为你转学，你要学会自己面对和处理，要相信自己是最好的。"拿破仑看完父亲的信后，知道了自己无法摆脱现状，也知道不能怨恨父亲，于是抖擞精神，将同学们的嘲笑、欺辱和轻视转化为力量，发誓做到最好，用自己的成功来证明一切。

1784 年，拿破仑·波拿马通过持之以恒的努力和拼搏，以最优异的成绩毕业，并被保送到巴黎军官学校，学习炮兵专业。

后来，他炮兵毕业后入伍从军。鉴于他坚实的数学基础和广博的知识面，且精于制作军事地图，展露出超凡脱群的军事才能，他在很短的时间内就得到上司的认可，常受委托完成军事部署和复杂的计算。不管什么任务，拿破仑都能做到完美，逐步开始走上成功的道路。富有戏剧性的是，那些曾经嘲笑过他的同学开始来到他面前邀功请赏；而那些轻视过他的人、侮辱过他的人，也开始对他毕恭毕敬，成了拿破仑忠实的拥护者。

拿破仑·波拿马一生指挥了 50 多场战役，仅有 3 次失利，连续 5 次大败反法联军，歼敌千万之众。不到十年，征服了大半个欧洲，消灭了三个国家，册封了五个君主，成为一名享誉世界的伟人。

所以说，任何一个伟人或者创造过丰功伟绩的人，都离不开相信自己、肯定自己，这是他们努力拼搏、勇攀高峰的动力源泉，克服重重困难的力量之本。

现实生活中，很多女性朋友都有自己的梦想，渴望获得成功，但也许因为某次失败便怀疑自己，减弱了对成功的渴望，或者开始抱怨世道的不公，动摇了自己的信念。而这时的任何一点犹豫，都可能会导致梦想的破灭，甚至彻底的失败。

露丝·安娜一直都是一个幸福的女孩，父母都是公务员，收入不错，她的童年富足而快乐。后来，她找到了一份稳定的工作，还有一个爱她胜过爱自己的男朋友。她仿佛是上帝的宠儿，幸福、快乐而无忧无虑。

不幸却突然降临了。一天，她开车外出购物，跌入深沟，脊椎骨被摔裂，三周后到医院复诊，得到了一个更糟糕的结果：露丝的脊椎骨表面长了一些骨刺。临床分析，至少需要休养五年，而且不一定能完全康复。

露丝的家人和男朋友一下子惊呆了，而此时的露丝却更加痛苦。面对如此长时间的卧床不起，以及未来的不确定，她充满了恐惧和不安，幸福的天空一下子塌陷下来。

一个早上，温暖的阳光透过窗户洒落在她的身上，忽然间，她异常渴望阳光的温暖，她突然像做了一个重大决定一样，自言自语道："五年的时间不算长，我一定能坚持过去，一定能康复。"她不断地鼓励自己，千百遍地告诉自己："我一定能坚持过去。"心中对疾病的恐慌、不安以及所有的压力一扫而光。从她摔伤后，她的脸上第一次露出了灿烂的笑容。

三年后，露丝奇迹般地可以做一些简单的运动了，她的脊椎骨恢复得非常好。医生都感到无比震惊，也为她感到高兴，因为，还没有病人可以恢复得如此之快。

露丝知道，这都是因为她坚信自己可以度过难关。

终于有一天，她再次站立起来，她再次对自己说："我知道我是可以坚持过来的。"

各位女士，肯定自己，相信自己，虽然只是一个想法，但它确实是一股很强大的力量。我们每个人都有自己的梦想，都希望通过自己的努力实现梦想，但是却有很多女士在实际的工作和生活中，由于遇到了某种挫折而不敢肯定自己，或者从此不再相信自己。事实上，只要自己稍微努力一下，或者能再坚定一点，就可以获得成功。

女士们，我们每个人都是独一无二的，我们无法回避自身的缺点和弱点，但是我们需要肯定自己，即便我们平庸、渺小，即便我们身陷泥潭，只要信心的火种不熄灭，梦想便会唾手可得。

幸福忠告

"肯定自己"是一种想法、一种信念，没有豪言壮语、激情昂扬，只是自己内心的一种认可、一种坚持。每位女士都应该时刻记住要"肯定自己"，这样才能永远自信和坚持，最终梦想成真。

---

8. 知足知止，珍惜拥有的一切

当今社会，生活已经不单纯是吃饱穿暖了。看那些整日频繁穿梭在写字楼和各种办公场所的律师、商人、老板们，他们已是财富万贯、身价显赫，但是他们仍然不满足于现状，马不停蹄地追逐着名利。

有一篇文章曾讲述了这样一个故事，一个富人有99只羊，但整天还是忧心忡忡、焦虑不已。后来才知道，他是想有100只羊。其实，我们也有过类似的情形，一直都在为自己没有的那一只羊发愁，而没有为自己已有的羊高兴。

女士们，上帝是公平的，他给予我们每个人爱，也眷顾我们每一个人。或许你没有婀娜多姿的身材，但你会有一个美满的家庭；或许你穷困潦倒，但你会有一个健康的身体；或许你从小没有得到父母的爱，但你会有一个令你牵肠挂肚的可爱的孩子。因此，不要再说自己缺少什么，要看到自己所拥有的一切并懂得珍惜；不要轻视自己已经有的，换个角度看就是奇珍宝玉。

我的一个朋友给我讲了她的故事，并欣慰地告诉我她很幸运在中年之际能明白这个道理，所以才有了后来精彩的人生。

琳达一直都是以女强人的形象示人，她拥有一个位居市中心的写作学校，还担任农场里的音乐老师，业余时间参加各种交际应酬等活动，她时常有些遗憾地说自己连打理花园的时间都没有。由于长期过度劳累，琳达终因心脏病发作住进了医院。当医生告诉她需要休息一年的时候，她简直要发疯了，她觉得自己不能停下来，认为那样就成了一个废人。她痛苦地哭泣，奋力地抗争，痛斥上帝的不公，但是，她终究只能遵照医生的嘱咐，躺在床上休养。

一天，琳达的邻居乔治先生到医院探望她，他说：“躺在床上一年虽然很痛苦，但和死亡比起来要幸福的多。不要认为事业没有了就一无所有了，你还有很多东西，比如现在有整整一年的时间可以读书，可以思考人生，也可以观察和留意身边的人。”琳达慢慢地平静下来，仔细琢磨了乔治的话，终于释然，并决定只考虑可以让自己快乐、有益自己健康的事情。她开始反复告诉自己：我还可以看，还可以说，还可以思考，我有一个惹人怜爱的儿子，有爱我的丈夫，有美满的家庭，还有关心支持我的朋友，我可以和他们聊天，可以和他们一起听音乐，一起读书，可以吃他们为我烧的美味佳肴……琳达第一次发现，她居然拥有如此之多，越发感觉到幸福。一年的时间很快过去了，后来琳达每次回忆起这段日子，都无限感叹，说那是自己过得最幸福、最充实、最有价值的一年。

琳达现在的生活丰富多彩，她不再过分追求那些匆匆而过的名利，人生态度完全发生了改变。她还一再强调，如果没有那一年，她或许终老都不会感悟到什么才是真正的生活，那样她会遗憾终生，也不会像现在这样坦然，珍惜拥有的一切。

琳达的故事向我们展现了生活可以有很多种活法，每一个人都拥有朋友、友谊和爱。不要总是想着自己失去了什么，要善于发现自己拥有什么。如果总是对自己拥有的视而不见，一味强调自己没有的，那样生活便失去了乐趣，人生会黯然失色。

有一个“贵妇人”深感自己生活在痛苦之中，然后留下哭诉自己痛苦生活的遗书后，从麦城一个旅馆楼顶跳下，结束了性命。现在，我把她写的遗书转给大家看看：

我体会不到一丝一毫的快乐，我的生命中仿佛缺失了某种幸福的元素，我真的失去了继续活下去的勇气。为什么上帝给了我如此美丽的容貌，却舍不得给我那些应该得到的东西呢？我的丈夫在婚前被大家公认是非常富有的人，但是结婚后，我发现他根本达不到我的要求。像我这么美丽的女人必须要用无数的珍珠玛瑙来修饰，但是他却不能满足我。我喜欢那些貂绒大衣，每次去商场，我都希望他能给我再买几件，可是他不但不能满足我，还坚持说家里已经有很多件了。这点我也知道，但是那些都是去年的款式，不是当下流行的。可恶的吝啬鬼竟然说我贪婪！像我这样美丽的女人居然遭受这样的事情，简直苦不堪言。我的愿望得不到满足，生活就像在折磨我一样，让我日夜难安。现在，我只好结束我的生命来了结我的痛苦。我希望在天堂里能找到我要的幸福。

这就是那位“贵妇人”的遗书。从中我们可以看到她深深地陷入了贪婪的沼泽里。她被欲望束缚，被贪欲蒙蔽了眼睛，心灵被囚禁，毫无快乐而言。那些已有的物质和已经拥有的幸福被她一眼带过，甚至视而不见。

女士们，看看这两个故事吧，她们都拥有得很多，不同的是，一个迷途知返，一个在欲望中葬送了自己的一切。女士们，当我们面临选择的时候，请一定要记住，我们要珍惜自己的生命，哪怕你已经一无所有了，至少生命还在，还能享受上帝赐给我们的阳光、水、空气和大地。

幸福忠告

珍惜拥有，知足者常乐。我们在人生的旅途上，要懂得欣赏自己已经拥有的。犹如在人生的道路上驻足欣赏两旁的梧桐树和自家花园里缤纷的花朵一样。这才能使生活更加丰富多彩，让生命更有意义。

9. 自我更新，强化对生活的信心

女士们，在我们的生命中，知识永远比金钱重要，我们要注意积累知识，不断地提升自己的能力和品味。一个志向远大的女人，时刻都在学习，时刻都在培养自己的能力，并珍惜每一次学习的机会。她们通过这样的方式使自己越来越强，对生活越来越自信，从而更加游刃有余地处理生活和工作中遇到的各种问题。

我培训班上的一个学员曾经给我讲过一个笑话。

这是个关于老鼠的故事，相信大家都听过。一个伸手不见五指的晚上，老鼠爸爸和老鼠儿子一起出来找吃的。这对老鼠父子溜到了一家餐厅后巷，它们从垃圾箱里翻出来很多剩菜剩饭。这对父子喜笑颜开，因为这绝对是顿美味的晚餐，于是，他们急不可待地狼吞虎咽起来。正在这时，不远处传来一声“喵——！”他们顿时胆战心惊，放下食物逃之夭夭，但是这只猫身手敏捷，快如闪电，不依不饶。老鼠儿子因为没有经验被逼到了绝路上，正当猫儿准备开口咬它的时候，传来一阵急促的、无比凶恶的狗叫声，令猫肝胆俱裂，仓皇而逃。

猫逃走后，老鼠爸爸迈着方步不慌不忙地从垃圾箱后面走了出来，无比自豪地对儿子说：“现在明白了，多掌握一门语言是多么重要了吧，你以后也要多学一门语言，关键时刻可以救命的！”

尽管这只是一个笑话，却蕴含着深刻的哲理，老鼠爸爸的话让我明白，多一门技能，让自己变得更强大，是一件多么有益的事情。

当今社会，技术突飞猛进，知识日新月异，人们原有的技能和知识会被迅速淘汰，直接影响到生活和工作。尤其是时下经济疲软，各大公司纷纷裁员以节省开支，就业形势和生活质量都受到了一定的影响。所以，更应该不断地提升自我，多一门技术就多一份生存之道，同时也让自己拥有更多的生活信心。

露丝是我的一个女学员，今年36岁，她可以称得上是一位“老资格”的程序员了。她曾经也和很多年轻人一样，频繁地更换工作，结果不但没有好的发展，还在职业道路上迷失了方向。如今，露丝最终确定了自己理想的职业道路。

露丝读大学期间攻读的是法律专业，但现在的工作却是编程工程师。当年，刚刚大学毕业的露丝年轻气盛，对美好的生活充满了期望，她觉得只要稍做努力就可以得到。和大多数同期毕业生一样，由于缺少社会经验，她缺乏明确的职业规划。

记得刚毕业时，露丝几乎没费吹灰之力就找到了第一份工作——法律顾问，薪水不错，工作也比较清闲。不幸的是，一年后公司倒闭了。露丝只好重新应聘工作，这一次，幸运之神不再眷顾她，她最终只应聘了一家小公司的文员。她不满足于这样的工作，未做满三个月的试用期就离职了，然后再次找工作，结果试用、离职、找工作、再试用……这仿佛成了一个怪圈一样循环下去。

27岁那年，露丝终于找到了一份令自己满意的工作：哈斯特软件公司策划助理。她决定一改往日浑浑噩噩的生活，重新开始，以全新的状态来面对这份工作，勤勉认真，兢兢业业。除了完成自己的份内工作，她还向周围同事学习计算机编程技术。她的努力没有白费，她很快引起了上司的关注，被破格提拔为公司办公自动化软件设计开发团队的一员，开始参与一些简单的设计，并取得了不错的成绩。但是露丝没有自满自足，她坚信自己还可以有更好的发展。但因为知识不够专业，限制了她的思路和理念，所以，她毅然放弃了这份不错的工作，回到学校补习软件知识。

露丝自费到圣诺里斯大学计算机系学习了两年，而所有的费用也都来自她之前工作的积累。两年后，她再次步入找工作的队列中，这一次，她更有自信，并且有了明确的职业规划，很快就在一家知名的软件公司求得了一份好工作。不久，业绩突出的她得到公司高层的青睐，委以重任。同时，她设计开发的一款软件也被一家企业看中并采用，为她带来了丰厚的报酬。

露丝最终明白了，只有不断地努力学习，更新自己的知识和技能，才能更好地把握自己的未来，让生活更美好。

日常生活中，一些女性朋友经常抱怨薪水低、不被重视、不够幸运等等。其实换个角度来看，我们可以发现，那些受到公司重视的佼佼者，她们有一个共同点就是把别人享受的时间拿来用于学习和提高自己。对于刚刚走出校门的大学生而言，还处在羽翼未丰的成长期，在学校里学到的知识和技巧，还远不足以在社会的广阔天空里任意翱翔。所以，每个人都需要不断成长，不断提高，为自己能够尽情展翅高飞，打下坚实的基础。

女士们，不要再抱怨生活的不公，也不要再抱怨没有机会。少些抱怨，把空出的时间用以学习，提升自己的技能，让自己变强，积蓄足够的能量应付复杂多变的生活和工作，这样才能最终实现自己的梦想，才能越发自信，继而成就自己的未来。

幸福忠告

西点军校前校长米尔曾说过："每个人所受教育的精髓其实就是学会了如何自我学习。"诚然，自由的能力和知识很重要，但我们要想生活得快乐幸福，就不能单纯地依靠已有的知识，而更应该掌握自己不知道的且和生活工作密切相关的技能，那样才能永远信心十足地把握幸福生活。

10. 自尊自爱，掌控自己的人生

著名学者卢梭曾经说过：“人的一生共有两次诞生：一次是生命的诞生，一次是生活的诞生。所以，人的自尊自爱也是有两次诞生，一次伴随生命的诞生而诞生，一次则是伴随完成社会生命的改变而诞生……人诞生两次才算完成，所以，自尊自爱只有发生两次才能称得上为一个真正意义上的、完整的人生。”

女士们，每一个有思维的人都希望能得到别人的尊重和爱，这是人之常情，因为大家都认同，只有得到别人的尊重和爱，人生才算是有意义。但是，现实生活中，有些女士在强调尊重和爱的时候却走了歪路，丢掉了最重要的前提：自尊自爱。

以前，在我生活的密苏里州一个小镇上，有个非常漂亮的小女孩叫卡拉，当时她大概20岁，正在念中学，在小镇上很有名气，大家都喜欢叫她“疯丫头”，说她不拘小节、为人豪爽。虽然那时我年纪尚小，但从大家评价的语气中能听出来，这似乎带有讽刺的意思。

有人曾经说：“小镇人才济济，有很多非常优秀的男孩，但是，如果你没有做过卡拉的男朋友，那你就不能称之为真正出类拔萃的男孩。”传言，卡拉的男朋友一个比一个优秀，而且卡拉交了很多很多的男朋友，每次感觉厌倦的时候就会换新的男友，几乎每3个月就会换一个，多得简直可以开一家小型的公司了。卡拉就是这样，从来没有认真对待过感情，稀里糊涂地度过了自己的青春期。

随着年龄的增长，她也不得不面对婚姻和家庭。出人意料的是，没有一个男孩愿意娶她，甚至那些一直对她情有独钟的人也不愿意。所有人都告诉卡拉，他们不能娶一个不知道自爱、没有尊严的女孩，他们之前之所以追求她，无非是为了寻求刺激和新鲜。他们认为卡拉适合做情人，而不是做妻子。

两年前，我再次回到老家，和儿时的伙伴聚会时聊起了卡拉，我询问她现在的情况，伙伴们不免有些伤感地说："镇里的男孩子都不想娶她。最终，她嫁给了一个十足的恶棍，又丑又凶，而且吸毒、赌博、酗酒。再后来，听说她男人为了自己的需要，逼迫她卖淫，而且公开骂她是个婊子，是大家公认的荡妇。为了生存，卡拉别无选择，因为这一切都是她自己造成的。"

是的，这一切只能怪她自己，如果她一开始知道自尊自爱，那么最后也不会沦落到被人唾弃，沦为妓女的地步。

女士们，要警醒啊，时刻告诫自己要自尊自爱。因为只有懂得自尊自爱的女人，才能得到别人的尊敬和爱。女性要学会鼓足勇气面对生活，维护自身的正当权利，让生活更加有条不紊。

女士们，还有一点必须要说。我们都是有家庭或者即将有家庭的人，而我们的孩子也在时刻注意着我们的一举一动，他们效仿我们的神态、言语、办事风格。但他们也都有自己的主见，知道什么好什么不好。尤其是青春期的孩子们，他们更为敏感，他们强调自我，彰显个性，有着强烈的自尊心。所以，我们一定要为孩子做出好的榜样，教育并引导他们懂得自尊自爱，否则，最终痛苦的只能是自己。

一次，一位女士找到我说："卡耐基先生，请您帮帮我吧。我的孩子小杰瑞不知道怎么了。他今年12岁，犯了错误，我正在批评他的时候，他忽然反驳我说：'你是个不知道自爱、无耻的女人，不配批评我。不配做我的母亲，我以你为耻。'天啊，这是怎么了，上帝怎么可以这样惩罚我。我不知道我到底哪里做错了。"

我非常好奇，后来见到了小杰瑞，和他反复沟通后，他终于说出了原因。他说："我的妈妈很势力，不知道自爱，没有自尊，我恨她！一次，他把我爸爸公司里的部门经理领回了家，百般献媚，可是经理很正直，严词拒绝了她，并且骂妈妈不自重、不自爱。我虽然知道她也是为了这个家，为了爸爸可以升迁，但我不会原谅她的。后来，爸爸被辞掉了。类似这样的事情还有很多很多，我不想再看到这样的妈妈，也不能容忍她这样。她不配做我的妈妈。”

后来，我把原因告诉了他的妈妈，她听后痛不欲生。再后来，我就没有见过她了。

女士们，小杰瑞的话可能已经深深地触动了你们。一个尚未成年的孩子都知道廉耻，知道自尊自爱，知道鄙视那些不自尊自爱的人，更何况是成年人了。女士们，我衷心地希望你们做一个自尊自爱的女人，也真心祝愿你们以后生活会快乐幸福。

自爱意味着爱惜自己，对自己好一点，使生活变得美好，同时也代表了生活的品质和品味。女性不能因为受到了一点点伤害就自暴自弃，也不要为了得到某种东西而失去原则。对于女性而言，只有懂得自爱，才能懂得如何爱别人。

最后，我还要提醒女士们，自尊自爱并不是目空一切、傲慢无礼。自尊自爱的目的是保护自己，同时守护自己的尊严。女士们，如果想让你的生命有意义，想拥有快乐的人生，就首先要学会自尊自爱。

幸福忠告

自尊自爱是我们成为人的社会属性必须懂得而且必须做到的法则。不懂自尊自爱的女士最终只能被大家抛弃，相反则可以得到自己希望的幸福生活。尊重自己，对自己好一点，爱而不娇，不目空一切、自以为是，才能更好地被大家接受。认同自我的生存价值，生活才能变得越发美好和精彩。

第二章　褪去青涩，成熟面对生活

成熟是一个人生命中的一个沸点，它结束了我们青涩而稚嫩的幻想，带领我们走入一段全新的人生。成熟让我们更理智地去面对生活、迎接挑战，享受奋斗的激情、勇担失败的伤痛。一个成熟的女人，自信、独立、从容、优雅。无论何时何地，她们都能洒脱地展示着女性的风采。让我们从现在出发，迎接那份精彩的蜕变吧！

1. 经济独立，为人生买一份保险

当今社会，女权声音越来越大。有人调侃到：“这个时代充斥了野蛮女友”、“原来的半边天现在简直就是天，而且要一手遮天了”。

但他们也只是调侃而已，并没有真正放在心上，因为他们知道，这个世界依然还是男权社会，偶尔几个女权主义者也不过是一时的小风浪，无法撼动男人的地位。

其实，女人自己也知道，做任何的争取和抗争，不过是男人稍稍的让步而已，绝大多数女人还是庇护在男人的羽翼之下。

既然如此，女人就不得不考虑自己的生活保障问题了。一旦男人张开双翼，庇护另外一个女人或者开始博爱大众，我们就只能依靠自己的力量站起来抗争，否则，只能忍气吞声，任由男人胡来。而我们所有抗争的基础和前提条件只有一样：金钱。所以，女性只有经济上保持独立，才能保证人格的独立。

我听我的学员说，一个朋友不久前离婚了，本来夫妻离婚也不是什么惊天动地的事情，但是对于她来讲，真的犹如天塌地陷一般。原来，她在20年的婚后生活中，一直没有工作，所有的开支都来自丈夫，而且自己也没有任何积蓄。如今，她度日如年，经常为水电费、燃气费、房租等发愁。

还有一位朋友，她父亲去世后，一家人的生活便陷入了前所未有的困苦之中，生活质量严重下降，她们常为日常生活和房屋贷款焦虑。为了维持生活，她已经退休的母亲万般无奈，只得重新竞聘参加工作，以补贴家用。

以上两位女性几乎都是在一夜之间一无所有的，而且她们都是人过中年后陷入了如此尴尬的境地。所以，女性经济的独立至关重要，无法否认，这将是女性生活中攸关幸福的关键要素，也是女性获得自我保护、维持生活稳定的必备条件。

社会中，总会有些女人把男人当成最贴心的依靠，可是，残酷的现实一次次地把这样的美梦击碎。生活中的事实已经告诉我们，不是每一个女人都可以找到一生的挚爱，都可以一辈子被男人宠在心里、捧在手里。婚姻里已经充斥了太多不可控的因素，尤其当今社会对婚外恋的现象表现出极大的宽容，小三从之前的不光彩、偷偷摸摸，到现在几乎成为一个美貌女子的名片，正大光明地出来与社会公德叫板，让女人本来就不够安全的幸福生活平添了一份风险。

其实，对于女人而言，婚姻的不确定性风险只是其中之一，还有例如生育、养老、医疗、住房等等。可以想象，如果一个经济没有独立的女人忽然间失去了经济的来源，应当如何面对日后的生活？而经济上的独立却可以在很大程度上减少这种风险，为女性的生活提供一份殷实的保单。

莎莉早些年和前夫离婚，之后谈了几个男朋友，但一直未能走进婚姻殿堂。去年，在一次舞会上，她认识了比自己小 6 岁的男友，尽管男友对她照顾得无微不至，也很疼爱她，但因为年龄的差距，莎莉一直觉得不踏实。

但是对此，莎莉却没有丝毫的担心和不安，因为自从上一次的失败婚姻后，她几乎不再相信爱情了。她常说：“其实，我想得很清楚，尽管我们现在非常恩爱，但难保后面不出现什么出人意料的情况。对于我来说，结局的好与坏都已经不是攸关生活的事情了，因为我有自己的工作，有自己的房子，大不了我重新过自己的单身生活。”

其实，对于现在的女性来说，你可以没有属于自己的房子，但必须要有独立的意识，要有独立的经济来源，稳定的收入。在你结婚前，不要在经济上依赖你的男朋友，这会让你在感情上迷失方向，丢掉自己坚持的地位和利益。如果你已经成家，而且老公很富有，不愁吃喝，生活富足，那也请你不要甘于在家做一个全职太太，要强迫自己必须实现经济上的独立。

说到底，经济上的独立才是女人独立自主意识、独立性格的根源和基础。它让女人在家庭和社会上挺起腰杆，也让女人开始独立思考，独立应对风险，为生活提前准备了一份“保险”。

独立的女人虽然没有小鸟依人般的可爱，但可以展现海鸥飞翔的美丽；虽然没有温室花朵的妖娆，但可以展现荷花的纯洁。这些又何尝不是另外一种美丽，另外一种精彩。

女人要想不做依附男人的菟丝花，就要勇于实现自我的独立，实现经济的独立，因为这样的女人才是最美的。

幸福忠告

现代女性必须要实现经济的独立，彰显自立的性格，不要再把自身的幸福完全托付给男人，要有生存的智慧，为自己的人生负责。依靠但不依赖男人，自主但不刚愎自用，保持经济的独立和意识的独立，只有这样，女人才能具备抗风险的能力，面对生活的困境时，才能勇敢地闯过去。

2. 果断谨慎，遇事要有主见

我有一位女学员叫卡尔·艾薇儿。她刚刚从大学毕业，正在努力找工作。一天，她找到我，很兴奋地说：“卡耐基先生，我简直太幸运了！我同时被福特尔咨询公司和物耐德物贸公司录取了！”听到这个消息，我真心为她感到高兴，因为这两家都是在纽约很有名气的公司，普通的毕业生很难进入，而现在她居然被两家知名的大公司同时录取，真的很出色。

我问她：“这两家公司都很好，你决定选择哪家了吗？”

卡尔·艾薇儿说：“我准备去福特尔咨询公司，因为我的朋友都觉得我适合做咨询的工作。”过了几天，当卡尔·艾薇儿小姐再来上课的时候，我问她：“在福特尔咨询公司工作得怎样？对那里的一切还习惯吗？”

卡尔·艾薇儿摇了摇头，说：“卡耐基先生，我不准备去福特尔咨询公司了，因为我父亲对我说，物耐德物贸公司有更大的发展潜力，如果我可以在那里工作，发展空间会更大。所以，我又改变主意了，准备去物耐德物贸公司。”

听她这么说，我以为她已经下定决心去物耐德物贸公司上班了，然而第二天她就找到了我，一脸为难地对我说：“卡耐基先生，我的朋友都认为物贸方面的工作并不适合我，但是我的父亲又鼓励我做这项工作，现在我真不知道自己究竟适合做什么工作。卡耐基先生，希望您可以给我一些建议，帮我做个选择。”

我摇了摇头，告诉她说：“小姐，实在抱歉，也许我可以给你一些建议，但是却无法帮你做这个决定。请你记住，无论做什么事情，最后的选择都要你自己来做。你不能只听取别人的意见，而自己一点主意也没有。”

最后，我问她：“你究竟喜欢那种工作呢？你认为自己更适合做哪种工作？”卡尔·艾薇儿想了一会儿，说：“我觉得自己对咨询的工作更感兴趣，我比较有耐心，也乐意帮助他人。而物贸工作要和许多陌生人接触，这不是我所擅长的。”

我赞赏地点点头，说道：“你看，你对自己的优点和不足不是很清楚吗？为什么要让别人为你做选择呢？你要牢记，要做一个有主见的人，这样你才会更加成熟。”

各位女士，看了上面的事例，你们有什么启发吗？在我接触过的一些女性朋友中，缺乏主见的人并不在少数。当需要她们做出选择的时候，她们往往不是积极主动地思考，而是马上去征求他人的意见。这样做很不好，因为别人的意见未必适合你。

人的一生其实很短暂，如果可以选择，为什么不唱自己的歌，走自己喜欢的路呢？毕竟，这个世界上只有你自己才真正了解你自己。只要果断地坚持自己的主见，无论结果如何，都是自己的歌声。所以，各位女士，一定要让自己成为谨慎而有主见的人，唯有如此，你才会更快地成熟起来。

需要注意的是，拥有主见并不等于盲目自信，那样也是一种不成熟的表现。著名的心理学家德莱克教授就曾经说过：“世界上有两种人是最不成熟的，一种是缺乏主见的人，另一种是听不进他人忠告的人。”

的确如此，假如一个人无法听进他人的意见，盲目自信，将会给自己的生活带来巨大的损失。这不仅会让自己失去很多朋友，也会让自己变得狭隘和自闭，这对一个人的发展而言，危害是不可估量的。

卡瑟琳女士是一家食品公司的销售副经理，单就工作能力而言，无疑她是最出色的。但是她的缺点也很明显，那就是她总是盲目地自信。她会毫不犹豫地否定手下员工提出的与她相悖的意见，顽固地认为自己的决定是正确的。

前不久，公司开发出一种新产品，需要进行宣传和推广。身为销售副经理，卡瑟琳向手下的员工征集宣传方案，并且在会上集体讨论这些方案的可行性。然而，在讨论的时候，她又开始对与她的观点不同的方案予以坚决否定。因为大家对她的脾气很了解，于是，她手下的员工便没有谁再“献计献策”了。

最后，她一个人完成了所有的方案。但是，这次宣传推广的效果很失败，几乎没有收到任何效果。老板对此很不满，严厉地批评了卡瑟琳，若不是念在往日的情分上，她的职位也岌岌可危了。

我们可以看出，如果一个人总是盲目地自信，听不进他人中肯的建议，将会给自己带来巨大的损失。我们每个人都无法保证自己永远是正确的，如果对他人的意见充耳不闻，就可能会走很多弯路。因此，在面对问题的时候，我们要学会在拥有主见的基础上，果断谨慎地分析，取其精华，去其糟粕，让问题得到完满的解决。

幸福忠告

在生活中，女人要扮演很多的角色，学会做一个有主见的女人，懂得不人云亦云，理性地站在现实的基础上清醒地审视自己，看清问题。有主见的女人也是快乐的女人，就让我们走自己的路，让别人去说吧！

3. 勤勉实践，为梦想落地做好准备

我在《人性的优点》中曾说过这样一句话："对于奋斗的人来说，有什么样的梦想，人生就将是怎样的。"许多看过这句话的人都将它视为奋斗的座右铭，为自己的人生做好规划，并为之努力。

记得有一次，一位女学员拿着这本书找到我，指着这句话问我："卡耐基老师，我也有梦想，但是我怎么感觉梦想离我那么远呢?"

其实，生活中和这位女士有过类似困惑的人并不在少数，她们声称自己有梦想、有追求，为了梦想也曾努力拼搏过，但是最终和成功擦肩而过。如果对此你感到好奇的话，不妨看看下面的故事。

有个被当地人称为比赛尔的部落，位于非洲撒哈拉沙漠的深处，终年与世隔绝。那里贫穷闭塞，满眼荒凉。但是很多年过去了，却没有人离开那片荒芜的土地。这倒不是因为他们对这片土地有太过深厚的感情而不舍离去，相反，他们最大的梦想就是有一天可以离开那里。他们之所以不出去，是因为无论他们怎么努力，都逃不出那片土地。

直到很多年前，一个叫肯·莱温的年轻人来到这里，改变了这里的一切。肯·莱温热爱探险，在一次沙漠探险中误入了比赛尔地区，他在那里兜了很多圈，却一直没有找到出去的路。后来，他恰好碰到一个当地人，便向他询问。这个人无奈地告诉他："太不幸了，恐怕你这一生都没办法走出去了。"肯·莱温很疑惑，追问原因。这个人又说："比赛尔这个地方无论你朝哪个方向走，最终都会回到起点。"肯·莱温听后大吃一惊，但是，他不想一辈子被困在这个荒凉的地方，更不相信会有这么恐怖的事情。

于是，他从比赛尔出发，一路向北行进，结果，不到10天他就从沙漠中走了出去。此时，他对比赛尔人一直被困在那里感到十分困惑。于是，他又折回去，雇佣了一个当地的向导再次尝试往外走，他自己拿着指南针跟在后面。结果十天过去了，他们走了大约500公里的路，却依然困在茫茫的沙漠中。到了第11天晚上，他们居然又回到了比赛尔部落！

此时，肯·莱温终于明白比赛尔人走不出沙漠的原因了。原来，他们根本不认识北斗星。后来，肯·莱温告诉比赛尔人如何识别北斗星，帮助世代被困在沙漠中的比赛尔人走出了沙漠。

这个故事告诉各位女士这样一个道理：人们都说梦想成就人生，梦想促成了成功。但是，如果梦想仅仅停留在人的头脑里，只是作为一种对未来的憧憬，而没有把它看作是一个等待实现的目标去为之奋斗和拼搏的话，那么梦想也只是幻想而已。就像故事里的比赛尔人，他们虽然一直梦想着能走出沙漠，但是却缺少目标的指引，那样即便他们付出再多的汗水和辛苦也无法实现梦想。

虽然，目标与梦想都是一种对未来的设想，但是两者又有所不同。目标可以使人们在规划人生的同时对未来进行更理性的思考和选择，从而清楚更适合自己的事业和生活。而梦想则与人们心里对未来的美好期盼更为贴近，或者说梦想其实就是人们在精神里构建的乌托邦，虽然也有一定的激励性，但是人们大多不愿意为太过飘渺的梦想付出太多的辛苦。所以，梦想对人的激励和鼓舞远不如目标。

日本富翁夏祏智慧小姐就是一个善于规划人生，将梦想变成目标并最终得以实现的例子。

夏祏智慧八岁的时候，她的家人就向她灌输了“梦想成就未来”、“梦想造就成功”的思想。在这种思想的影响下，年仅十岁的夏祏智慧就会告诉别人，自己的梦想就是以后成为一名日本知名的企业家。也许在大人们看来，这不过是一个孩童纯真而幼稚的痴言，不会当真，自然也不会认为这会在若干年后成为现实。

当夏祏智慧十九岁的时候，她将儿时的梦想作为自己今后奋斗的目标，并且对自己未来五十年的人生进行了详细的规划：

在三十岁前，拥有属于自己的企业，光耀门楣；

在四十岁前，至少赚得500亿日元的财富；

在五十岁前，做出一番令人瞩目的事业；

在六十岁前，事业成功，拥有美满的家庭；

在七十岁前，把事业交给下一任接班人，自己安享天伦之乐。

夏祏智慧正是一个将梦想作为奋斗目标，又将目标变成现实的人。

可见，目标是一种建立在现实基础上的理性想象，是人们对自己和社会的一种美好想象。远大的目标所产生的能量是不可估量的，生活中那些心怀远大目标的女性，一般都具有坚定的决心和毅力，面对困难，她们从不会退缩、动摇，也不会因为诱惑而迷失方向、丢弃目标。

亲爱的女士们，只有将心中的梦想变成奋斗的目标才是明智的做法。我们每个人都在上帝设好的游戏中冲锋陷阵，只有那些目标明确、努力实践的人才能找到自己的人生意义，更好地前行，并成为最终的赢家。

最后，送给女士们一句话：从把梦想变成奋斗的目标开始，勤勉努力，让梦想落地、生根、发芽，最终开放出娇艳的人生花朵。

幸福忠告

有梦想的人是值得鼓励的，如果梦想仅仅停留在头脑的幻想中，那不过是思想的昙花，既不能长久绽放，也无法结出果实。只有踏实、坚定地将梦想变成奋斗的目标，才能让梦想的美景变成身边触手可及的幸福。

---

4. 拒绝奢望，踏实地活在当下

前段时间，我在《时代杂志》上看到一篇文章，看过之后感触颇深。这篇文章的内容如下：

在战斗中，一位士兵被流弹击中了喉部，身负重伤。他先后输过七次血，伤情才渐渐有些好转的迹象。那时，他无法说话，也无法吃东西，根本不知道自己是否能活下去。于是，他写了一张纸条交给医生，上面问道："我还能活下去吗?"医生回答说："你可以。"他又给医生递过去一张纸条，问道："我以后还能说话吗?"医生也告诉他可以。这时，他的脸上绽放出了笑容，在另外一张纸条上写道："真的太棒了，我还担心什么呢?"

各位女士，你们知道当我看完这个小故事后得到了怎样的启发吗？我最大的感触就是：一个人，要为自己所拥有的一切感到知足，不要太贪心。如果欲望太多、太强，结果只会让自己的心灵倍受煎熬，很难活得开心。

我相信大多数的女性都懂这个道理，然而真正做到的却寥寥无几。在她们的眼中，只看到自己没有的东西，却对自己已经拥有的视而不见。这使得她们的欲望愈发变得强烈，每天都陷入这种欲望的折磨中。而对于那些已经拥有的东西，她们也不懂得如何享受。著名的哲学家叔本华曾说过："我们几乎从不去想那些我们拥有的东西，而是总去追求那些没有的，这实在是世界上最大的悲剧，它带给人们的痛苦不亚于历史上任何一场战争和疾病。"

叔本华的话很有道理。各位女士，我们应当为自己已经得到的恩惠而感到知足，这样，我们的生活才会充满幸福和乐趣。我的一个好朋友哈罗·艾伯特的故事就印证了这个道理。

艾伯特是我以前的教务主任，我们相识多年，私交很不错。有一段时间，他开了一间杂货店，但生意很冷清。后来，他开始赌博，不仅输光了自己全部的积蓄，还欠了很多外债。这让他丧失了生活的斗志和信心，终日愁眉苦脸、哀叹不断。当时，他准备到工矿银行里借点钱，然后再去堪萨斯城寻一份工作。然而，因为自己已然失去了斗志和信心，在去借钱的路上，他始终低着头无精打采地走着，不停地抱怨着生活对自己这样残忍。

他正走着，忽然，在路上碰见了一位失去双腿的人。那个人坐在一块小平木板上，平板的下方装着两个小滑轮。他两只手分别抓着一块木头，撑着地往前走。那个失去双腿的人也看到了艾伯特，他突然咧嘴一笑，和艾伯特打招呼说："你好，先生。今天的天气很不错，是吧？"他的笑容看上去很真诚，这让艾伯特很震惊。这时，他突然发现，自己原来这样富有——我有两条腿，还可以到处走。他顿时为自己感到羞耻，同时，他鼓励自己说："假如这个失去双腿的人都可以做到的事情，我也一定可以做到。”

于是，他开始变得开心起来，从前那种垂头丧气的灰心模样一扫而光。原来他担心自己还不起银行的钱，只准备向银行借100美元，但是现在，他不再恐惧，反而朝银行多借了100美元。用这些钱，他在堪萨斯城成功地找到了一份工作，后来还获得了很大的成功。

其实，在某种意义上说，我们每个人都是富有的，只是我们自己并没有将注意力放在我们已经拥有的东西上，事实上，我们这些财富甚至已经远远超过了阿里巴巴的珍宝。设想一下，你愿意以一亿美元的价钱卖掉自己的双腿吗？对了，还有你的双手、你的听觉、你的家庭、你的孩子……你一定不会卖掉他们，因为这些都是你最珍视的财富，即便把福特、摩根以及洛克菲勒所有的财产都集中起来，你也不会卖。

但是，既然你已经拥有了这么宝贵的财富，又为何对它们视而不见呢？倘若你懂得欣赏和享受这一切，你的生活将会变得多么美好啊！里根·皮尔萨斯·史密斯曾经说过：“我们每个人的人生都应当有两个目标，第一个就是得到你所追求的，第二个就是充分地享受它们。不过，能做到第二步的聪明人寥寥无几。”

各位女士，我不知道你们知不知道波姬儿·戴尔，她是一名女作家，很聪明。她只有一只眼睛可以看到东西，并且视力很差。但是她拒绝别人的怜悯，也从不觉得自己与别人不一样。对于仅有的一点微弱的视力，她觉得很满足，并且充分享受着自己的生活。在她52岁的时候，她在著名的梅育医院做了一次手术，将视力提高了40倍。这让她感到很兴奋，她开始用心去观察这个世界，即便在洗盘子的时候，她也会抓起一把肥皂泡泡，让它们在阳光下绽放晶莹的光彩。

我们比波姬儿·戴尔拥有的更多，然而却常常不懂得满足，那是错误的，我们应该懂得享受现在的生活，懂得感谢上天。这样，我们才能感受到生活的趣味，并且活得很快乐、很精彩！

幸福忠告

人生是短暂的，但是每个人脚下的路却要走得很漫长。要想让自己在生活的道路上品味到幸福和快乐，就要学会踏实地活在当下。不要总是梦想着天边的那座玫瑰园，而对已然在我们窗口怒放的玫瑰视而不见。

---

5. 有礼有节，理智应对情感诱惑

女士们，我曾经听到过很多这样的抱怨："卡耐基先生，我的丈夫太敏感、太小心了，请您帮我劝劝他吧。尽管爱情是自私的，但总不能把我装在玻璃瓶中啊，每次只要我和男性接触，他都会火冒三丈。"

我们都知道，即便是婚后，女性也会不可避免地接触到其他男性，而且很多时候是必须的。对于上面说的事情，我可以理解夫妻双方的心情，也理解他们的苦衷，但是作为女性，如果可以妥善处理好这样的事情，家庭生活必然会更加美满和谐。

不久前，乔治到我家做客，席间，聊起了他的妻子，乔治非常气愤地说："不要再提她，我迟早是要和她离婚的！"我不禁大吃一惊，因为，他们一直都非常恩爱，便劝他不要冲动，问题可以通过沟通来解决的。不料，却遭到乔治无比愤怒地反驳："你不懂，戴尔！妮娜确实是个不错的女人，讨人喜欢，婚前就有很多男人喜欢他，但是婚后，她居然还和很多男人保持着密切的联系，这是我不能容忍的！"我静静地说："乔治，是不是因为你太敏感了。”乔治对我的话感到些许反感和不悦，他阴沉着脸说：“戴尔，我本不是个小气的人，也不干涉她自己的生活，但是她的一些举动太过分了。有时候，她能和他们打电话说上一个小时，甚至开一些暧昧的玩笑。我是有自尊的，怎么可以容忍这样的事情发生。如果她继续这样，我只能和她离婚了。“

几天后，妮娜哭着来到我家，告诉我，乔治决定和她离婚了，但她真的不知道自己错在哪里。我把知道的情况和她说了一下，妮娜很无辜地说：“戴尔，你帮我劝劝他吧，我真的不是故意这样做的，只是我的性格就是喜欢和男性朋友一起玩，我从来就没有想过要背叛乔治的。”

妮娜的话是真的，我很了解这个女人，但是乔治不会相信，而且也不愿意接受。妮娜犯了婚姻中的大忌——和男性朋友关系太密切。

我尊重每一位女性，她们有权利和婚外的男性交往。但是，这种权利的使用是有限度的，那就是不能让丈夫产生反感。如果交往中，女人不顾及丈夫的感受，和别的男性过于亲密，那么势必会影响婚姻的幸福，招致丈夫的不满，甚至破坏家庭。

米拉女士最近遇到一件麻烦的事情，一个叫约翰的男士正在疯狂地追求她。其实，女士被人追求是一件让人很欣慰的事情，但是，米拉已经结婚了，有自己的家庭，而且她不准备背叛自己的丈夫。面对进退维谷的境地，米拉找到我，并且希望我能给她一些建议。

听完她的介绍后，我很诧异，事情没有那么复杂啊，可以直接拒绝约翰的追求。米拉痛苦地摇了摇头说：“卡耐基先生，约翰是个非常好的男人，他善良、纯真，而且情感细腻、感情脆弱。我觉得自己真的不能伤害他。”

我知道米拉女士的出发点是好的，是希望不伤害到任何人，同时也希望能把事情圆满地解决掉。于是，我告诉米拉：“尽管你的初衷是好的，但是这样做真的不能解决问题，而且只会让事情越来越糟。你只要没有明确拒绝约翰，那他就会误认为你是接受他的，就会认为自己有机会，进而更不会放弃，这样你们之间早晚都会出现问题的。而我认为丈夫是不会允许自己的妻子和别的男人暧昧的。我觉得你应该明确地回绝他才好。”

后来，尽管米拉很痛苦，但她还是明确地拒绝了他。约翰也约了几次卡拉，但发现真的没有机会也就放弃了。再后来，约翰和米拉成为了朋友，约翰也常到米拉的家里做客。

试想一下，如果米拉没有和约翰摊牌，结果会怎么样？其实，女士在婚后面对追求者的时候，完全不必紧张，也不用担心害怕。只要坦诚相待，表明自己的立场和态度，问题也就迎刃而解了。

还有一个典型故事：

丽莎是一个漂亮的女人，婚前有很多男士追求她，后来，巴托先生凭借自己的优秀博得她的欢心，并步入了婚姻的殿堂。但是，婚后，丽莎还和很多男性朋友保持着密切的联系，这让巴托非常痛苦和难堪。更可怕的事情是，丽莎从来不拒绝任何一次邀请，甚至自己有时候也会主动邀请别人，而且常常说一些让对方感觉“有机可乘”的话，比如：“其实你也很优秀，如果当初你再勇敢点，我就会嫁给你的”、“其实我也很喜欢你的，只是巴托先生更好点”等等。让巴托更难以忍受的是，丽莎居然说巴托应该为自己有这么多追求者感到骄傲，因为这证明自己的妻子很优秀，巴托很有眼光，这是巴托的荣耀。

这样的荣耀，没有任何一个男人敢要，也没有任何一个男人想要。所以，最终结果很简单，只有离婚了。其实，对于丽莎来说，她不是不爱他的丈夫，她只是不想失去“大众情人”这个虚荣，不想丢掉婚前那种凌驾在男人之上的优越感，她是在“玩火”，而结局一目了然：“玩火自焚”。

女士们，这几个都是典型的误区。如果你想让自己的婚姻幸福、家庭美满，就不要去尝试和婚外的男人玩暧昧、玩激情。建议总结一下就是：

1. 注意和男性交往不能肆无忌惮，要把握分寸；

2. 要明确拒绝婚外男性的追求；

3. 摆好心态，做好定位，时刻记着自己是已婚女人，要对家庭负责。

幸福忠告

女士们，如果你不想毁掉自己的婚姻和家庭，请义正言辞地拒绝任何暧昧，在和婚外男人交往时，要有礼有节，掌握好尺寸和度。只有这样，才能得到美满幸福的婚姻，生活才会更轻松快乐。

6. 善于经营，不做围城的囚徒

女士们，现在有些人还存在着这样错误的认识：女性是弱势群体，经不起现实的打击，所以应该专心致志地居家，修身养性、相夫教子，做一个称职合格的妻子。但是，怎么样才能算得上称职呢？没有标准。但有一点可以印证，那就是在婚姻中你是否真的幸福。

如果如上所说，女士们一味地居安过日子，那结果可能是女性成为婚姻的囚徒，而在这样的情况下，婚姻是很难真正幸福的，而且也难免会出现危机和风险。所以，我一直坚持，女性应该勇于出去工作。

有一位苦恼的女士曾经找到我，她告诉我她现在左右为难。结婚前，她有一份独立的工作，有固定的收入。结婚后，为了丈夫能安心工作，她辞职在家做专职太太。但是，近期家里发生了些意外，经济状况有些紧张，为了能分担家庭的压力，她想再次出去工作，但又担心丈夫不同意，所以她非常苦恼，想请我帮忙给一些意见。我听后，询问她是否征求过丈夫的意见，她说还没有和丈夫说过自己的想法。于是，我就鼓励她尝试着和她的丈夫沟通一次。

接下来，她找了个时机，终于和丈夫说出了自己的想法。她原以为丈夫会反对她，认为她不够顾家。让她感到意外的是，她的丈夫非常高兴，激动地说："亲爱的，太好了！我也正有此意，只是不知道该怎么和你说，我害怕你会因为我的这个想法而生气。"女士觉得很奇怪，问他为什么。她的丈夫回答说："亲爱的，家庭是两个人组成的，所以，我们都有责任为家庭的幸福而努力。之前，我一个人工作，有时确实感觉很累，尤其现在，我更感觉到有心无力，入不敷出，压力巨大。老实讲，我是真的希望你能帮我一把。而如今，你主动提出了分担家庭的压力，这简直太好了。说实话，这几年家庭主妇的生活，让你减少了很多魅力，我还是喜欢工作时候的你。"

故事中丈夫说妻子失去了之前迷人的风采，其实一点都不过。一个长期在家的全职太太，生活往往过于单调，信息闭塞，且自身能力和知识固化，都导致了"风采不在"，甚至"颓废"。

曾经有一个专家说过这样一段风趣的话："连续当 5 年全职太太的女人会变得唠叨，连续当 10 年全职太太的女人会变得很唠叨，连续当 20 年全职太太的女人会变得非常唠叨。然而，一个工作着的职业女性是很少唠叨的。"

所以说，一个工作中的职业女性才有足够的能力来经营自己的婚姻和家庭，才可以住于围城但不困于围城。

女士们，我们下面再说一个关于妻子协助丈夫制定目标并最终成功的故事吧，看看女主人是如何经营的。

威廉·格勒罕夫人是我夫人非常要好的朋友。她和她的丈夫白手起家，最后拥有了美国堪萨斯州威基塔市一家最大的石油公司，可以算得上富翁吧。

威廉·格勒罕夫人常对我们说，最初，他们的生活非常贫困，除了赚取少得可怜的佣金外，别无其他。但是，威廉·格勒罕一直希望能自己做生意，而且他从小对石油就产生了巨大的兴趣。然而，事业总是要一步步做起来的。

威廉·格勒罕夫人为丈夫制定了初步的计划，并和丈夫一起在一栋大楼一角的走廊末端租了一个废弃的通道，作为他们办公的地方。那段时间，公司几乎没有业务，他们常常过着三餐无着落的生活。

慢慢地，业务开始有了起色，也存下了一定的积蓄。他们开始投资房地产业，并获得了初步的成功。但是，就在事业日益红火的时候，威廉·格勒罕夫人却找到她的丈夫商谈事业发展的方向，并分析利弊，总结情况。经过多次的家庭会议后，威廉·格勒罕夫人最终说服了丈夫转向石油行业。然后，他们一起同舟共济，最终成立了自己的石油公司。

威廉·格勒罕夫人后来谈起这些事情的时候，常常会说，其实当初目标的制定非常难。她坦诚地说：“戴尔，你知道我当初有多难吗？我需要帮助他制定目标，并提出实现目标的计划。你知道的，如果目标定地不对，或者太高，都会严重打击他的自信心。所以，每次制定前，我都要仔细考虑威廉所接受的教育、训练和他的性情。而且每次当我们快完成目标的时候，我都会制定下一个目标，这样才能永远保持斗志，不会松懈。戴尔，你看到了，我们现在过得很好，有自己的事业、幸福的家庭，还有四个活泼可爱的孩子。我真的很感谢上帝。”

的确，威廉·格勒罕夫人说得非常对，不管生活如何，只要制定了目标，就一定会很精彩。

所以说，聪明的女性应该懂得经营自己的幸福，可以通过自身的工作承担家庭的责任，也可以通过自己的智慧，帮助丈夫完成他的事业构想。总而言之，婚姻的围城不可怕，家庭也不会因为自己出去工作，或者事业出类拔萃而受到威胁。相反，一个独立工作的女性，一个可以支撑家庭事业发展的女性，反而会更出色地维护好家庭的稳定，守住幸福。

幸福忠告

围城外面的人想进去，围城里面的人想出来。如果不会经营，不管城内城外，都不会得到幸福。而当今社会竞争激烈，女士更应该要有独立的思考、独立的工作或者一份可以支撑家庭的事业。这样，才有能力经营婚姻和家庭，不要做围城中的囚徒，勇于走出来，围城就能变成温馨的家。

---

7. 肯舍肯放，智慧做出选择

曾有一段时间，我喜欢上了打猎，我的老朋友贝克·里维斯是这方面的专家，于是我经常缠着他带我到郊外去狩猎。一次，我们带着猎枪和两只猎狗到郊外去狩猎。入夜的时候，我们在一条小溪旁支下了帐篷，准备过夜。

那天的晚餐很美味，因为所有的原料都是就地取材，都是纯天然的。就在我们享用晚餐的时候，两只猎狗突然狂吠起来，并朝着南方飞奔出去。我很害怕，担心遇到了凶猛的野兽，于是就问贝克，是不是准备好猎枪。贝克摆了摆手，告诉我："没关系，不过是一只狐狸而已。也许它只是途径这里，却发现我们在这，于是制造了一些假象，试图引开我们。"我感觉很惊奇，就说："真的吗？这动物可真聪明。"贝克也点了点头，停顿了好一会儿，然后态度很庄重地对我说："不知道刚才是不是那只狐狸？几年前，我孤身一人到这里打猎。当时我不太习惯用猎枪，而是喜欢用捕兽器，因为我对那种等待猎物上钩的感觉很是着迷。然而，你知道，和使用猎枪相比，这种方式抓住猎物的机率要小得多。一天夜里，当我以为又一无所获的时候，捕兽器上的铃铛开始响了。最初我以为是一只兔子，后来才发现是只狐狸。能看出来，那只狐狸很害怕，极力想挣脱那个捕兽器。当然，这是不可能的。这时候，我走到它面前，想活捉它。可是，你知道这时候那只狐狸怎么做的？它看到我后，竟然没有一丝迟疑地将自己的那条被困住的腿生生地咬断了，然后迅速向远方逃去。从那以后，我时常会到这里来，希望可以再见到那只勇敢的狐狸。”

这件事情在我的记忆里很深刻，尤其是贝克的表情，至今让我难忘。我曾经设想过，那只狐狸的做法究竟是不是值得？后来，我得到了答案：值得。因为这只狐狸忍着巨大的痛苦，放弃了一条腿，但是却保住了一条命。我一直在想，其实我们人类也是如此，当残酷的现实逼迫我们不得不付出惨痛的代价时，最明智的做法无疑是选择主动放弃小的利益而保全整体利益。然而，遗憾地是，很多女士并没有认识到这一点，她们往往做事太过于执着。

华盛顿的婚姻家庭研究机构主席，两性心理学专家贝尔·勃兰特曾经说：“很多女性在面对问题的时候，尤其是情感问题，常常会变得失去理智。她们变得非常执着，不明白放弃的重要性。她们认为，只有过去的拥有而没有未来的实现。那时，她们已经不在乎害怕什么，因为那是她们心中唯一的目标，而不管那正确与否。”

也许会有女士问：“卡耐基先生，您真的把我们弄糊涂了。我一直认为，要想获得成功、达到目标，就必须要执着。没有执着的信念，遇到问题就退缩，是不可能走向成功的。您不是一直认为，尽管成功的路上会有很多困难，但是那些最终获得成功的人不都是能够坚持到最后的吗?”

的确如此，我不否认自己的观点，但是，坚持的前提是你所选择的道路的正确性，确保你的选择有意义、有价值。对此，我表示支持。相反，如果这件事本身就不值得坚持，而女士们又偏偏执着于此，那么结果并不是取得成功，而是将自己推向痛苦的深渊。

3 年前的一个晚上，我儿时的玩伴朵拉·卡莫斯突然来访。见到她，我很意外，因为我们很久没有联系了。寒暄过后，我问她生活怎么样。朵拉苦恼地说：“简直坏透了，戴尔，我甚至不想活在这个世界上了。”我急忙问她发生了什么事情，朵拉告诉我事情的原委。

原来，朵拉在5年前和一个名叫迈克的男人结婚了。而在结婚前，她的朋友就私下里劝阻过她：不要和迈克在一起，他是有名的花花公子。其实，对于这点，朵拉心里也很清楚。迈克对她并不专一，而且朵拉还亲眼看到过迈克和其他女人约会。然而，朵拉经过激烈的思想斗争后，依然决定和迈克在一起，因为她觉得迈克还是爱他的。

婚后，迈克花花大少的本性暴露无遗，经常彻夜不归。同时，迈克还将家庭的重担全部推给了朵拉，而自己却每日在外面花天酒地。不仅如此，如果朵拉对他表示了不满，迈克就会对其拳脚相加。当时，很多知道情况的人都劝朵拉离婚，因为和这样的男人在一起是没有幸福可言的。然而，朵拉还是选择了忍受，她觉得迈克一定会改正的。

再后来，他们有了孩子，这使得朵拉更加不愿意离开迈克了。于是，朵拉只得整日生活在痛苦之中，独自默默地承受着命运的折磨。

欧洲有一句很有名的谚语：有人为了得到一颗铁钉而失去了一块马蹄铁，然后又为了一块马蹄铁失去了一匹骏马，接着又为了得到一匹骏马而失去了一名优秀的骑手，最后为了得到一名骑手而失去了一场战争的胜利。对此，我们可以得出这样的结论：那个人终是因为一颗铁钉而输掉了整场战争，而这恰是因为他不懂得放弃。

女士们，我们不得不承认，每个人的生活都是充满坎坷的，有时，还会有悲惨的、可怕的、令人痛苦的境遇降临到我们头上，让我们措手不及。此时，我们与其“坚定”地坚持，不如学会放弃，放弃那种令我们焦躁不安、痛不欲生的心理，让自己能够以一颗平静的心态去耐心地等待生活的转机。

曾经有一位哲人这样说道：“放弃是一种更为高级的境界，也是一种更为艰难的选择。然而，这种境界和选择却是我们面对人生种种不可预知的境遇时所必备的。放弃能够让我们对生活和人生都产生一种超脱自然的关照。我们不应感到恐惧，即便我们无法到达那种超然的境界，也可以学会放弃，让自己的生活变得洒脱一些。”

幸福忠告

敢于放弃，善于放弃，有时会比执着地追求某一样东西更为艰难。那不仅需要勇气和豁达，更需要内心的坚强和领悟，这是生活的智慧，更是人生的法则。

---

8. 远离孤独，享受快乐的人生

女士们，生活中每个人都不免会感觉到孤独。孤独的根源是什么呢?孤独来自于脆弱的心。当一个女人感觉到自卑或者觉得自己不够自信，人际关系太糟糕而且反复尝试都没有明显效果的时候，就可能会产生自闭、孤独、苦闷等心理，同时，精神上也会随之产生一定的失落感。

孤独感会对女性的生活和身体造成很大的影响。美国《健康报》曾说过：“长期生活在孤独中的人，精神会一直处于被压抑状态，缺少快乐，从而导致疾病的多发。”

多年前，亚瑟·蒂娜只身来到纽约打拼，希望能通过努力争得一片属于自己的天地。这位年轻漂亮的小姑娘非常顺利地通过招聘，成为一家大型商贸公司的职员，她工作兢兢业业、尽心尽责。但是，辛勤的工作也只不过是为了不让自己陷入孤独和寂寞中罢了。这个外地来的小姑娘在白天工作的时候，心情非常舒畅，因为她能感受到工作带给她的成就感和充实感。但是，到了晚上，她非常惧怕回到自己租住的公寓，她不知道自己该怎么办，也不知道干些什么。亚瑟·蒂娜非常希望结交一些好朋友，一起吃饭、逛街、看电影。而在崭新的工作环境里，她依然形单影只、孑然一身。她每天都很苦恼，但是却没有更好的办法缓解。

女士们，看到亚瑟·蒂娜的处境是不是有所感触？几乎所有单身在外拼搏的女性朋友都会有她这样的经历。但是，亚瑟·蒂娜并不是一个内向的人，相信经过一段时间后，她会在新的环境中找到自己新的朋友，然后可以一起吃饭、逛街、看电影，孤独也就随之消失了。不过，这是我的一种猜测，也是我希望她能向好的方向发展的愿望。是否能走出孤独，还需要靠她自己。

李斯·怀特是美国加州奥克兰米尔斯学员的博士，他在学校周年庆典的晚会上曾发表过一段精彩的演说，其中提到：“现代社会，最流行也是最普遍的疾病就是孤独。”

女士们，如果你现在还是孑然一人的话，如果你还常常饱受着孤独寂寞的话，请尽快想办法摆脱它们，想办法让自己快乐起来。但是，要怎么做才能快乐呢？大家都知道，拥有爱情和友情的人生是快乐的，但是这些不会主动找上你，关键还要靠你自己。你需要克服自己的情绪，让自己主动走出去，去结交朋友，或者找寻心意相随的恋人，主动赢得别人的认同和喜欢。只要能做到这些，你就可以远离孤独，过上快乐的生活。

女士们，让我们来看看可劳伦斯小姐是怎么做的吧。

可劳伦斯小姐年轻的时候，大概23岁左右，青春靓丽的她有一个幸福的家庭、爱她的父母、不错的经济条件。但是，不幸的是，就在她22岁那年，一场可恶的车祸夺去了父母的生命。可劳伦斯一下子变成了一个孤独的人，失去父母的日子暗无天日，她把自己关了起来，不想见任何人，而且，她总感觉自己被抛弃了，没人可怜她。她感到极度的寂寞和孤独，陷入了深深的恐惧中，甚至萌生了自杀的念头。

她辞去了工作，一个人在家自闭而伤心，但是，家里的积蓄很快用光了，万般无奈之下，她毅然做出了改变。她终于带着微笑的面容重新走出家门，找到了一份比较稳定的工作。此后，她变得活泼了，而且喜欢交际，她认识了很多朋友，并热情邀请她们到自己家里来做客。另外，她重新捡起自己的爱好，开始利用业余时间画画，并且参加一些交流会学习切磋。她还在社区活动中心举办了自己的画展。她真的忙了起来，也真的从朋友和社交圈里找到了快乐。

现在的可劳伦斯小姐还有一个非常爱她的男朋友，并且已经确定了结婚的日子，生活得非常幸福。可劳伦斯的经历恰恰说明了这样一个道理：如果你想远离孤独，就必须要主动去寻找快乐，结交朋友，让大家接受你，这样你也就会被快乐拥抱。

女士们，当你们看完上面的描述，我想你们肯定已经有更强的信心来摆脱孤独和寂寞了。可劳伦斯小姐在失去双亲后，依然能通过自己的努力摆脱痛苦和孤独，并最终找到快乐。其实，只要我们主动和别人交往，多付出、多给予，用真诚来换取别人对自己的认同和接受，那样，你的生活将从此变得多彩，充满快乐。

女士们，只要你们让自己充满爱，多结交朋友，创造一个温馨友善的环境，那么孤独也就随风而去了，留下的就是我们所希望拥有的快乐人生。

幸福忠告

孤独几乎成了现代人的一种心灵常态。有时因为他人的疏远，有时是源自我们自身的远离。要想摆脱孤独的侵蚀，就要学会敞开心灵，主动接触他人，触摸外面的世界，学会付出就一定会收获更多的友谊，走出一个人的世界。

9. 拒绝盲从，坚持本色的精彩

很多女士都希望自己和别人一样，也热衷效仿他人。她们希望能让自己散发出明星般的魅力，希望能跟得上潮流。但是，这种模仿好像并没有给她们带来快乐或者成功，反倒使她们陷入到痛苦和焦虑中，而这种痛苦和焦虑最终会导致她们失败。

尽管女士们效仿他人的初衷是期望获得成功和快乐，但我们不得不承认，而且事实也证实了，这样的做法是盲目的。所以，当我面对任何一个因为效仿他人而最终导致痛苦的女人时，都会忠告她们："做你自己，那是最好的，也是最快乐的。"

一次，我到一位朋友家做客，恰好他的邻居艾迪斯太太也在，看到这位身材有些胖、长相一般的艾迪斯太太时，我的第一感觉就是可爱、豁达、乐观。两个陌生人之间初次见面的陌生感很快就消失了，我们都留给对方非常好的印象。艾迪斯太太乐观善谈，让我吃惊的是，几年前，她还是一个生活在忧虑和苦恼之中的妇人。然后，她就讲起了她年轻时的一些事。

艾迪斯太太说，以前，她是一个多愁善感而且有些胆小的小女孩。当时，她的身材已经有些发胖了，尤其是脸部，很丰满，让人看起来觉得她是很肥胖的那种。她的母亲是典型的农村妇女，固执而古板，她一直认为穿漂亮的衣服是女人最愚蠢的做法。而且，艾迪斯的母亲一直认为，如果衣服恰好合身的话，很容易被撑破，认为衣服要做得肥大一点的好。所以，她坚决反对穿紧身衣服，而且自己一直都是这样的打扮。不光如此，她还严格要求艾迪斯也必须这样。老实讲，这样的做法让艾迪斯非常痛苦，但又无可奈何。她害怕参加每一次聚会，也没有开心的事情。那时，她一直认为自己和别人不一样，觉得自己就像个另类。

后来，艾迪斯太太嫁给了阿尔雷德先生。婚后，艾迪斯为了能融入到新家庭，开始模仿她的婆婆和丈夫，甚至是身边每一个人，但这一切总是无疾而终。她多次努力、尝试，但结果总是事与愿违，甚至越发地令她感到痛苦和焦虑。随着时间的推移，艾迪斯太太的神经变得越来越敏感，脾气也越发暴躁。她仿佛感觉到她被世界抛弃了，她彻底地失败了，然后拒绝会见任何朋友，变得沉默寡言，不爱和任何人交谈。

艾迪斯每天都在害怕丈夫会知道事情的真相，整日提心吊胆。她假装高兴，甚至有些时候过度兴奋。最后，艾迪斯太太的精神好像到了崩溃的边缘，再也无法忍受这种痛苦的折磨，她想到了自杀，以了结此生。

她的故事越发让我感到好奇，不禁追问道："艾迪斯太太，您现在的样子和之前大不相同。我很好奇，非常想知道是什么让你自己变成了现在的样子？"

艾迪斯太太笑了笑说："自己改变？根本没有。在此，我必须再次谢谢我的婆婆。她语重心长的一句话点醒了我，她说她是一位成功的母亲，她告诉自己的孩子们，不管什么时候，发生什么事情，都必须要保持自己的本色。婆婆的一句话如醍醐灌顶般惊醒了我，仿佛一道闪电划开黑暗般让我豁然开朗。从那天起，我开始按照自己的意愿来生活，安排自己的时间。所以，才有了现在这个真正的我，也才有了我今天的快乐。"

我清晰地记得自己为艾迪斯鼓掌，不光因为她精彩的"演说"，更是因为她的自信。当我夸奖她是我见到的最有魅力的女性时，艾迪斯太太有些腼腆地说："其实没什么，这就是我。"

女士们，保持自我才能展现魅力，这是一项非常重要的事情。如果你做不到，那么你可能永远都活在了别人的影子里，那样也无法成为一个快乐的女性。

一个成功的女性更要保持自我，坚持自己的精彩。如果你还在为不能惟妙惟肖地模仿某个名人或者伟人而苦恼，那么我真诚地奉劝你们，放弃模仿，展现自我，这样才能快乐，这样才可能得到成功，达到或者超越自己的梦想。

纽约市人气最旺、红得发紫的女播音明星玛丽·马克布莱德才华横溢，也是众多女性崇拜的对象。但是，她在成名前也曾经模仿爱尔兰的播音明星，当时，大家对那位明星也是顶礼膜拜，当然，玛丽·马克布莱德也非常崇拜她，将她视为偶像。当她第一次上电台播音时，她刻意地模仿那位爱尔兰明星。但是，她终究不是那位明星，最后失败了。

面对失败，玛丽·马克布莱德经过反复思考，重新审视自己后，决定不再模仿，而是要找回自己本来的面貌。她自信地重新站在话筒旁，声音洪亮地告诉观众，她，玛丽·马克布莱德，是来自密苏里州的一位乡村姑娘，非常高兴能以她的善良、真诚和纯真为大家带来快乐。最终，她成功了，而且现在成了大家崇拜的偶像。

所以，女士们，你们一定要记住，从现在开始要活出自己的精彩。你是美丽的女士，独一无二。你的本色没有人能代替，你要利用自己的优点和天赋，活出新的自我，妥善管理好自己心底模仿的冲动，时刻坚持自我，为自己的生命谱写一曲精彩的华章。

幸福忠告

女人爱美，也难免盲从，但只要时刻提醒自己要坚持自我，就可以远离因为盲从而带来的痛苦和焦虑。不要一味的活在别人的影子里，勇于坚持自己的本色，这样，从心底发出的独特个体的魅力才可以让生命更精彩。

---

10. 坦然冷静，直面生活的风雨

苦难是生活中无法割去的部分，有人会为之抗争，有人会因此颓废，可见，不同的处理方式决定了个人的成败。从另一个角度而言，困难是可以通过努力和坚持战胜的。坦然面对苦难、坚持前行、泰然处之的人，一定会拥有美好的人生。相反，如果一遇到困难就退缩、自怨自艾，认为那是无法改变的，甚至把它看成是宿命，那么就永远无法获得人生的快乐和价值。

女士们对挫折和苦难的承受能力本来就较男人要弱一些，遇到困难和挫折很容易手忙脚乱，转而求助于上帝的庇佑。然而，生活就是如此，它不会因为你是柔弱的女人而有所仁慈。所以，女性们要做的事是坦然而冷静地思考，而不是只知道在那儿祈祷。不要觉得自己处于不幸的境地而束手无策，要学会用你们的智慧直面生活的风雨，而这也是女性们真正成熟起来的必经阶段。

我有一个很好的朋友，他的女儿很漂亮，但是却从小就患上了口吃的毛病。现在，女儿在大学里读书，就快毕业了，她的成绩一直很出色，也很受老师和同学们的欢迎。设想一下，如果她没有口吃的毛病，她该有多么的完美！她的父母从她进入小学开始，就找过很多心理医生和专家来治疗她的口吃，却不见效果。

一天，女孩回家告诉她的父母，说她准备代表全体毕业生在校毕业典礼上发表演讲致辞，女孩兴致勃勃地开始做起准备工作，她的父母在旁边也跟着提了许多建议。但谁也没有提如何避免在演讲过程中出现口吃的问题。

毕业典礼终于到来了。整个下午，女孩都在反复练习演讲稿，直到晚上女孩上台的那一刻，全场的观众都安静地坐在下面注视着她，因为所有人都知道她有口吃的毛病。一开始，女孩有些紧张，语速很慢，一字一句地吐出来，然而到了后来，她却愈发地有信心，顺利地完成了20分钟的演讲，整个过程没有任何口吃停顿的地方。此时，全场观众都起身对她报以热烈的掌声。因为大家都知道，她在努力克服困难，完全有资格和理由享受这些掌声和赞赏。

她的口吃其实是无法根治的，然而，她凭借着自己的努力，将自己最好的状态和表现展示给观众，并赢得了所有人的掌声和认可。正如一位哲人所说：苦难就像是悬崖上的独木桥，在强者的眼里它就是条捷径，在弱者的眼里它就是绝境。

著名作家艾莉刚一降生到这个世界上，就患上了小儿麻痹症。她的医生曾说过："这个婴儿存活的几率微乎其微。"但是，艾莉还是活了下来，尽管她的右半身经常疼痛难忍，也无法从事体力劳动。

艾莉曾在自己的书中这样写道："我走路的姿势很不好看。很不客气地说，很丑陋。我想克服自己身体的缺陷，勇敢地走在街上，这个过程很难熬。在我的记忆里，小的时候我从不愿意拄着拐杖上街，而且自己认为，只要母亲扶着我，我就不需要拐杖了，别人也就看不出我身体的残疾了。可是母亲并不同意：'我不能你走到哪里，我就跟到哪里。你愿意自己拄着拐杖上街，还是宁愿永远不出门?'到现在我还记忆犹新，当我拄着拐杖上街时，所有人都看着我，那种感觉很糟糕。但是，过了那个阶段，我渐渐适应了人们的注视，觉得我并没有因此掉一层皮。其实，我小的时候被很多的同龄人笑话过，那些经过我身边的孩子都叫我'跛子'，然而，我心里明白，他们还不理解，等他们长大了自然就会理解了。我并没有因此而自暴自弃，因为我明白，我还有很多重要的事情要做。"

虽然艾莉是个残疾人，她却做得比健康人还要出色。我想，假如艾莉当时面对生活的不幸放弃了自己，面对困难止步不前，那么她也就不会取得今天的成就了。

苦难不等同于不幸，不幸也并不一定是灾难。想要成为一位睿智成熟的女性，就要学会在困难中接受磨砺，在挫折中奋勇向前，在痛苦中绽放笑脸。没有千锤百炼的勇气，怎么能扬起前进的风帆，驶向成功呢?

有这样一个小故事，一个总爱抱怨生活的女儿被父亲领到了厨房，父亲把胡萝卜、鸡蛋、咖啡豆都放在一起煮。结果，胡萝卜变软了，鸡蛋煮硬了，咖啡豆煮没了。于是，父亲告诉女儿："面对生活中的挫折，你想像胡萝卜一样煮软了，还是想像咖啡豆一样煮没了，当然，你也可以选择像鸡蛋那样煮硬了。"女儿恍然大悟。我们也是如此，生活中注定会有风雨，注定遭遇坎坷，关键就在于我们如何面对。

女士们，我希望你们都能选择鸡蛋，在生活的艰难中坚硬起来。梳理好自己的头绪和思想，不要将困难视为人生的不幸而痛不欲生，鼓起勇气，坦然地选择直面风雨，做一个成熟而有能力的女性。

幸福忠告

人生从来不缺少阳光，也无法删除风雨。面对生活的苦难和挫折，智慧的女性要学会坦然而冷静，在每一次磨砺中汲取生活的感悟，得到生命另一种形式的馈赠。

第三章　修炼气质，塑造魅力女人

这个世界从不缺少漂亮的女人，但是在这个步履匆匆、漂浮着铜臭和虚荣的时代，优雅从容的女人却显得尤为稀缺。人们常说，女人的美丽易得，魅力难求。一个富有魅力的女人是全方位的。她也许不够漂亮，但足够养眼；她也许不在潮流的最前沿，但却稳稳地站在品位的舞台上。这种优雅和气质并非与生俱来，让我们开始研读这门修炼课，塑造自己独特的魅力。

1. 爱我所有，秀出自信的笑容

女士们，我不知道你们是怎么看待“喜欢自己”。是不是依然想象为一种没有道理的、孤芳自赏的做法？所以，我有必要再次告诉你们，学会喜欢自己是有很大好处的。

各位女士，其实在学会爱自己之前，首先要克服害怕心理，克服不敢表露出自爱的心态和行为，因为这是一种成熟的标志。女士们，我们仔细思考一下，凡是那些思想上真正成熟的人，往往对自己都可以做到宽容，当然也可以宽容待人。因为，她们知道，人都是有缺点和弱点的，自己也不例外，所以，她们不会因为自身的瑕疵而否定自己，更不会为此痛苦。

事实上，我之前的很多研究已经反复强调喜欢自己的重要性了，并且在课堂上也强调了这一点。现在的教育也开始越来越重视帮助学生了解自己，鼓励他们建立健康、正确、成熟地接受自我的态度。哥伦比亚大学教育学院的亚斯·卡斯教授在《教师，面对自我》一书中写道：“教师是一个充满了辛苦、劳累、满足、幸福和心酸的职业。自我接受对于教师来说至关重要。”

我非常赞同亚斯·卡斯教授的话。当今社会，物欲横流，人们热衷于追名逐利去做机械的工作，但心灵却异常空虚，找不到寄托，所以才会在工作和生活中迷失了自己，而自我认同和自我接受也就无从谈起。

幸好，哈佛大学心理学家卢伯·怀特先生曾经说：“作为现代人，必须要学会适时地调整自己，否则难以适应环境带来的各种压力。”的确如此，女士们，我们周围敢于彰显个性、大声说出自己主张的人越来越少了，社会环境让我们不得不遵照默认法则来为人处事，否则，我们会感到焦虑不安、感到痛苦、感到被抛弃，最后甚至开始怀疑自己。

女士们，其实判断一个人是否喜欢自己的办法，还可以看他对自己是否过分自责。

一次，演讲课结束后，一个女学员找到我，抱怨自己的演讲太差了，和她自己想要的相差太远。她说："从我一站起来的时候，我就觉得自己笨到了极点，我感觉胆怯、不自信。然后又想到别的学员都准备的非常充分，且信心十足，所以，我更加害怕起来，我感觉自己似乎失去了所有的勇气和知识。这次简直太糟了。"

我微笑着说："你说得很对、很全面，把自己的缺点都描述了出来，但是，我认为你这次讲得很好，你只是没有发挥出自己的优点罢了。"

看样子我的话说到了这位女学员的症结，因为从那以后，她都表现得非常好。

女士们，你们要勇于发现自己的优点，并把它放大，不能老是盯着自己的缺点，尤其在遇到问题的时候，更不能只顾忌自己的短处。

自古以来，无论多么成功的人，都有自己的缺点。在威廉·莎士比亚的著作中就存在很多常识性的错误，比如历史和地理的错误。狄更斯的作品中也有很多过分矫揉造作的部分。但是，这些瑕疵都不能掩盖他们的辉煌成就，也没有影响他们在人们心中的地位，更何况是普通人呢。

女士们，我们都是普通人，都会有自己的缺点，只要我们有足够的信心和勇气面对并承认我们的缺点，就会发现我们其实有很多闪光的地方，有值得大家喜爱的地方。

女士们，我希望从今天开始，你们每一个人都能由衷地喜欢自己、欣赏自己、尊重自己，让这份由衷的自我肯定和欣赏成为推动自己前行的强劲动力，也为自己打造一张靓丽的生活名片。

幸福忠告

女士们，要勇于发现自己的优点，放弃挑剔的眼光，放弃完美主义，学会欣赏自己、爱自己。相信这可以让你更健康、更快乐、更幸福。用自爱激发出自信的笑容，让生活充满阳光。

---

2. 磁场效应，展示女性的亲和力

女士们，生活中，你是否经常看到这样的事情：一些女性朋友周围经常会围绕着很多的朋友，她们讨人喜欢，做起事情来也非常顺畅，事半功倍；而有些女性，却总是令人生厌，做同样的事情，却会经常碰壁。其实，前者的身上自然地存在一种魔力，如同磁铁一样，在她的周围会产生巨大的磁场，吸引人们不自觉地接近她，愿意和她交往。这种魔力就是我们所说的亲和力。

亲和力并不是指人和人身体上的接触和吸引，而是精神层面或者心灵方面的一种欣赏，是基于平等的基础，是人和人之间一种互相信任、认同、尊重的表现。这种亲和力多表现为在一个小范围内或者团队内，在所有成员心目中有着崇拜感的一种亲近感，或者说，一个让大家都感受到了这个富有亲和力的人的影响力的感觉。真正的亲和力是一种以善良为基础体现出来的情怀和博爱的心胸，展示了个人独特魅力的素养。

一个具备亲和力的女士，她的身边一定有很多朋友，她独特的魅力可以让朋友对她不设防，坦诚相待，能够赢得更多的友谊，从而可以获得更多的帮助。所以，女士们，亲和力带给一个人的益处实在很多。

莎娜是一家化妆品公司的经理，一直以来，她对一些现象非常不满，而且明确规定公司内部一定要杜绝出现类似的情况。是什么让她如此不满呢，诸如，福特公司的汽车推销员开着奔驰车拓展业务，保险公司的员工自己不买保险等等。

尽管莎娜明确要求公司的内部员工必须要使用自己公司生产的化妆品，但是，还是有些员工不喜欢。一天，莎娜正巧路过助手米菲小姐的工位，看到她慌慌张张地往抽屉里藏着什么，而桌上还放着化妆用的工具和镜子。莎娜明白她一定在使用其他公司的化妆品，但是，对于这样的事情，她不能直接批评或者责备。于是，她走上前去，微笑着对米菲说："你是不是在试用公司自己的产品啊？感觉如何？"莎娜的语气温和而亲切，丝毫没有责备的意思。米菲坦诚交代了自己在使用其他公司的产品。但是，莎娜不但没有生气，反而更加兴奋地说："感觉怎么样，要不要和我们自己的产品比较一下。"米菲不知如何是好。莎娜接着说："我们的产品也是不错的，可以试用一下。"然后拍了拍她的肩头就离开了。第二天，米菲收到了莎娜送给她的一套化妆品，米菲亲切地告诉她："如果感觉不好，请及时告诉我。"

经过这件事情，莎娜要求公司定期给每一位员工都发一套化妆品，并且还邀请了化妆师，教授员工如何使用公司的产品，同时还传授一些护肤、化妆的技巧知识。她还告诉员工，以后购买自己公司的产品均可以享受折扣。

女士们，人际交往中，具有亲和力的人都很平易近人、通情达理，不管何时何地都会受到大家的欢迎。故事中的莎娜就是把自己的亲和力应用到了公司管理中，轻松地赢得了下属的信任和配合，她不仅向下属传达了自己的经营理念，也博得了大家的认可和喜爱。

女士们，上帝赋予了每个人亲和力，只是，有些女性朋友因为种种原因慢慢地遗弃了这种能力，和别人沟通起来喜欢指手画脚，甚至颐指气使，这样的女人最终只能让人敬而远之了。

下面，我来讲几个提高自己亲和力的方法，希望对你们有所帮助。

1. 把周围的人当作自己的亲人

人与人之间的关系都是相互的，而且交往中彼此的感觉也是相互的，如果你把别人当作亲人，自己也会被别人当作亲人来对待的。

2. 赞美拉近距离

交往中，不要吝啬自己的赞美，每个人都希望得到别人的赞美。良好的关系可以通过赞美开始，用欣赏的眼光来称赞对方，拉近心灵的距离。

3. 学会用沟通打开别人的心扉

人在交往和沟通中，一般都会依据自己的理解来交流，对于不同的观点天生就有种本能的排斥。所以，好的沟通十分必要，换位思考，多理解对方的观点。

4. 不要吝啬帮助处于困境的人

当你遇到别人处在困难之中，不要吝啬自己的友好，要及时给予他支持和帮助，雪中送炭往往比锦上添花更能打动对方的心。

5. 委婉地指出别人的缺点和不足

千万不要直言不讳地指出别人的缺点和不足，更不能大声宣扬出来。要时刻告诉自己讲究方式和方法。婉转、迂回地指出别人的缺点和不足，往往能起到事半功倍的效果。

6. 偶尔的小错误可能更利于彼此交往

人都会犯错，所以，没有必要为自己犯下的无伤大雅的小错误斤斤计较。相反，你小小的愚笨可能会让别人感觉到你的可爱和坦诚，更乐意和你交往。

女士们，上述的方法不是万能的，但应该会对你们的日常交际有所帮助。

各位女士，上帝赋予了我们每个人亲和力，就是要我们展现出独特的魅力，让周围的朋友感受到你的磁场，乐于聚集在你的周围，越来越喜欢你。好吧，女士们，从现在开始，注重提高自己的亲和力，让快乐包围你吧。

幸福忠告

女士们，不要怀疑自己是否具备亲和力，是否也能像其他人一样有着强大的魔力和磁场，要坚信自己也是上帝的宠儿，具备这种让周围朋友都喜欢的亲和力，然后打开自己的心扉，让周围的朋友感受到你独特的亲和力，让大家乐于和你交朋友，愿意心甘情愿地帮助你，越来越喜欢你。

---

3. 善解人意，让他人如沐春风

女士们，我想大家肯定都遇到过这样的事情：有些人明明自己做得不妥，而且也知道自己错了，但就是不肯承认。面对这种情形，大部分女士都选择了责备和埋怨，但这几乎没有任何成效，甚至适得其反。其实，女士们，不妨换一种角度和方法，那就是站在对方的立场上考虑问题，理解对方。这就是我准备说的善解人意、体贴他人。

但是，这是一门技巧。对方不会无缘无故地固执己见，所以，女士们必须要先搞清楚原因，只要能找到这个原因，那也就等于找到了体贴对方、理解对方的关键要素。

培训班上有一个叫凯丽的女士，有一次，她愁眉苦脸地来找我，要求我帮帮她，她说："我的丈夫现在简直有点不求上进，他非但没有全身心地投入到工作中，而且每周还要在家里休息3天，而休息的原因居然是为了打理家中的那些花花草草。为此，我多次向他提出抗议，但他就是不听，我们之间也常因为这件事发生争执。”我听完凯丽的埋怨后，已经大致了解了，其实她是个不太会体贴人的女人，于是说：“你为什么不尝试着站在他的角度上思考这个问题呢?”我的话显然触动了凯丽，她沉默片刻后，豁然开朗般地说：“卡耐基先生，太谢谢你了，我丈夫一直都非常喜欢花草，我们恋爱时他经常送一些自己亲手栽培的鲜花给我，而且我还夸赞他有情趣。看来，我是真的错了。我的丈夫如此喜欢花草，能在修缮的过程中得到快乐，而我却在尝试剥夺他的快乐。”

再后来，凯丽的丈夫修剪花草的时候，凯丽兴高采烈地走过来说：“亲爱的，今天我才发现，这些花在你的培育下居然如此得美丽。我相信，如果我和你一起栽培的话，这些花儿一定会更美丽的。”凯丽的丈夫热泪盈眶地说：“亲爱的，你说的是真的吗？你一直都反对我这么做。我已经很久没有听到你这么说了。我简直太高兴了。”凯丽微笑着说：“从今天开始，我要用业余时间和你一起管理花草，我想这应该是很惬意的。好了，现在就开始吧。”

从此以后，凯丽再没有埋怨过丈夫，而且还用业余时间和丈夫一起修剪花草，如果工作太忙的话，她也会兴趣盎然地夸奖丈夫一番。就这样，凯丽一家每天都过得幸福而快乐。

女士们，或许你会说：“卡耐基真聪明，如此简单地就把夫妻双方之间的矛盾解决了。可惜我不够聪明，否则我也可以想到这个办法。”女士们，这么想就错了。我并不比你们聪明，我之所以懂得这个技巧，是因为我有切身的教训，说起来已经是很久之前的事情了。

我一直都有在公园里骑马、散步的习惯，因为这确实是一种不错的休闲方式。我喜欢植物，喜欢公园里的那份幽静，还有公园里的橡树。每当我看到小树被大火烧毁时，都痛心不已。事实上，这些火不是因为粗心的烟头引起，而是因为一群没有恶意的马虎大意的孩子们野炊引起的。

尽管公园已经注意到这个问题，但提示力度和执法力度太弱，几乎没有人关注他们，所以，火灾还是时有发生。于是，年轻气盛的我自告奋勇地承担起森林管理员的角色，每天都要巡视公园的各个角落。

当时，我还不懂得这些技巧，只知道依照我自己的出发点和态度行事。每当看到孩子们在树下玩火，我都会极度愤怒，然后命令他们马上灭掉火苗，并且以谩骂的方式赶走他们，而且偶尔还会用送他们去警局来威胁他们。孩子们带着仇恨和厌恶短暂的离开，只要我一走，他们就会马上回来，而且变本加厉，甚至想把整个公园都烧掉。

多年后，我学习了一些技巧，再次找到了当年那些淘气的孩子们，对他们说："孩子们，你们是在做午餐吗？真是太棒了，我小时候也常这样，不过我从不在公园里玩。尽管我知道你们一定会非常小心的，但是不能保证其他粗心的小朋友效仿你们那样而引起火灾。如果是因为不小心最终导致火灾，那我们公园都可能不存在了，到那个时候，也就没有可以野炊的地方了。所以，一定要记得把树叶扔得离火远点，离开前，用土覆盖住火，这样会比较安全。祝你们好运，孩子们。"这些调皮的孩子最后不但熄灭了火，而且还主动制止其他的小朋友，真是事半功倍啊！

女士们，这就是一种转换角度沟通的效果，因为站在了孩子们的立场考虑问题，他们才容易接受，而且也乐于接受。所以，女士们，日常生活中，不需要强调聪明和不聪明，只要常常记着要换位思考，站在对方的角度思考问题就可以更好地解决问题。

现在，女士们，你们是否很想知道怎样才能做到善解人意，怎么做才算是体贴他人？这里我送一些建议给你们，希望你们能牢牢记住：换位思考，从对方的角度出发思考问题，委婉地表达自己的意见，从而消除对方的敌意。

幸福忠告

善解人意是我们解决问题的一个有效途径，如果运用得当，可以让对方放弃争辩，并心甘情愿地接受你的建议。所以，请一定要学会善解人意，从对方的角度出发考虑问题，消除敌对心态，然后慢慢表达自己的观点，最终使问题和分歧得到解决。

---

4. 言行得体，举手投足尽显风雅

如果一个女人相貌姣好而举止粗俗，无疑是件令人遗憾的事情。生活中我常常会感慨：一些女性如果对自己的言行举止多加注意，一定可以更美的。大部分人在身体处于放松状态的时候，都会显得比较懒散甚至有些粗俗，而体现在女性的身上则尤为突出。

不是所有的女人都天生丽质，这个世界绝大多数女性的容貌都是平凡的。然而，在数以万计的女性中光鲜夺目的人却并不在少数，这些女性以她们优雅的举止在瞬间就抓住了人们的目光，可见，女人得体的言行举止可以一定程度上弥补相貌上丢失的分数。

我曾经认为，一个女子，即便再青春貌美，如果不懂得微笑示人、不遵守秩序、喜欢“砰”的一声把门踢上，那她不过是一个粗俗的人。一个女人优雅的举止是其所受教育的集中体现，如果不对自己的言行举止加以控制，只会让自己变得粗鲁无礼，即便在同性中间也不会受欢迎。

一次，一位女士来到了我的办公室，她气势汹汹地进门后，很随便地坐在我的面前。如果不是亲眼看到她是一位女性，而且看起来很柔弱，我恐怕会以为是有不良分子闯了进来。

这位女士一屁股坐在我的对面，开始不停地诉苦。听起来，她受了很多委屈，我不禁想到了欧·亨利小说中在都市生活中处处碰壁的女青年。尽管我尽量往好的地方联想，但是，当这位女士再次伸出小指头去掏耳朵时，我还是忍不住打消了这个念头。

“看来，您对那些雇主不喜欢你充满了抱怨，对吗?”我概括了一下她话里的要点。

“是的，我接受过专业的秘书培训，我的工作也从没出过错，但当我去面试的时候，却屡屡碰壁。难道要我打扮得花枝招展，他们才会接受我吗?”

我很快用实际行动给了她答案。我一边和她交谈，一边就势把椅子往后推，把腿抬到办公桌上摆了个比较舒服的姿势，上半身懒洋洋地倚在椅子的靠背上。看到我这样，女士生气了，她气愤地说：“卡耐基先生，你在一位女士面前这样，不觉得失礼吗?”

“但是，我不过是在模仿您啊!”我说道。接着，我告诉她从她进门开始，有哪些举止令人反感。我对她说，虽然她拥有不错的秘书技能，但是当用人方看到她的那些缺乏教养的举止后，肯定会认为她很粗俗，自然就打消了录用她的想法。

这位女士听了我的建议后，开始注意自己的言行举止，后来，她在电话里告诉我说现在的工作状态很不错。

是的，如果想提升自己的魅力，就要从点滴做起。时刻注意自己在生活和工作中的小细节，不要展露出庸俗的姿态，避免做出没有礼貌的举动。女士们，你们可以看看身边的人，如果你对他们的粗俗举止感到厌恶，那么就想想自身是不是存在类似的问题。如此一来，你就会发现，平时对自己的言行有些放任，已经做了一些有损自己形象的事情。

再美的时装也会过时，一位优雅的女性却永远保持着魅力。为什么贵族出身的人即便身穿破烂的乞丐服，也一样会显得鹤立鸡群？这和他们长期学习的贵族礼节和身姿不无关系。有个朋友曾经说过，女人在长期遵守某种行为规范后，这种行为就会慢慢成为她气质中的一部分。女人可以长相平庸，但是当她培养了自己良好的言行举止时，就塑造了迷人的风度。

曾经有一位女演员，她在淳朴的乡村长大。当机缘巧合，她进入好莱坞后，成为了电影界的一颗新星。但是，这位美丽的姑娘并不自信，因为她接了一些扮演贵族小姐的角色，这让她感到苦恼。因为她的生活经历完全与那些不搭边，她不知道贵族女性究竟是什么样子的。

最初，她刻意地模仿贵族女性的穿着打扮，但是效果并不理想，感觉仿佛是一个土里土气的乡下少女穿着借来的衣服。后来，她发现贵族女士有着一套待人接物的优雅方式，彬彬有礼，举止大方，每个动作都符合礼仪规范。

于是，这位女演员开始从动作、神态学起，尽量让自己显得优雅。平时，她也尤其注意自己的言行举止，经过一段时间的培养，她惊喜地发现，自己的气质有了很大变化，表演上也取得了很大的进步。

我发现一个有意思的现象，当很多人聚在一起时，能够第一时间吸引人的不是漂亮的脸蛋，而是一个人整体散发出来的气质。那些气质高雅、仪态美好的女性往往可以在瞬间抓住人们的眼球。

我曾经在公园里看到过这样一幕：两位女士同坐在长椅上等人，她们的动作一样的放松，但是仍然可以很快就看出两个人之间的差别。曾经有个女培训师告诉我，坐姿最能体现一个女人的修养。因为当一个人处于静止状态时，会不自觉地表现出自己深藏的一面。一位女性轻松地倚在靠背上，并起双腿，而她起身的姿势也很流畅，让人看了很舒服；而另一位女士则上半身前倾，弯着腰，两条腿叠放，还不时地打着节拍。当她等待的人过来时，她又马上跳起来指责对方的迟到。通过两个人不同的举止，可以很明显地看出她们修养的不同了，虽然相貌都很普通，但明显前者更令人赏心悦目。

所以，女士们，美貌是女人的财富，但不是全部。女人想在社会的大舞台上展示自己的魅力，就必须要拥有的得体的举止，让每个身边的人都感到舒服和愉悦。

幸福忠告

尽管女性并不是活给他人看的，但是，当别人对你的优雅举止和得体谈吐表示欣赏和赞美时，无疑为你增添了信心，也带来了一份好心情。当你从容而优雅地行走在生活的舞台上时，整个世界都将为你着迷。

---

5. 书香淡淡，展现女性的知性美

阅读是一种美好的体验，我们从书籍里汲取的人生智慧和思想火花是无穷尽的。虽然我们不是上帝，但在书籍的广阔天宇中却可以创造一个世界。女性也是如此，假如没有自己的精神花园，那么即便生命中有再美丽的风景，自己依然只是个过客，无法坦然。

在日常的交际场合里，我曾见过无数美丽而装扮入时的女性，她们把自己打扮得光鲜亮丽，无论是妆容还是服饰都堪称完美。然而，有些女性的美丽却仅仅停留在视觉，她们的美丽有着太多人工的痕迹。当他人的目光落到她们的身上时，虽然最初必然会有惊艳的感觉，然而，在经过深入的交谈后，就会得出一个“华而不实”的评价，因为这些女性在思想上的匮乏和无知令人感到乏味。

一位女士如果缺少足够的知识、眼界和涵养，她能吸引别人的时间就会越来越短，魅力值也会相应地降低。这也是一些原本貌不惊人的女性会越来越漂亮，而一些惊为天人的美丽女性反而沦落为普通妇人的原因。生活在现代社会，女人要应对的东西要远远多于过去的人，如果头脑里缺少知识的积淀，就会无法避免地丧失女性的魅力。

在一所大学里有一位“丑女”，她的皮肤暗淡而粗糙，唇形也很难看，面部的显著位置还长着雀斑。她的朋友曾经开玩笑说，面对她，哪怕是以安慰女性见长的报纸杂志主编也无法说出“美丽”两个字。

然而，二十年过后，当进入中年的同学们再度相聚，她却俨然成为了众人注目的焦点。这个女人的模样依然没有变化，但是给人的感觉却很舒服得体，所有人都为她淡定自若的气质和优雅的谈吐而折服，完全忽略了她的不美丽。

曾经班级的“啦啦队之花”，如今已经成了家庭主妇，身材也开始发福走样，当她见到昔日班上的“丑女”，惊讶地发现她居然越来越漂亮了，就连那难看的唇形也随着一颦一笑而展露出迷人的风情。她好奇地问“丑女”是不是到贵族学校里修习过。“丑女”回答说：“怎么会啊？我不过是在一个报社做编辑，后来开始做兼职的书评栏目。”

原来，这些年来，她读了数千本名著和流行图书，在为这些书中的故事和思想感动之余，还以自己细腻的笔触为读者推荐文字。她沉醉在书香中，竟然意外地使自己的智慧和魅力被熏陶了出来。

美貌和魅力之间的关系是不成正比的，美貌的人不一定拥有“女人味”，也不一定具有气度和智慧。没有谁会喜欢一个“花瓶”，女人想在社会上生存，就不能远离书籍。服饰、妆容和礼仪可以为女性塑造华美的外壳，但是高贵的气质却需要书籍来熏陶。

我的一个小说家朋友曾经很自豪地说：“看的景色多了，站的地方自然也高。”一位女性将自己置身于高尚的书籍中，如同和伟人或者智者对话，即便她的青春不再，也丝毫无损于她的魅力，反而会让她在岁月的流逝中沉淀出更多的自信，提升思想的境界。

公司里有一个女秘书，同事们私下里都叫她“狡猾的皮特小姐”。她性格活泼，当你看到她黠慧的眼珠在转动时，无疑她又有了新的想法。皮特小姐身材娇小，看上去要比实际的年龄小很多，但是，她却被公司的高层所接纳，进入了核心的决策圈。很多初进公司的员工对此都很不理解，提出疑问时，他们都会被告知：和皮特小姐开几次会就明白了。

当新人和皮特小姐开会时，几乎完全被皮特小姐庞大的知识储备所征服。皮特小姐可以在没有事前做准备的情况下，清晰准确地讲出美国任何一个州的地理气候、经济状况、种族形势、市场前景，甚至连其他公司的成败案例也如数家珍。皮特小姐的阅读面之广令人惊叹，从她自己感兴趣的地理地质学到化工冶炼，再到市场评估、哲学宗教、人文历史等，大凡可以引出话题的内容，她都可以轻松地接过来。

对此，皮特小姐曾经夸张地说："我以前的记忆力很差，所以就想多读点书开发一下头脑。结果一不留神就记住了好多东西。"她调皮地眨眨眼睛。

假如个性有些调皮的皮特小姐没有足够的知识储备，怎么会被公司高层放心地委以重任？女人如果想多一些阅历，就多充实自己的头脑吧。在书本中，女人不仅可以学到谋生的手段，还可以从中学会与人交流的方式和无数哲人的智慧。

女人最灿烂的时光不过20年，短暂的青春年华如白驹过隙。当女人步入中年，被工作、交际、家庭等各种琐事所缠绕时，她的生活空间就会逐步地萎缩。而当女人做了母亲，她就变成了一个家庭的核心。一个母亲的阅读习惯会对家庭成员起到良好的带动作用。

曾经有一位经营报业的朋友对我说，阅读书籍的人比较容易感动，因此他们容易获得幸福的体验。心理学家说，女人都是感性的动物，但是，这种感性却可以在阅读中获得理性的释放。阅读不仅可以使女性的见闻和智慧得到增长，而且这个过程本身就充满了趣味。当女人沉浸在厚厚的书卷中，她的气质也会随之发生改变。

总之，阅读是一个女性增加魅力的重要途径。当窗外的阳光从西方又转到东方的时候，读者却可以在淡淡的墨香中，目睹一个时代的兴亡、一种艺术的传承、一个人毕生的起落。拥有了这些积累，女人又何须担心自己没有魅力。

幸福忠告

爱读书的女人是最美丽的，她如同一杯散发着淡淡幽香的清茶，即便不施粉黛，她也依然会显得神采飞扬、风姿绰约、秀色可餐。读书可以为女人的命运插上一双翅膀，让女人的生活再度充满活力，让女人可以更加自主地掌控自己的命运，更好地规划自己的人生，创造幸福的生活。

---

6. 精致装扮，打造女人的外交名片

之前的一些文章中说到过女人的外表对于一个女人的修养并不是最重要的，而有内涵、有气质的女人才能成为众人眼中的靓丽明星。对于这一点，我想各位女性朋友也一定会认同。不过，这不代表我们就可以不注重仪表了，因为仪表往往带给人最直接、最直观，也是最关键的印象。女士的衣着、首饰、挎包等等都能直接反映出一个女士内心的情趣和修养。

美国铁路局董事郝波特·沃丽兰在一次演讲中说到："朋友们，合适的穿着打扮对一个人的成功会起到重要的促进作用。尽管一件衣服不能造就一个人，但是可以帮助你找到一份理想的工作。如果你有50美金，请不要穿着普通的类如破烂一样的衣服去面试。你一定要精心打扮一下，可以用10美金买剃须刀、领带，10美金买一双鞋，然后30美金买一身合体的衣服，然后再去面试，这样能增加你成功的机会。"

沃森现在是纽约职业分析机构的资深分析师，他曾经说过："几乎所有的大公司都会决绝签约一个不会打扮的女职员，因为他们都认为，这样的女职员也同样不能很好地处理工作中的事情。"华盛顿一家大型零售店的人事部经理说："我们的招聘有一个最严格的要求，也是所有应聘者都必须要遵守的，这就是仪表，这是我们所有决策的前提条件。"

女士们是否觉得这种做法有些荒唐。确实，应聘者的能力和穿着打扮没有太直接的联系，但是人都有爱美之心，公司也不例外。公司的主管也希望看到公司里坐着的是一些穿着讲究、规范整齐的职业员工，而不是"杂牌军"。

当今社会，仪表已经被人们越来越关注，尤其是女性。一个着装讲究，简单而带有女人味的着装，就如同一朵美丽的奇葩，暗香涌动，让原本平平常常的一个人，瞬间变得光彩夺目。

女人都是爱美的天使，正是因为有了女人的存在，这个社会才变得绚丽多姿。而如今，女性的着装已经不仅仅是美的体现，更是女人身份、尊严、修养乃至能力的重要标志。

现在很多女性，尤其是年轻女性，都误认为"精致打扮和仪表得体"就是要买贵重的衣服和服饰，眼睛就只盯着名牌和价格。实际上，这是非常错误的。女性的着装整体上来说，要讲究整洁美观、端庄大方、协调高雅的原则，而不一定非要价格贵才行，而且，女人的着装也要依据场合、时间和地点的不同来进行搭配。如日常生活中应该以居家为主题、出外旅游应以便捷为主题、而工作中就要以正装为主题。

同时，女士们，每个人的面貌、形态和气质都不相同，不能简单地模仿某个自己喜欢的明星，那样可能会起到反作用。

罗莎工作两年后，已经比当初成熟多了，而且在工作中也可以独当一面，只是她的着装一直都令人不敢恭维，她平平的眉毛被剃掉重画，眼睛画得既黑又大，薄薄的嘴唇上涂抹着浓艳的砖红色唇膏，脸上涂抹着厚厚的胭脂，整张脸犹如一张假面一样。

一天，她面带不悦地来到我的培训班，和我说起自己的苦恼："卡耐基先生，我一直都很喜欢电影明星克劳黛·考尔白，最羡慕她大大的眼睛和迷人的睫毛，我也一直都在模仿她的样子打扮自己，之前我只能用低劣产品，如今，我已经工作两年了，可以买得起高档的化妆品，但是，同事们还是常嘲笑我是个乡巴佬。"

我很快指出了她的误区，并做了一个比方："其实，你更应该模仿凯瑟琳·赫本，因为你的脸型、身材、肤色、眉毛、眼睛等等都非常适合打扮成一个精明干练的女人。你现在工作已经得心应手了，如果再加上这样的装扮，肯定会锦上添花。"

后来，罗莎终于放弃了盲目的模仿，开始根据自己的样子化妆打扮，并最终找到了属于自己的美感，而且，她得体的装扮也帮助她在工作上得到了更多的认可。

化妆本来是为了美，但如果不合时宜，就会起到反作用。

女性在工作和生活中不要过于节俭，一个女人应该有多套互相搭配的衣服，如果过于单调而简单，很容易让人觉得你古板，没有活力，不够时尚。同样，你也不能一味地追求品牌，甚至要求所有的衣服都得是大品牌，任何一件衣服都要量身而定。

最后，不要盲目自信。虽然服装搭配、化妆打扮要体现出自信，但也要能听得进别人的建议，过分坚持太过自我的装扮，并不一定会展示恰如其分的最佳形象。

对于女士而言，精致而得体的装扮恰如绿叶，会让娇艳欲滴的玫瑰更显妩媚。所以，掌握好着装的学问，就是为自己打造一张有着魔力的外交名片。

幸福忠告

女士们，一套得体、质地高级、色彩和谐的衣服，配上相应的饰品，可以瞬间让你展现出女人的魅力，让众人眼前一亮。这门着装的学问，无疑会为女人赢得一份不可多得的个人资本。

---

7. 喜甜厌辣，兴趣是塑造品味的摇篮

一个人成功的因素有很多种，但是兴趣永远都是最关键的。聪明的女人会将自己的喜好、天赋与自己的职业规划结合起来。其实，大家都知道，只有对某个领域感兴趣并充满激情、快乐的工作时，才能发挥出人的最大潜能，也才能实现最大的成功。

然而，当今社会中，很多人并没有从事自己感兴趣的工作或者事业。或许他们是迫于生计，或许是因为贪图安逸，也或许是因为不想改变等等。

美国一个调查机构曾就“职业和兴趣”命题随机调研了1000名职场人士。结果显示，39%的人对从事的职业没有兴趣，但是，这其中只有约5%的人能够重新找寻自己感兴趣的事业。为什么那么多人明明对现在的工作不感兴趣，却还在坚持呢？原因或许各不相同。但不管怎样，从事不感兴趣的工作很难激发出自己最大的潜能，也很难取得事业的成功。

有这样一个故事：

美国加利福尼亚州有一位非常普通的妇人叫米歇尔，她是比华利山庄的主人，也是一位年过百岁的高龄老奶奶。米歇尔老奶奶在71岁时患了严重的风湿性关节炎，然后不得不放弃了耕作，她从那时候开始画画，因为这一直都是她的兴趣。9年后，她在洛杉矶举办了个人画展，轰动全国乃至世界，之后，她坚持画画，一直到离世，共留下1500幅作品。米歇尔老奶奶终年102岁。临终前，她对自己晚年可以从事自己感兴趣的事情非常满意。后来，人们送给她一句话就是："即使你已经70岁了，也可以重新从事自己感兴趣的事业。"

诚然，米歇尔老奶奶虽然没有大富大贵，但至少她为自己的兴趣坚持了30多年，而且还留下了众多佳作。所以，米歇尔老奶奶是成功的，而且也是快乐的。

所以，快乐和兴趣可以提升或者激发一个人的能力，并最终推动自己走向成功。

十几年前，我收到一个学员的求助信件。她在信中说："卡耐基先生，您好。我是您的学生莱恩斯，现在是一名乡村医生。尽管我的生活很富足，也没有太多复杂的事情，但是我一直都很苦恼，因为我对医生这个行业一直都没有兴趣，而是热衷于写作。现在我已经35岁了，既想重新追求自己的兴趣，但又担心年纪太大，所以一直犹豫不决，备受煎熬。希望您能给我一些建议。"我很快就给她写了回信。回信中没有特别铺张豪华、激昂冒进的文字，只是给她讲述了米歇尔老奶奶的故事。

收到回信后，莱恩斯倍受鼓舞，并当机立断辞去了医生的工作，投身到写作中去。如今，她已经是一个小有名气的作家了，在报刊上发表了上千篇文章，并且还出版了几十本书籍。

这就是兴趣对人生起到的促进作用。只有投身到自己的兴趣中，人才有可能为之拼尽全力。此时，已经不仅仅是单纯的工作了，而是在享受整个过程。因此，各位女士，请找到自己的兴趣点，然后像米歇尔老奶奶和莱恩斯一样，为之奋斗吧。这样你才能更加快乐，也才能更接近成功。

其实，大部分的女性朋友都知道自己的兴趣所在，但是，我还是希望能提供几点建议：首先，不能把家人、长辈、朋友乃至社会认同或者喜欢的事情误当作自己感兴趣的事情；其次，不要单纯的依据这个事情是否有趣来判定自己的兴趣，要先冷静、理智地思考一下，例如：大部分人都喜欢玩电脑，但不代表他们都有能力或者喜欢从事电脑软硬件开发工作；最后，人可能会同时对多个事情感兴趣，没关系，但不要因为感兴趣而刻意培养自己的“天赋”，而应该根据自己天赋和兴趣找寻到最佳的结合点，然后把它放大。

当然，也有部分女性朋友对自己的兴趣点并不清楚，常常感觉迷茫，不知所措。其实没有必要太过担心。不妨多接触下不同领域的事情，找寻自己的兴趣点，然后到实践中进行检验，相信最终你一定能找到自己的最爱。

人生的路很长，一个人可以同时拥有多个兴趣，也可能随着时间的推移对一些兴趣会发生改变，但是没关系，不要过分依赖兴趣而强迫自己执行不可实现的目标，也不要固步自封，斩掉某些新兴的兴趣点。兴趣可以并行，也可以交叉，如果不是必须选择，请不要贸然拒绝任何一个机会。

因此，亲爱的女士们，请不要因为外因的干扰或阻挠而放弃自己的兴趣，也不要因为无法判断兴趣所在而感到迷茫。只要奋勇向前、敢于尝试，你的兴趣很快就会出现的，而后，转化为事业和激情，最终获得成功。

幸福忠告

女士们，兴趣是我们成功的关键因素，聪明、智慧的女人会将生命中生活、工作的规划和自己兴趣结合起来，从而让奋斗变得更有激情。如果你也想从事自己的兴趣，实现自我价值，请放弃现有的安逸，重新投入到兴趣的怀抱，然后跟随自己兴趣的指引，勇往直前，享受兴趣带来的乐趣并获得成功。

---

8. 雾里看花，女人需要保有一份神秘

人们都有很强的好奇心，越是不明白的事情就越容易朝思暮想、绞尽脑汁地猜测。《蒙娜丽莎的微笑》以其神秘著称，她浅浅地一笑蕴含了太多的迷，令无数人为之倾倒。她悠远而又神秘的笑容让每一位参观者都产生了无尽的幻想。现实中，女士们不妨试一下，让自己保持一份神秘感。

一次，我的一位朋友在我演讲结束后，兴高采烈地来找我，说："我要结婚了，请柬马上送到。"我觉得非常奇怪，因为他一直都认为自己还很年轻，不想过早地考虑结婚，怎么忽然间变了呢，而让他改变的新娘子又会是什么样的人呢?

我的这位朋友后来告诉我："我的未婚妻叫玛丽亚，她气质高傲，聪明而且智慧，喜欢读古典书籍，知识丰富而又有高度。第一次见到她，我就被她深深地吸引住了，经过了多次见面后，她才同意和我约会，当

我逐渐深入地了解她的时候，我发现自己已经无可救药地爱上了她，但是她却一直保持着那份神秘，从不多说自己的事情，这反而让我越发地想知道，而且永远感觉她好像下一个要告诉我的就是一件更加有趣的事情。她工作认真，一丝不苟，一周可以和我见一次面。后来，我知道我已经深深地爱上了她，离不开她的时候，我就带上鲜花，穿过半个城市向她求婚了。”

后来，我的太太桃乐丝说，你的朋友是被玛丽亚的神秘和未知所吸引了，这个新娘子或许不会很漂亮，但一定很有内涵，所以才能产生如此强烈的吸引力。

我想，神秘感应该称得上是一种有力的武器，在电影和电视剧中，那些身负悬念的人物在出场前，都会以某种方式对环境加以渲染，让人倍感神秘，一出场就能吸引住人的眼球。所以，为了增加魅力，提升吸引力，尤其在恋人之间，不妨试试保持一份神秘感。

心理学研究表明，男人对自己未知的领域往往都有很强的探索冲动，当然对于神秘的女人也有种与生俱来的探索欲望，尽管神秘感虚无缥缈，但在社交中屡屡得见成效。女人的神秘感就如若隐若现的缕衣般遮在女人的身上，让人欲罢不能。所以，保持一份神秘感对于日常的交往没有坏处。

女士们，如果你们也想保持一份神秘感的话，就要切记不要做学舌的鹦鹉。话多的女人一般都没有神秘可言。工作中，本部门内喋喋不休的女性同事永远没有那些很少说话的、偶尔急匆匆地过来送文件的女同事更有魅力。

下面讲一个和神秘感有关的故事：

培训班里聚集了各种各样的人，其中有一个富家小姐叫安娜。她经常向我倾诉她的烦恼，有一次，她和我抱怨自己的朋友。

安娜说：“卡耐基先生，我从小有几个闺中密友，可谓无话不谈，情如姐妹。每次，我新交的男朋友都会领给她们看，希望能听到她们的评价，同时也希望彼此能够认识。可是，这种做法给我带来的是无尽的苦恼。我的好友中有一个叫莎莎的，一次，我把自己的男友迈克介绍给她认识，但是，她却把我所有的事情都告诉了迈克，其中有些事情属于我自己的私人隐私。而且莎莎还介绍了我之前几位男朋友的情况。迈克知道后，我们在一起说起之前的事情时，他都会跟我争辩，好像比我还要清楚一样。我感觉自己在面对迈克的时候就像是一个透明人，没有任何秘密。”

我听罢她的描述，对她说：“发生这样的事情，其实都是你自己造成的。你应该知道，有些私密的事情，哪怕是至亲好友也不能告知的。而且，你带男朋友见闺中密友，多少有些炫耀的意思，显示你的优越感，你的密友们肯定会嫉妒，也必然会揭露你的隐私。”

尽管最后，安娜和男朋友没有因为莎莎的“泄密”而分道扬镳，但是安娜已经没有任何秘密可言，男友对她的魅力也开始视而不见了。

女士们，一定要谨慎，如果你想保持神秘，就必须要做到若即若离，令人捉摸不透，而且对于自己的至亲好友也应该保有隐私。

想要保持神秘而不矫揉造作，就必须要成为一个有思想的女人，而不是夸夸其谈的长舌者。有些女人为了显示自己的本事和能力，到处炫耀自己拥有的一切，哪怕是刚刚获得的。到了最后，形象反倒被歪曲，变成大家眼中的说教者了。

在我看来，女士的神秘感就是恰如其分地隐瞒和遮挡。神秘感之所以诱人，是因为它可以将女人隐藏起来，阻挡来自外界的探寻的目光，而人类好奇的天性会因为这层若隐若现的阻挡而变得更加强烈，于是，探求的渴望更加迫切和强烈，随之而生的就是女人无尽的魅力。

幸福忠告

女士们，神秘感是一种非常奇妙的东西，也是提升女性魅力最有效的武器之一。一个令人猜想不透的女人意味着永恒的吸引和诱惑。女士们，在日常的社交中要注意保护自己，不要毫无保留地展露自己，也不要做一个八卦的女人，不要试图炫耀自己是唯一的。要时刻提高警惕，保留自己的隐私，这样，你魔幻般的魅力也就诞生了。

---

9. 了解时尚，不被时代所淘汰

女士们，时尚已经成为一种潮流，生在这个时代的女性，大多也开始追求时尚了。但是，我要说的是，不要为了时尚而时尚，要根据自己的气质、容貌及内在的精神需求，从时尚中筛选出自己需要的，取其精华去其糟粕。

我不反对女人追求时尚，因为这样的女人会散发出时尚的魅力。漂亮、青春是女性永恒的话题。作为女人，身处这个时尚潮流最丰富、最狂热的时代，适度的追求时尚，享受年轻带来的美丽和浪漫，展示青春的美丽，本来就无可厚非。

时尚是一种很奇妙的东西，仿佛就在你身边，可是又不能明确地说出它是什么。仿佛离你很远，让你无从抓起，又仿佛离你很近，随处可见。它无影无形，让人说不清道不明，只能意会，但每个女人却都可以用到它。

时尚的本质就是瞬息万变而又令人向往，一波一波犹如潮水般涌来，仿佛永不停歇。它永远是最新的，绝不会是一潭死水，当眼前的时尚还未褪色，下一个时尚就已经开始萌芽和生长了。追求者一直没有停下追逐的脚步，但时尚就如天上的太阳一样，永远都在你的上方。

但不管如何，时尚也有它自己的精神和风格，也是一种价值观的体现。时尚生活已经逐步唤醒了人们对流行的追捧，而每多一种追求，多一份理念，时尚也更丰满一点、更广阔一点。

女士们，我们应该学会利用或者驾驭时尚，做时尚的主人，而不是时尚的承载者。所以，我们需要遵从以下几个原则：

第一，追求时尚，但要讲究和谐。时尚之美，不能盲目使用，要注意和年龄、内在气质、性格、环境等搭配的和谐。青春美少女穿着活泼可爱、简单利落的时尚服装时，越发衬托出她的活力和朝气；成熟女性搭配上风格柔和、庄重大方的时尚服装后，更增添了她的几分成熟之美。教室里，女老师晶莹闪烁、活泼可爱的时尚手链，会让严肃的课堂增添几分生动和轻松。这些都是和谐之美，也是时尚之美。

第二，甄选时尚，取其精华，去其糟粕。每一位女性在大家的眼中都会有一个相对清楚但又相对模糊的定位，如果一味地追求时尚，而没有对以往的加以继承，尽管可以让自己焕然一新，但同样也丢掉了自己原来的东西。所以，追求时尚时要注意甄选，把握精髓。时尚的主要载体是服装，而服装的时尚性一般是色彩和款式。选择一些流行的色彩和款式，与自身的气质相得益彰，既能实现时尚，也能体现出个性，最终实现时尚和自我的融合。

第三，利用时尚，而不要做时尚的承载者。人们的追求最终成就了时尚，但聪明人创造或引领时尚，愚蠢人跟从或服从时尚。时尚本无思想和意识，但由于人为的吹捧、商家的炒作，让时尚具备了生命，让一颗颗不安份的心喷涌而出，形成让人神往的潮流，让一次次压抑的情绪转化为鲜亮刺目的光环。为了时尚，无数女性挥金如土，将时尚抓来罩在身上，背后却隐藏着经济的窘迫，而时尚的诱惑却如鸦片一样让人欲罢不能。

所以，女士们，时尚有其独有的魅力，女性和时尚往往结合的最紧密，利用好时尚，会让女性更有魅力。总之，要做时尚的使用者，而不是时尚的承载者，要根据自我的判断，在繁杂多样而又不断变化的时尚潮流中提取出适合自己的元素，然后让其升华为自我魅力的源泉。了解时尚、利用时尚、挑选时尚，并最后引领和创造时尚，让自己的脚步和时代的步伐靓丽的同行。

幸福忠告

女士们，追求时尚无可厚非，但要时刻记着不要痴迷于时尚。生活中，女性要结合自身的条件，恰当地使用时尚，塑造自己美丽、开朗、乐观、成熟、稳重、活泼的靓丽形象，展示优雅的品质，让时尚的魅力得到完美的呈现。

10. 提升修养，内在美是魅力之源

前面我们讲到了谈吐、装扮、时尚之美，还有至关重要的一点，也是让女人永久保持魅力的秘诀，那就是内涵之美，它是女人所有美的升华，也是女人美丽的灵魂所在。

女士都有爱美之心。美丽的女人犹如令人朝思暮想、摄人魂魄的风景线，让人浮想联翩。但是，如果沉鱼落雁、闭月羞花的容貌一开口就是“脏”话，语言污秽不堪、粗俗刻薄、狭隘无知，那会如秋风吹落叶般把所有的美丽一扫而光，而且这种与容貌的极大反差会让人更加的厌恶。

与之相反，一个相貌平常，但却有着无穷内涵的女人，她的智慧、聪明、优雅、大方会把自己烘托成一朵美丽的奇葩，时时流露出脱俗、持久、耐人寻味的美。

有一部电影，女主角勤奋、善良、独立、能干，深受她顶头上司的赏识。他才智过人、潇洒倜傥，是所有女士心目中标准的优秀男人，女主角不自觉地爱上了这位顶头上司。但是，电影中的女主角相貌普通，自觉配不上他，开始自惭形秽，工作之外都不敢主动约见他。

一次，一个大型的酒会前夕，女主角哀声叹气，为自己是否参加而犹豫不决。她担心自己的容貌没有资格去参加酒会，并幻想着如果自己晚上可以变美丽该多好。忽然，神奇的事情发生了，她的面前出现了一双“水晶鞋”。她胆战心惊地慢慢穿上了“水晶鞋”，一瞬间，她变成了一位金发披肩、容貌美丽、身材苗条的美人，犹如童话里的白雪公主一般。惊讶之余，她本能地甩掉了“水晶鞋”，又恢复了自己本来的容貌。思忖良久，她明白了其中的奥秘。

凭借这双“水晶鞋”，她如愿以偿地和她的顶头上司一起推杯换盏，一起跳舞，然而她自己却心虚不已。接下来的日子，白天她是勤奋工作、活泼可爱的“丑小鸭”，晚上她是令人痴迷、耐人寻味的“白雪公主”。她在美与丑的转换之间倍受煎熬，终于，她忍无可忍，她要还原自己本来的面目去见她的心上人，向他坦白。在上司惊讶的目光中，她仿佛看到了让她心碎的结局。但出人意料的是，上司的脸上流露出恍然大悟的神情，并走上前去，勇敢地抱住了她，说难怪和“公主”在一起的时候常有种似曾相识的感觉，甚至误以为就是她。原来，她的上司早就被她的魅力所打动，已经深深地爱上了她。

电影中的故事只是虚构的，现实中也不存在神奇的“水晶鞋”。故事告诉我们：一个人的内在美不会因为外表而改变或者消失，内涵之美是女人魅力之本，修为自我的内涵之美比狂热地追求外表的华丽更有价值。

有内涵的女人犹如一本经典的文学名著，朴素简单但内容丰富。任凭时间的流逝，哪怕纸张陈旧发黄，但字里行间流露出来的意境让人回味无穷，会吸引人慢慢翻开，仔细品味和阅读，亲身感受她的美丽和奇妙。

内涵美的女人仿佛能融合所有女人的优点：她豁达、开朗、乐观；她博学、智慧、能干；她善待自己也善待周围任何一个人；她有独立的思考和丰富的思想；她热爱生活、言语风趣、收放自如。她绝不像小女子般斤斤计较，她优雅的气质让人如沐春风。她的一抹微笑、一个眼神、一句睿智的话都值得反复品味，回味无穷。

名著《简·爱》描述了这样一位内涵丰富、自尊自爱、追求圣洁和美好、阳光的知性女子，令千万读者为之神往。

简·爱从小父母早亡，寄住在姨妈家里。寄人篱下的凄凉生活、姨妈家人对她的侮辱等等，让她幼小的心灵承受了无数的痛苦。也许正因如此，简·爱从小养成了无比坚强的性格，散发出不可战胜的人格魅力。

简·爱独特的人格魅力、从不屈服的精神，最终打动了罗切斯特，在罗切斯特的苦苦追求下，简·爱和他坠入爱河。当他们展开幸福的画卷并准备结婚的时候，简·爱发现罗切斯特已有妻室。她非常愤怒，并毅然决定离开他，她不能接受被自己最信任、最亲近的人欺骗，她感觉自己的尊严被侮辱了。在当时那种强大到可以让人疯狂、迷乱的爱情面前，她仍然能理智地做出正确的决定，实属不易。她坚持了自己的原则和立场，毅然放弃了富裕的生活，坚守着自己做人的尊严，这就是简·爱的精神魅力所在。

简·爱的形象影响了一代又一代的人，她纤弱的身体里蕴含了令人惊叹的能量，她内心高贵而纯洁，思想丰富而耐人寻味，散发出强大的生命力和感召力，随着的时间的流逝，越发令人向往。

女士们，想必大家都了解内涵之美的重要性了。但是，究竟如何才能让自己有内涵呢？一般来说，运动对于锻炼一个人坚毅的品质和专注力是很有益处的，经常参加户外运动会使人心胸开阔、性情开朗。扩大阅读量，培养阅读的兴趣也可以帮助我们充实内涵。此外，女性要培养业余爱好的形式不固定。无论是舞蹈还是书法，或者其他事情，只要对身心有益，都可以对提升内涵起到潜移默化的作用。

女士们，培养内涵并不是朝夕间的事情，它需要一个循环渐进、不断沉淀的过程。那么，现在就行动起来吧！尝试着用心去抓住生活中每一个点滴的启迪，让自己在对生活的感受和人生的感悟中，做一个内外兼修的精致女人。

幸福忠告

女士们，行动起来吧，把你们的业余时间利用起来，让它被读书、运动、感悟等充实起来。抓住生活的每一滴感动和启发，让自己多领悟生命和生活中的哲理，把自己培养成一个内外双修的女人，在生活的舞台上演绎出精彩的剧目。

第四章　培养情商，让情绪为你所控

情商反映了一个人控制自己情绪的能力，也有高低之分。女人天性敏感、细腻，情商的培养显得尤为重要。情绪好比是女人天然的滋补品，所有负面的情绪都会慢慢侵蚀女人的幸福和美丽，只有让自己自信地掌控好情绪，提升情商，才能完美地掌控情商，让它为你所用，帮助你实现人生的幸福。

1. 拥抱幸福，做情绪的主人

有人曾说，女人是一种情绪化的动物。我对此是有异议的，因为它的意思是说女士们都缺乏自我控制情绪的能力，甚至是情绪的奴隶。尽管我不愿承认这点，但是很多事实却让我只能沉默。有很多女士被自己的情绪所累，一时间似乎所有的负面情绪都降临到自己的身上，生活也全然变了模样，她们开始抱怨这个世界是不公平的。她们每天都在祈祷上帝，希望自己可以早日获得快乐。

其实，女士们，人类是这个星球上感情最丰富的动物，也是最情绪化的动物。喜、怒、哀、乐对于我们所有人来说都是很平常的事情，为什么要让那些琐碎的事情打扰我们正常的生活呢？事实上，女士们只要对自我进行调节，完全可以让自己成为情绪的主人。但是，为什么依然有很多女士无法做到这一点呢？

一次，我的班上来了一位女士，她很苦恼。她告诉我说：“卡耐基先生，我需要你的帮助。我简直难过得要死掉了！”我问她究竟发生了什么事情。她告诉我说：“事情是这样的，我实在忍受不了我的脾气了（请留意，她在说自己的脾气，而不是情绪。很明显，她还没有意识到问题的实质）。我很疑惑，为什么作为一个女人，我竟然会那样的情绪化？我管不了自己的脾气，常常会因为一些琐事大发雷霆，甚至有时还会哭闹。虽然我知道这样做很不好，但是我却控制不了自己。”

我说：“既然你明白自己的问题在哪，怎么不尝试着去控制它呢？”女士显然有些激动，高声对我说：“我怎么没控制？我试过，但是没有效果！一切都发生得太快了，我还没有准备好就做出了判断。事实上，这一切都不是出自我的本意。”

女士们，你们看到答案了吗？事实上，人之所以会被情绪所控制，原因就在于当周围的环境变化太快时，人们的潜意识会告诉自己："不，绝不可以让自己受到伤害，我一定要保护自己。"确实，此时人的情绪就会指导人本能地将自己伪装成时刻准备战斗的刺猬，对伤害自己的人给予毫不留情的打击。这也就是我们所说的情绪失控。

其实，很多女士都清楚地知道控制情绪的重要性，只是她们在具体的问题面前却往往会败下阵来。她们会说："我知道控制情绪有多么重要，也希望自己可以成为情绪的主人。可是，真的做到实处却太难了。"很显然，她们的潜台词是："我做不到，我无法控制自己的情绪。"还有的女士习惯抱怨生活，她们总是唠叨："我恐怕是这个世界上最倒霉的人了，为什么生活对我这么残酷？"言外之意是"这不是我的责任，我是被生活环境所逼。"这些看似合情合理的理由使得女士们自己就放弃了主宰情绪的权力。她们自己在这些借口中得到安慰和解脱，从而面对失控的情绪束手无策。

所以，女士们如果想主宰自己的情绪，首先要让自己有这样的信念：我对自己有信心，相信我可以摆脱情绪的控制，无论怎样我都要尽力尝试。只有这样，女士们的主动性才能被启动，从而彻底战胜情绪。确实如此，让自己拥有自我控制的意识将是赢得这场战争的最关键部分。

罗琳是一位非常情绪化的女士，总是和身边的朋友大吵大闹，因此，她失去了很多朋友，其实，她对此也很苦恼。为了使自己摆脱这种糟糕的状况，罗琳报名参加了我的培训课。然而，几天的培训后，她并没有得到她想学到的东西，于是，私下里找到了我。

她问我："卡耐基先生，你讲的那些道理我也明白，但是到现在为止，我还不知道如何解决我的问题。事实上，我并没有从你的课堂上学到解决问题的方法。"

我回答说："是吗？那好，我要弄清楚你愿意改正你的缺点吗？"

罗琳的情绪又上来了，她不耐烦地说："你说什么呢？我怎么能不想改正呢？假如不想的话，我就不来这里听课了。你以为改变一个人是很轻松的事情吗？我现在已经深信，我不可能改掉这些缺点了。”

我笑着说：“真的吗？罗琳女士，你觉得你无法改变自己吗？我认为不是这样的。我觉得你之所以没有收到效果，原因就在于你对自己缺乏信心。你没有勇气去面对你的情绪化，你也没有足够的勇气去战胜它，所以你才没有成功。”

尽管罗琳表现得很不以为然，但我能感觉到她已经相信了我的话。后来的事情已经证明了我的猜测，因为她正在一点点地努力改变自己。

其实，控制自己的情绪并不是一件很困难的事情，只要女士们有了一定的技巧和方法，是完全有可能做到的。

在此，我还有一个小技巧和女士们分享：当你们心中产生负面情绪的时候，与其生硬地抗衡，不如选择暂时避开，将自己的精力、注意力和兴趣都投入到其他活动当中。这样就可以减少负面情绪对自己造成的影响。

女士们，我们的先人曾经为了自由而奋斗不息，如今你们依然为自由而战斗。面对自己的情绪，只有你们赢了，成了情绪的主人，才能让自己获得真正的自由之身，才能让你拥有幸福和快乐。

幸福忠告

情绪如同体内的神魔，被它所控，你将成为它的傀儡；被它摆布，你将无法真正拥有自己想要的生活。反之，如果你成了它的主人，它将为你所用，释放巨大的能量，为你不断地开发幸福、收获快乐。

---

2. 乐观豁达，不要为打翻的牛奶哭泣

我的好友拉伦·萨德斯曾经和我说，他这一生最感激的就是他高中时期的老师保罗·布拉德威尔，当年，保罗在一次生理卫生课上给他上了一堂最有价值的人生课。

那时，萨德斯在读高中，和许多同龄人一样，他经常会被烦恼所困扰。他经常为自己犯下的种种过错感到苦恼和后悔。考完试，他会为自己的疏忽而懊悔不已。他会常常坐在椅子旁边发呆，因为他担心自己不及格。他还时常幻想自己可以回到过去，因为他想弥补自己过去所犯下的过错。

记得那是一堂生理卫生课，保罗老师刚走上讲台就把一瓶牛奶放在了桌边，没有说话。同学们都诧异地望着那瓶牛奶，心中充满了疑惑：这瓶牛奶和今天要讲的课程有什么关系呢？突然，保罗老师站了起来，一巴掌把那瓶牛奶打翻在水槽里，同时对同学们喊道：“不要为打翻的牛奶哭泣！”

后来，保罗让同学们都到水槽边来，让他们仔细观察那瓶打翻的牛奶。这时，有的同学说：“实在太可惜了！”而有的同学不以为然：“不就是一瓶牛奶吗？”保罗老师听了大家的议论后，严肃地对同学们说：“同学们，你们要永远记住这一课，永远记住这个道理：这瓶牛奶已经被打翻了，无论你如何抱怨、叹息、后悔、着急，都无法将它挽回。但是，如果我们可以事先谨慎一些，或许就不会打翻，但是现在晚了。现在我们唯一能做的就是忘掉它，并将精力集中到接下来的事情上。”

“不要为打翻的牛奶哭泣。”这句话饱含了深刻的哲理。牛奶既然已经

被打翻在地，无论怎么伤心哭泣都于事无补，不如全身心地投入到接下来的事情上。萨德斯说："曾经学过的拉丁文以及几何知识，我现在已经都忘记了，但是，这个小实验却一直留在我的脑海里，其中蕴含的深刻哲理，比我在高中时代学到的任何知识都有用。现在，我总是会尽一切可能保证不打翻牛奶，可是如果打翻了，我就不去担忧，而是把它们全部忘掉。"

在我的事业处于起步阶段的时候，我曾在密苏里州开办了一个成人教育班，并且在其他几个地方设立了分部。大家都知道，要维持这样一个庞大又纷杂的机构是需要一大笔经费的。但是我并没有担心，因为我相信，未来的收益一定要比我付出的多。结果，由于我在财务管理上的不足和失误，几个月以来的辛苦没有收到任何回报。虽然表面看起来有了不错的收入，但是我在广告宣传、房屋租赁和日常办公上投入了很多，事实上，我什么也没有赚到。

之后的很长一段时间，我都在抱怨自己的疏忽，并且整日郁郁寡欢、神情恍惚。而且，我无法否认，在这次大的错误之后，我不仅没有及时改正，而是又犯了另一个稍小一点的错误。

那么，究竟如何做才是最明智的呢？只有一种做法是聪明的，那就是冷静地分析我们所犯下的种种错误，然后从中分析出经验和教训，再忘掉这些错误。

劳拉·夏德是我最敬佩的人之一，她曾经在美国一家著名的报社做编辑。一次，她要请我去参加州立大学毕业班的讲演。那次演说非常精彩，很多女学生听得都入了迷。突然，夏德女士话锋一转，问道："请问你们有谁在家帮父母做过锯木头的活？"话音刚落，不少学生都举起了手。夏德女士笑着接着说："那你们锯过木屑吗？"这时，没有一个人举手。

夏德停了一会儿，说道："我知道，没有谁愿意去锯木屑。原因很简单，因为木屑是已经锯下来的，没有任何意义了。实际上，过去的事情也一样，我希望你们可以明白，当你们为已经发生过的事情感到忧心的时候，你们其实已经开始做锯木屑的事情了。"

女士们，我希望你们可以记住夏德女士的话，它可以帮助你们摆脱忧虑，拥有一颗成熟的心。在我的培训班上，很多女士都经常向我诉说她们曾经做过什么错事，这些事情让她们后悔不及，直到现在想起来还是会难过。

但是，只有愚蠢的人才会坐在原地为自己曾经的过失和失败感到伤悲，聪明的人总会愉快地设法弥补自己的损失。

我们不妨翻看一下历史，那些可以在艰苦的环境中生存下来，并且生活得很好的人并没有强壮的身体，而是因为他们可以在很短的时间内，将所有的苦难、不幸和失败忘掉。他们没有忧虑，因此，他们是快乐的。

我曾经到美国的新新监狱看过，我惊奇地发现，那里的囚犯竟然没有一个人愁眉苦脸，反而看起来很逍遥，也很快乐。于是，我问我的朋友（他是这里的狱长），问他到底是怎么回事。他告诉我，这些囚犯最初进来的时候也是终日愁苦。可是过了一段时间，他们发现痛苦和忧郁并没有好处，于是，他们开始学着让自己快乐起来，把目光放在以后。

女士们，我们没有必要为那些无法重来的事情而感到难过，当然，犯错误是我们的责任，可是又有谁能保证自己不犯错误呢？拿破仑是人类历史上最伟大的军事家，可是他所指挥的战役中，有三分之一都以失败告终。退一步想，即便总统先生同意将全国的军队都交由你领导，过去的事情依然无法挽回。那么，女士们，我们所能做的就只有不为打翻的牛奶哭泣。

幸福忠告

过去之所以成为过去，就意味着它永不再来，即便再来，亦不是那时的它。我们每个人的过去都会有失败、伤心、懊恼的经历，我们没有办法改变，也没有办法重来。我们所能做的就是，在过去的失败中找到经验和教训，带着伤好后的疤，继续更加精彩的人生。

---

3. 学会付出，培养自己爱的能力

女士们，这次要从我们最常用的字说起，或许你们都已经猜到了，是“我”字。这个和多年前纽约电话公司调查统计的结果完全一致。他们安排了500多次通话调查，其中3900次用到了“我”字。当和别人交谈的时候，我们已经太习惯使用“我”字了。

当今社会，竞争日趋激烈，压力如影随形，为了更好地适应社会，得到自己想要的工作和生活，每个人都在拼命地努力，积极展示自我能力和个性。我们已经习惯了在生活中和工作中为自己争名夺利，为自己的薪酬、舒适的生活一次次地抗议游行。但我不得不说，我们其实应该付出，而不是强调自我。女士们，一个很小的事情可以说明我们已经习惯这样：拿到公司或者同学的集体照时，每个人首先做的是找到“我”，然后才会一一分辨别人。如果按照这样的思维逻辑，最终给别人留下的只会是一个深刻的自我印象。所以，只有我们真心地关注别人，才可能找到知心朋友。

好多年前，我曾任教于布鲁克文理学院，讲授小说写作。当时，我由衷地希望能邀请到一些著名的作家，并写信给他们。信中写道我对他们的成就非常羡慕，由衷地期盼着能聆听他们的教诲，也希望他们能百忙之中传授一些写作的经验和技巧给我的学生们。然后，所有的学生都在信中署名。

同时，考虑到那些作家都很忙，为了节约他们的时间，我要求学生们每人挑选一个自己最感兴趣的问题写出来，附在信上一起邮寄给那些作家。出乎意料的是，所有作家都痛快地答应了我们的邀请，非常乐意接受这样的安排。后来，参予的作家中很多都成了我要好的朋友。

后来，我们又通过同样的方法，邀请到了罗斯福总统内阁的财政部长莱斯利·肖，还有塔夫脱总统时期的司法部长威廉·詹宁斯等人。他们都来到了课堂上，为学生们发表了精彩的演讲。

所以，女士们，如果我们多为别人考虑一点，多关心一下别人，那么我们就能获得真正的友谊。诚然，关心别人是需要耗费很大的精力和时间的，而且，也可能最终达不到自己想要的结果。所以，很多人不乐意付出，也不去考虑别人的感受。

罗马诗人赛罗斯说过："当我们关心别人的时候，别人也在关心我们。"一句话，言简意赅地讲出了付出和回报的关系。多年来，我记下了所有朋友的生日，在他们生日那天，我会送上我的祝福和礼物，而这细微的举动和留意却能产生心灵的碰撞。因此，我的朋友们和我之间的友谊也会天长地久。

其实，多关心他人，多关注他人，多考虑别人，不仅仅能够结交到真正的朋友，对于工作、事业也都大有裨益。

爱德华·赛克斯先生是强生公司麻省一带的一名业务推销员。他有一个杂货店的客户在兴罕一带。每次他来到店里商谈业务的时候，都会和柜台的职员嘘寒问暖，并带一些小礼物给他，然后才到后面去拜访老板。

一天，当爱德华·赛克斯先生来到小店的时候，老板有些无奈地表示不再采购强生的产品了。原因是强生推出的很多促销活动只是针对食品市场的，对于他这样的杂货店却没有任何好处。爱德华·赛克斯很失望，垂头丧气地离开了这里，因为他知道这是公司行为，他没有办法改变。但是在回去的路上，他觉得即使客户不再采购强生的产品，他也有必要就此事向杂货店老板解释清楚。

当他再次回到杂货店的时候，他像往常一样亲切地和柜台职员问好，然后见老板。出人意料的是，老板竟然出来迎接，而且面带笑容，表示不但要继续采购强生的产品，而且需求要加倍。爱德华·赛克斯先生感觉非常意外，忙询问原因。老板说："你走后，柜台的职员过来为你说情，说你是一个热情、友好的人，每次来都会和他打招呼，觉得不应该丢掉这样一个值得做朋友的人。我觉得他说的有道理，所以就改变了原来的做法。”

从此，爱德华·赛克斯先生和老板成为了好朋友，而且老板也一直都很照顾他的生意。

上面的故事中，爱德华·赛克斯先生重视柜台职员，也真诚地付出了友善和关爱，所以，在有需要的时候，柜台的职员才会替他说话。而且，杂货店的老板也非常喜欢这样懂得关注别人、关心别人的人，才会和他成为好朋友，同时成了生意上的伙伴。

女士们，如果你想结交真诚、真心的朋友，改善自己的人际关系，那就从今天开始培养自己爱的能力，让自己学会并不吝啬于付出，相信当你捧出一份真诚时，一定会获得他人温暖的回应。

幸福忠告

女士们，“当我们开始关心别人的时候，别人也在关心我们。”懂得付出的人才能得到别人的回报，也才可能结交到真正的、真诚的朋友。真诚的付出我们的爱，我们才会得到友谊的眷顾，更可以在奋斗的路上获得更多的帮助，成就我们的人生梦想。

4. 笑口常开，让阳光在心底永驻

最近，我在纽约参加了一个宴会。宴会的主人是一位贵妇人，不久前，她继承了一笔巨额遗产。能看得出来，她对这次宴会很用心，不仅为来宾奉上一顿丰盛的晚餐，还花费了很多金钱为自己买了貂皮大衣、钻石和珠宝。然而，她的心思似乎白费了，因为她留给大家的印象并不好。原因就在于她的脸上一直是冷若冰霜的，看不到一丝微笑。她也许自始至终都没有明白，女人脸上的微笑，要比身上穿的衣服重要的多。

各位女士，请你们一定相信我，确实是这个道理。大家一定都看过达·芬奇的名画《蒙娜丽莎的微笑》吧，所有看过这幅画的人都被画中女子矜持的微笑所深深触动。她的微笑实在很有魅力，使人看了心情愉悦、很舒服。

微笑的力量往往超乎我们的想象，它能够增添你的魅力，从而获得他人的青睐。我的朋友斯瓦搏就曾经告诉我，他的微笑可以抵得上 100 万美元。他说得一点都不夸张，在他的人格中，最可爱的因素就是他常常对人微笑，让别人也能感受到一份愉悦。正因为如此，他总能博得人们的喜爱，这也是他的事业能够取得成功的最重要的因素。

为什么笑口常开的人这么受欢迎呢？原因就在于微笑可以向人传达一种善意：我对你有好感，你让我感到快乐。所以，我们都愿意接近那些喜欢微笑的人，并且喜欢他们。

在我的培训课上，我让学员们每天都对别人微笑一个小时。一个月后，一位女学员给我写了一封信，告诉我她发生了很大的变化。当然，她的例子是这些人中的代表。

下面就是她给我写的那封信：

卡耐基先生：

自从我在您的培训课上学习后，感觉自己发生了很大的变化。我衷心地感谢您，因为您让我懂得了微笑的力量。

我和我的先生结婚 15 年了，在这期间，我很少对我的丈夫微笑。你知道，我是个内向的人，不爱笑，脾气也很糟糕，甚至可以说，我是整个百老汇街上脾气最坏的一个人。

一个月前，您对我们说，要时刻保持微笑，对所有人都要这样。我想，那我就尝试一下。于是，第二天清晨，当我看到镜子里那张沉闷的脸时，我努力地咧了一下嘴，并且尝试着让这个微笑停留在脸上。结果，这个细微的变化被我丈夫发现了，他很开心地说："亲爱的，你今天早上看起来心情不错啊!"那一天，我和我丈夫度过了一个愉快的早上，他还告诉我，我微笑的时候很可爱。

从那以后，我渐渐转变了自己的态度。我对每个人都报以微笑：办公室里，我对同事们微笑；在电梯里，我微笑着问候开电梯的人；面对客户，我的脸上也时刻洋溢着微笑。

卡耐基先生，你知道我收获了什么吗？不久我就发现，所有的人都开始喜欢我了，并且也冲我微笑。我觉得每一天微笑都会为我带来很多财富，并且让我生活得很开心。前段时间，我们经理还给我涨了薪水，让我做了助理。她告诉我："知道我为什么要让你做助理吗？就因为你的笑容，我可不想让一个冷冰冰的人做我的助手。"卡耐基先生，你看，微笑让我得到了多少好处啊!

可见，微笑带给一个人的益处实在很多，它可以让一个人过得快乐而舒心，让一个人成为受他人欢迎的人。所以，女士们，在生活中，你们一定要多微笑，用不了多久，你就会发现自己发生了很多变化。

此外，当与别人有矛盾的时候，你也可以用微笑来化解他人的怨气。倘若不信，不妨看看下面的故事。

前些天我去华盛顿，在飞机上遇到这样一件事。飞机起飞前，一位先生向空姐要一杯水，空姐很礼貌地告诉他："先生，对不起，为了保证乘客的安全，我要等飞机起飞并平稳飞行后，才能拿给您。"

结果飞机起飞后，过了半个小时，她仍旧没有给这位先生倒水，显然她忘记了这件事。这位先生的脾气不太好，他气愤地把那位空姐叫过来，无比愤怒地说："难道你们就是这样招待顾客的吗？我要投诉你!"看得出来，这位先生很生气。

这位空姐知道自己的工作有失误，于是连忙微笑着说："先生，非常抱歉，这确实是我的疏忽造成的。”

但这位先生显然怒气未消，还在批评这位空姐，但是，这位空姐始终保持着微笑。最后，这位先生被她的微笑打动了，慢慢地怒气也就消了。他不仅没有投诉这位空姐，还在留言簿上表扬了这位空姐。

女士们，微笑的力量是令人惊奇的。著名的广告人弗莱契曾写过一篇名为《圣诞一笑》的文章，向我们展示了微笑的好处。他在文中这样写道：微笑不需要投资，但是它却可以有丰厚的回报；微笑可以让受者获益，施予者无损；微笑发生在转眼间，却可以长久地留存在记忆中；微笑可以生出快乐，让疲倦者得到休息，让失望者拥有阳光，让忧虑者消除心中的痛苦……弗莱契说的没错，微笑给人们带来的益处不言而喻。所以，各位女士，你们一定要经常把微笑挂在脸上，因为这无论对自己还是他人，都是一件好事。

幸福忠告

人生的路途总是充满坎坷和未知，我们要学会用笑容驱赶寒冷、抚慰心灵。对于女人来说，微笑是最好的化妆品，它可以让女性永葆迷人的风采，长久留香。

5. 积极心态，让自己蜕变成蝶

“适者生存”是生物学家达尔文的一句名言。预示了谁能更好地适应周围的环境，谁就可以更好地生活下去。而想要更好地生活下去，不能单纯地依靠忍耐，还需要保持积极向上的心态。

生活中，很多女性都会有一种怨天尤人，觉得自己生不逢时的心态，总是感觉与社会格格不入，并总是为此苦恼，幻想着能改变一切，而最终却不得不无奈地接受现实。其实，我们应该明白，很多事情我们是无能为力的。所以，不如换种角度，让自己改变，用积极心态发现环境中的美好。

有这样一个故事，相信大家也都有听说过。

一个女孩子经过自己的努力，顺利考上了一所知名大学，但是她却整天愁眉苦脸。原来，她一直都想成功，但是却总感觉周围的人和环境限制了自己，约束了自己。于是，她拜访了受人爱戴的教授，希望能得到帮助。她抱怨说："我心情很糟糕，我期望自己能成功，但周围的环境似乎都在和我作对，干扰我取得成功。我不知道该怎么办?"教授听罢，微笑着说："你还没有吃饭吧，我们一起做午饭怎么样。"女大学生一脸的疑惑，不知道教授是什么意思，但还是跟着教授去了厨房。

教授把锅放在火上，然后加入冷水，把一个萝卜和一个鸡蛋放入锅内。女大学生更加困惑，不清楚教授要做什么饭。大约过了10分钟，教授把鸡蛋和萝卜分别放到两个盘子内，问女大学生："看看它们有什么不同。"女大学生说："都熟了。没有什么不同啊。"教授微笑着说："它们放入锅之前，鸡蛋是很容易打碎的，而萝卜却很硬。放入锅里后，在同样的环境下，鸡蛋已经变得很坚硬且不易破碎，而萝卜却越发地软了。如果时间再久点，萝卜会被煮化，而鸡蛋会更坚硬。"女大学生此时似乎有些明白了，教授接着说："环境对于它们都是不可改变的，所以就只好改变自己了。"

女大学生此时豁然开朗，高兴地说："教授，我明白了，我会改变自己，融入到环境中，并让自己在环境的历练下变得坚强、成熟。"

确实，很多成功人士都非常喜欢说："改变不了环境，就改变自己。"现实生活中，改变环境的可能性很小，改变自己而成功的却数不胜数。其实，一切都是从自我心态的改变开始的。改变一贯的思维方式，改变只看到问题看不到好处的眼光，改变自我的行为方式等等，尝试做积极的调整。

女士们，生活中我们经常会遇到因为自己无能为力而感到沮丧的事情，尽管如此，我们依然不能放弃斗争，至少在精神上不能放弃。如果过分地强调客观，那我们真的会举步维艰，最终一事无成。所以，如果你们肯以积极的心态来看世界，整个世界也就会变得精彩起来；以积极的心态体味生活，生活也会因此而变得有趣起来。

我的邻居伍尔特·芬克太太有三个孩子，为了照顾他们，她不得不拼命工作。但是，她却有一份义务工作，每到周末，她都会去附近一所教会学校教书，而且从未懈怠。

一天，我在好奇心的驱使下问她为什么会做那份义务工作。伍尔特太太说："是的，我确实在义务做那件事情，但它是我的兴趣，而不是一份工作。之前，我因为工作压力太大，神经总是处于紧绷状态，对家人有些古板，并且有些苛求。自从我开始义务教书后，每次和那些孩子们一起，看着他们活泼、青春的笑脸，我的心情也不自觉地好了起来，而且仿佛整个人都变得充满活力。这份工作给我带来了无限的乐趣，而且让我了解到了快乐心态的重要性。同时，之前很多让人头疼的事情，现在也能够轻而易举地解决了。现在，我很开心地享受每一天的生活，积极面对每一天的工作，家庭和工作都有了很好的改观。"

从以上的故事中，我们可以看出来，乐观积极的心态真的可以让每天的生活都充满快乐，而且能让女人放下心理的压力和包袱。当我们可以换种角度思考问题时，往往会很容易找到解决问题的办法。

女士们，生活中，我们难免遭遇不幸、痛苦、困境甚至绝境，但是，只要我们保有积极的心态，你会发现，其实让你担心的问题不是来自外界，而是源自内心。只要能积极去思考，就一定能出现"柳暗花明又一村"的开阔。

女士们，请你们永远保持积极的心态，不放弃、不退缩、不气馁，你的生活一定会充满阳光。这将是你们在人生道路上迈出的重要一步，它会让你们以更加坚定而从容的步伐走向梦想的彼岸。

幸福忠告

女士们，一个人内心的放松和快乐，与身份、贵贱、贫富、环境并没有太多的关系，一切只在每个人的内心。生活中，无论是风和日丽还是狂风暴雨，一定要保持积极的心态，这样我们才能创造出幸福快乐的人生。

---

6. 制造新鲜，让生活变得多彩

曾经，有很多的女士向我诉苦说：“卡耐基先生，为什么我的生活总是这样平淡无味？为什么我与快乐总是无缘相见？为什么上帝总是对我如此冷酷？难道是我错了吗？”每次，我都会耐心地询问她们原因，然后问她们同一个问题：“为什么你不能找些快乐呢？”这些女士一般都会生气地反斥道：“你认为是我不想快乐吗？你怎么会这么想？工作和生活的压力已经令我疲惫不堪了，我怎么可能有闲情逸致去找快乐呢！”

她们之中有职业女性，甚至有些是女强人，也有全职太太、家庭主妇。她们烦恼的事情各不相同，但都有一个通病，就是没有闲情逸致去找快乐。

其实，我认为女士们这样的观点是错误的。在这方面，男人的处理方式就比女人要灵活和聪明的多。工作生活之余，他们会把自己的时间用在自己的兴趣上，从而忘掉烦恼，让自己保持快乐和活力。既然如此，女士们为什么不能效仿一下呢?

我这么说是有依据的。其实，烦恼的根源不是所谓的工作压力，而是来自于单调、无聊、一成不变的生活。有些人喜欢参加一些业余活动或者玩游戏就是这个道理。当平淡的生活可以变得多彩时，相信我们会获得更多的幸福感。

家住得克萨斯州的罗兰女士就是一个很好的例子。她每周三晚上都会和丈夫一起打球，星期四召开讨论会议，其他三天选择听课。

当我询问这样做是否影响家里其他人的时候，罗兰女士兴奋地说："当然不会，我们全家都喜欢这样的生活，并且从中收获了意想不到的快乐。这些工作经常是我们一家人晚餐时讨论的话题，因为确实很有趣，大家喜闻乐见，都感觉很兴奋和快乐，因此，我们一家人从未因为无所事事和烦恼而发生过争吵。"

的确，烦恼在快乐、活力的生活中基本上无可遁形。如果我们的头脑中总是装着一些令人烦恼、令人生厌的事情，那我们的生活将会变得一团糟，而且这样糟糕的生活最终会影响到我们每个人的健康。华盛顿健康中心的博士道尔曾指出，人如果每天都生活在沮丧、烦恼、痛苦和不安中，将大大提高患病的几率；而如果每天都充满活力、快乐轻松，则会在很大程度上降低患病的概率。

女士们，如果你有自己喜欢的事情，而且能从中获得乐趣和活力，那么就请把精力放在这些事情上来吧，这样，你就不会整日无所事事，因为一些鸡毛蒜皮的小事而烦恼了。如此一来，你就会有更大的精力将家变成梦想的乐园，而每个家庭成员都会从中感受到快乐和幸福。

我们究竟应该如何去做呢？很简单，就是结合自己的性格，培养自己的爱好。现在就可以想一想，是不是有什么事情一直都很想做，但是没有做呢？如果有，请放掉幻想，马上行动吧。如果没有也没有关系，请多看看介绍业务活动的俱乐部或者机构的书籍，你一定能从中找到自己喜欢的事情。

我因为工作的原因，常出差在外，我的妻子桃乐丝经常为此抱怨，但是，她是个适应能力很强并且善于找到乐趣的女人。她常对自己说："快乐和痛苦都得过一天，何必自找苦吃呢？戴尔很忙，没有太多时间陪我，我可以自己找些事情做啊，让自己快乐起来。"

于是，桃乐丝就通过一些俱乐部和机构的杂志，找寻自己喜欢的事情。终于，她找到了一个叫莎士比亚的俱乐部，这让她欣喜异常，因为她一直都非常喜欢莎士比亚。后来，她加入成为会员，和其他会员一起讨论莎士比亚的著作，畅游四百年前的世界。

有一次，桃乐丝兴奋地对我说："戴尔，你知道吗，那个莎士比亚俱乐部太棒了，我现在感觉自己每天都充满了活力，而且我现在经常一边背诵着莎士比亚的诗句一边干家务，真是太美妙了。"我的太太找到了能让自己快乐的事情，可我只好独守空房了。当然了，我也是个会开导自己的人，当桃乐丝不在家的时候，我就开始找我最感兴趣的美国总统亚伯拉罕·林肯的故事，并整理所有可以找到的资料，仔细品读。我也乐在其中。

不光如此，我和桃乐丝还经常对某些感兴趣的话题展开讨论，其中，也会因为立场和见解的不同而发生争执，但是，这却使我们的生活增添了很多的乐趣，家里的氛围也越发轻松和愉快。彼此不同的乐趣反而拓宽了我们的知识面，也调节了我们各自沉闷的生活。

《快乐生活指南》的作者克拉泽在一次公开演讲中说过："生活中如果能有一些兴趣爱好，会让平淡无奇的生活绽放绚丽的花朵，也会让家庭关系保持新鲜感和无尽的乐趣。"

我完全赞同克拉泽的说法。女士们，如果你已经感觉到了生活的枯燥无味，那就马上找寻新的兴趣和爱好吧，然后精心地安排，让生活重新充满乐趣和活力。

幸福忠告

女士们，不管你是职业女性还是家庭主妇，如果你想远离烦恼，让生活多姿多彩，就要学会根据自己的性格，培养一种或者几种兴趣爱好，并和家人分享其中的快乐。相信，你的家庭生活一定会活力无限，人生道路也会充满乐趣。

---

7. 摆脱忧虑，不要杞人忧天

小时候，我脑子里经常充斥着一些顾虑和担心：暴风雨的时候，我会不会被雷电劈死；明天生活困难了，我会不会没有粮食吃；那个曾经威胁过我的同学詹姆·怀特会不会真的割掉我的耳朵……这些奇怪的想法一直困扰着我，让我每日都战战兢兢的。后来，随着年龄的增长，我还是没能改掉这个过分忧虑的毛病，我常常怀疑会不会没有女孩子喜欢我、嫁给我、和我一起过日子，如果真的有女孩子愿意嫁给我，我又该和她说些什么呢……

随着时间的流逝，我渐渐地发现，我所担心的事情不过是杞人忧天罢了。后来，我专门针对忧虑的问题查阅了相关的资料，发现自从这个星球上有人类出现，忧虑就一直困扰着我们。很多的学者都进行过专业的研究，希腊著名的哲学家亚里士多德就是其中之一。他告诉我们，如果想抗拒忧虑，我们首先要搞清楚事情的真相，这样我们就能理智地分析所忧虑的事情，找到合理的解决办法。

哈波特·赫基斯是一位已故的哥伦比亚大学教授，生前曾帮助20多名学生摆脱了忧虑。他总结说：“忧虑是由于人们没有足够的知识判断而产生的。”

我曾经和他有过一次交谈，他坦诚地告诉我：“戴尔，人们产生忧虑的根源就是迷茫和混乱。举例来说吧，如果有个事情需要五天内作出决定，最初，我没有足够的精力来判断和分析，只能尽量去收集相关的素材和资料，以期获得更多的信息，找到问题的根源，支撑我的决定。如果第五天我搞清楚了所有问题，得出了结论，那么我也就不会再担心了。但是，如果第五天我没有答案，还是一头雾水，那我肯定会焦虑不安、心急如焚以致伤心难过，从而也就产生了人们所说的忧虑。”

我点了点头，认为赫基斯教授说得很有道理，但想知道这样做是不是真的就可以摆脱忧虑。哈波特·赫基斯教授微笑地点点头说：“戴尔，这是个被验证过无数次的最有效的办法，事实上，我也一直都在这样做。现在，我不会担心自己忧虑了，因为我可以轻松地客观地搞清事实真相，困扰我的忧虑也就会一扫而空了。”

这真的是一个有效的办法，后来，我多次遇到忧虑的事情也尝试这样去做，发现真的可以让自己安静下来，理智思考事情的真相，最终摆脱忧虑。

女士们，我想以上方法有些人也可能用过，但是多数人遇到问题时，却常常会不假思索地通过各种投机取巧的办法，试图通过捷径以达到目的。有时即使思考了，也往往是在自己知道的事情上打转转，或者根据自己已有的认识和知识来判定和思考问题，而忽略了事情的本质。这样做其实就如安德烈·马诺斯所说的一样：“我们喜欢那些和我们认为的一致的事情，也愿意接受真理。如果和我们认识不同，我们会愤怒，会群起而攻之。”

女士们，现在你们是什么想法呢？是要马上解决问题吗？那应该解决什么问题呢？首先，应该先排除自己的感情色彩，学习哈波特·赫基斯教授的做法，客观轻松地找到事情的真相。

当然，当女士们忧虑时，常被情绪所控制，能做到这一点非常不易。在这里，我借用哈波特·赫基斯教授研究的基础，总结了两个建议，可以用来认清事实。

1. 跳出自我忧虑，以旁观者的身份看自己的忧虑，搜集事实的信息和资料。尽量保持客观、轻松、理智的思考，这样做也有利于女士们控制自己的情绪。

2. 把自己设想为对方的律师，探索和找寻忧虑的真正原因。也就是说，搜集出对自己有利和不利的因素和事实，然后规整起来，通过正反两个方面来探求真相。

现在我们可以看一下关于罗曼奶奶的故事。

罗曼还是学生的时候，就常常因为晚上睡不着觉而忧虑，她尝试了很多种办法，也咨询了医生，但依然会失眠，每天晚上都辗转反侧，难以入睡。但是后来，罗曼发现，即使自己每晚睡很短的时间，第二天也依旧会精力充沛。于是，她开始思考是不是不再强迫自己晚上必须要和别人一样早早入睡。她开始用晚上的时间学习、读书。结果出人意料，她不但没有因为睡眠不足而精神不振，反而通过对晚上时间的利用，轻松地取得了物理学博士学位。

当人们好奇地问她长期失眠，身体是否出现什么不适的时候，她平静地回答说："我一直都很好，精力充沛，全身心地生活和工作，从来没有为此事担忧过。"

在罗曼的一生中，她的睡眠时间比正常人少很多，但是从来没有影响过她的生活和工作，她一直活到 81 岁高龄。假如她整天为失眠而忧虑，那她的人生肯定不会这么长。正因为她知道自己精力充沛，不需要太多的睡眠，才能如此快乐地生活。

所以，女士们，生活中每个人都会遇到忧虑的事情，只要我们能认真对待忧虑，逐一分析，这样，问题也就简单了。最后，我送给各位女性朋友 5 种摆脱忧虑的办法，这也是我自己总结出来的，希望对女士们能有所帮助：

1. 保持热忱和积极的心态；
2. 经常运动、锻炼身体；
3. 不被工作的压力困扰；
4. 读一本好书；

5. 把问题交给时间，耐心解决。

幸福忠告

忧虑如同在人的思维中滋生的毒瘤，长期侵蚀着我们的快乐和信心，让我们在乌云的笼罩下黯然伤神，而对拥有的幸福和眼前的希望视而不见。事实上，很多忧虑都是杞人忧天，只要我们学会冷静地思考，以客观、理智的心态面对问题，就可以找到忧虑的根源，从而摆脱忧虑。

---

8. 直面困难，找到问题的出口

大多数女性在面对问题的时候都喜欢选择逃避，当然，这种处理方式可以给内心短暂的解放和自在，但无疑是一种懦弱的表现，是一种治标不治本的做法。每个人在人生的路途中都无法躲避各种各样的困难和抉择，如果一味地避重就轻，那么接下来的路将寸步难行，而且用短暂的安逸换取长久的痛苦，实在不划算。

曾有一位学员问我："卡耐基老师，有一个问题困扰我很长时间了，我为它寝食难安，我也试着去忽略它，但是仍旧对它无可奈何。您有快速解决问题的方法吗？最好是马上见效的方法！"当时我给她讲了一个故事，她阴云密布的脸上终于露出了笑容，带着问题的答案心满意足地走了。

故事的主人公叫威利·瑞奇，最近他遇到了一个令他头疼的事情。原来，他就职于华盛顿水牛城的一家钢铁公司，前段时间，公司购买了一台瓦斯清洁机，用来清除瓦斯中的杂质。清洁机装完后，公司让他负责调试。但是，可怜的威利先生在这方面一点经验也没有，于是他对这个任务很担心，总是害怕会有突发的状况。

经过威利先生的几番调试，机器终于可以运转起来了，但是距离预期的要求还有差距。这个结果令威利先生感到很失败，似乎有人在他的脸上重重地打了一拳。接着，由这种挫败感而衍生的疼痛感迅速在周身蔓延，他的胃以及整个腹部开始隐隐作痛。在相当长的一段时间里，他彻夜无眠，甚至开始借口生病而逃避上班。

经过很长一段时间的挣扎，威利告诉自己说："不能再这样继续下去了，除了使自己更加难过，逃避是不能解决问题的，我必须想出一个解决方案来。"经过一段时间的思考，威利先生终于想出了解决的办法，并将其称为"万能公式"。他的"万能公式"并不复杂，一共分成三个步骤：

第一步，放下自己的恐惧和不安，认真、全面地对整个情况进行分析，然后找出一旦失败了会出现的最坏结果；

第二步，在尽可能全面地考虑了各种后果的可能性后，尝试着让自己接受它们；

第三步，逐渐让自己的情绪平复下来，将所有的精力和时间都集中到处理问题上。

威利先生借助上面这个公式，重新对问题进行审视，惊奇地发现，原来自己所担心的事情并没有想象中的可怕，无论出现任何问题，都会找到相应的办法解决。所以，他的问题很快就得到了解决，整个人也变得轻松了很多。

当然，威利先生一直保留着这个有效的方法，在它的帮助下，威利先生解决了很多难题。最后还要说明一下，威利·瑞奇是一名很出色的工程师，他创立了空气调节器制造公司，后来成了纽约州塞瑞西市瑞奇公司的负责人。

我将威利·瑞奇先生的"万能公式"简化为三句话：第一，问问自己可能发生什么后果；第二，尝试让自己接受这些后果；第三，冷静地想办法改变这些最坏的结果。后来，我将这个“万能公式”推广给我的学员。

菲尔·伦特小姐是我的一位学员，她在纽约市有自己的熟食店。一天，一位自称是市场调查员的人找到她，并向她索要贿赂，并且告诉她自己掌握了菲尔小姐中饱私囊的证据。他还威胁菲尔小姐说，假如他的要求得不到满足，他就会将这些证据交给当地的检察机关。

不明就里的菲尔小姐当时就拒绝了那个人的要求，但是后来经过了解，确实是自己的店员中饱私囊，经常在卖肉的过程中缺斤少两，再把少给客人的肉卖给其他顾客，然后把卖得的钱据为己有。

得知事情真相的菲尔小姐担心极了，虽然这些事情并不是自己所为，但是依照法律的规定，公司的法人必须对自己员工的行为负责。更令她担心的是，假如那位市场调查员把此事公开，自己的声誉和生意都会遭受重创。接下来的几天里，她寝食难安，一直不敢在店里露面。

后来，她突然想到了我在课堂上所讲的“万能公式”，便尝试着按照上面说的去做。于是，菲尔小姐的心情开始平静下来，她开始思考如何更好地解决这件事。最后，她觉得自己应该将此事告诉自己的律师，并让她写一份材料送到市场管理局。

第二天，她和自己的律师出现在市场管理局，将写好的材料递交给相关的人员。然而，令他们意外的是，那个自称是市场管理员的人根本不是管理局的人，而是一个通缉犯。了解了情况的市场管理局负责人让菲尔小姐回去整顿一下自己的肉食铺，并告诉她如果再遇到类似的情况及时通知管理局。一件让她揪心的麻烦事就此轻松地解决了。

女士们，逃避对于解决问题没有丝毫的帮助，只有选择勇敢地面对，才有机会使问题得到解决。如果在这种情形下，你让自己接受了最坏的结果，那么无论真实的结局如何，都无法令你感到恐惧了。更为重要的是，在这种心理状态下，你就可以像菲尔小姐一样，放松心情，集中精力去思考办法，进而将棘手的麻烦处理掉。

幸福忠告

遇到问题，逃避只能让事情愈发地复杂，同时容易使我们错过解决问题的最佳时机，导致事情向更糟糕的方向发展。所以，要让自己勇敢地直面困难，敢于接受最糟的后果，从而摆平心态，找到问题的出口。

9. 冷静理智，让加速的心跳放缓

我们身边总是会碰到这样的女士：她们脾气很暴躁，常因为一点小事而大发雷霆。虽然女人在愤怒的时候，很少会像男人那样用暴力来宣泄自己的情绪，但还是很容易失去理智，从而口不择言，影响人际关系。当然，我也知道，很多人在冲动之后，还是对自己的行为感到后悔。

我理解女士们的心情，当你们遇到不公正的待遇或者受到委屈时，选择发脾气来释放自己的情绪确实无可非议。但是，女士们有没有想过，这种方式会为你们解决什么问题？还是能让对方和你分享到快乐？我想都不是，这种做法只会遭到别人的反感、厌恶甚至抵抗。

威尔逊总统说过："如果你攥紧了拳头过来见我，那么我一定会准备一双攥得更紧的拳头等着你。可是，假如你对我说：'我们还是坐下来好好谈谈，看看我们的分歧在哪？'那么我会非常赞同你的意见，而且我们也会发现，实际上彼此的分歧并没有那么大，观点的冲突也并不严重。其实，我们之间还是有很多地方存在共同点的。"

曾经有一位女士告诉我，她不认同平静、理智、克制有多么重要，因为在当今的美国，那也代表着懦弱。如果她不能对一些事情表示反抗，就无法为自己争取到合理的权利。但是，事实真是这样吗？我不这么认为。

因为，我的朋友蒂斯娜女士就没有和她“抠门”的房东发脾气，但却一样实现了自己的目的。

蒂斯娜女士在纽约的一家公寓里住。前不久，她的经济出了一点状况，而此时房东又突然提出增加房租。坦白地讲，蒂斯娜女士当时真是很气愤，因为房东的行为分明就是在“乘人之危”。但是，最后还是理智占了上风，蒂斯娜女士决定换一种方式来解决这个问题。她给房东写了一封信，内容如下：

亲爱的房东先生：

我知道，现在房地产行情吃紧。因此，我对您增加房租的做法表示理解。我们的合约也快到期了，那时我不得不选择马上搬出去，因为增加的房租确实超出了我的承受能力。从内心讲，我不愿意搬走，因为现在很难碰到像您这样友善的房东。假如您能维持原来的租金，那么我很乐意继续住下去，只是这看起来不太可能，因为在此之前很多房客也都试过了，结果都失败了。虽然他们告诉我，房东是个很难沟通的人，但是，我还是愿意把我在人际关系课程中学到的知识运用一下，看看是否有效果。

那么效果如何呢？那位房东看到蒂斯娜的信后，立刻找到了她。蒂斯娜热情地接待了他，并且都没有再谈论房租是否太高的问题。蒂斯娜很聪明，只是频繁地和房东强调，她是多么地喜欢这里的一切。同时，蒂斯娜也没有忘记称赞房东，说他深谙管理，并且表示愿意继续租住下去。当然，蒂斯娜也没有忘记和房东说，自己实在付不起高额的房租。

很显然，房东从没有在房客那里得到过如此高的评价，他显得很激动，并且开始和她抱怨那些房客缺乏礼貌。因为在此之前，他一共接到过14封信，信中充斥着恐吓、威胁、侮辱的话语。最后，在蒂斯娜女士提出要求之前，房东反而主动提出要减少一点租金。蒂斯娜又提出能否再少一点，结果房东爽快地答应了。

后来，蒂斯娜在和我谈及此事的时候说：“我很庆幸自己当时没有和他发脾气，虽然那还不至于让我无家可归，但确实会给我带来很多麻烦。”女士们，这就是冷静、理智的好处，它能让你找到最佳的解决问题的方式。

女士们，当你们的财产遭到破坏、你们的人格遭到侮辱时，你们会怎么处理？我想，女士们一定会说："那还能怎么办，自然是做好准备，和那些家伙大干一场了。"假如小洛克菲勒当年也这么做的话，相信美国的工业历史将重新书写了。

1915 年，小洛克菲勒还是科罗拉多州的一位名不见经传的小人物。当时，州内爆发了美国工业史上最激烈的罢工，足足持续了两年多。那些工人显然已经非常愤怒了，他们要求小洛克菲勒所在的钢铁公司提高他们的薪酬。同时，已经丧失理智的工人开始破坏公司的财产，并且将所有带有侮辱性的词语送给了小洛克菲勒。尽管政府已经派出了军队镇压，但依然引发了流血事件，而且罢工也依然在持续。

假如真的按照上面那些女士们的想法去解决问题，相信她们一定会主张政府严惩这些"暴徒"。可是，小洛克菲勒并没有这么做，相反，他接见了那些罢工的工人，并且最后还争取到了很多人的支持。这一切都要归功于他感人肺腑的演讲。

在演讲中，小洛克菲勒很平静，似乎一点都不愤怒。他先将自己放在工人朋友的立场上，接着又表示了对工人做法的同情和理解。最后，小洛克菲勒承诺，他愿意帮助工人们解决问题，并且他永远和工人们站在一起。

当然，他的演讲远没有这么简单，但确实是一种化干戈为玉帛的好办法。不用怀疑，假如小洛克菲勒与工人们不停地争执，并且相互谩骂，或者找出各种理由来证明错在工人，结果一定会导致更加愤怒和更为严重的暴行。

我的偶像，美国历史上最伟大的总统之一，亚伯拉罕·林肯曾经说过："当一个人的心被怨恨所填满，就会对你产生十分恶劣的印象，那样，即便你用尽基督教所有的理论，也无法说服他们。看看那些喜欢责骂人的父母、傲慢暴戾的上司、唠叨挑剔的妻子，哪一个不是如此？我们应该清楚地认识到，人的思想是最难被改变的。但是，假如你可以克制住自己的愤怒，以冷静、温和、友善的心态去引导他们，那么，你就会拥有更高的成功几率。"

幸福忠告

当我们一旦被情绪冲昏了头脑，失去了理智，做出的决定往往是充满风险和隐患的，其结果往往令我们追悔莫及。所以，无论遇到怎样的状况，都要让自己冷静下来，理智地分析，让加速的心跳放缓，这样会更好地处理问题。

---

10. 战胜孤独，迎接爱和友谊

孤独是人生的一种痛苦，尤其是内心的孤独，更让人难以承受。现代生活中深受这种痛苦折磨的人有很多，他们远离热闹的人群，将自己封闭在狭小的个人世界里，过着自怜自艾的生活。甚至还有人因此而精神失常，性格也发生了巨大的改变。其实，人生中难免会遇到挫折和不幸，当面对这些人生的低谷时，我们要学会正视现实，积极主动地去解决。随着时间的流逝，你就会慢慢走出困境和不幸。所以，何苦要将自己尘封，让自己本该幸福和阳光的人生陷入无尽的孤独和黑暗呢？

许多坠入孤独的人之所以会这样，很大程度上是因为他们并不清楚，爱和友谊不是凭空降临的。一个人如果想获得友谊，就一定要付出相应的努力，而这种努力并不是一纸契约那么简单和教条。幸福，不是靠别人的施舍，也不是靠哀求，而要打开内心，走出孤独，努力赢得友谊。

一艘游轮正航行在蓝色的地中海上，船上有许多正在度假的夫妇，也有一些单身的青年穿梭其中。他们每个人都神采飞扬，随着乐队的拍子尽情舞蹈。其中，有一位大约60岁左右的单身女性沉醉在音乐中。这位不再年轻的妇人，曾经遭受过丧夫之痛，在经历了漫长的一段孤独和痛苦的日子后，她毅然开始了自己全新的生活。

她的丈夫曾经在她的生命中占据了无比重要的地位，但如今，随着她丈夫的离世，一切都过去了。在相当长的一段时间里，她很难和别人打成一片，或者和别人诉说自己的想法和感觉。因为长久以来，她的丈夫就是她的力量源泉。面对生活的苦闷和绝望，她也自问：如何才能让自己走出去，让别人接纳并且需要她？

她后来找到了答案，她开始把自己奉献给别人，却不计较是否得到回应或者回报。想清了这点，她擦干眼泪，脸上又出现了久违的笑容，开始让自己的生活丰富起来。有时她会专心作画，有时她会拜访亲朋好友，有时她会参加各种各样的聚会，她给人们留下了很深刻的美好印象。

后来，她参加了这艘游轮的“地中海之旅”。而在整个旅途中，她一直是大家乐于接近和交谈的对象。在旅程结束的前一个晚上，她的身边几乎成了全船最热闹的地方。

可见，那些可以克服孤寂的人，无论走到哪里，都善于和身边的人培养出亲密的关系，赢得人们的欢迎。这如同一盏燃烧的煤油灯，火焰虽然小，却可以散发出光亮和温暖。

著名的心理学家李德尔博士曾对此做过调查，他发现长时间生活在孤独寂寞中的人不如正常的人快乐，也更容易染上疾病。

那么，我们应该如何摆脱孤独寂寞的生活呢？李斯·怀特博士曾经在一次演讲中提到过这个问题。他说：“我们可以称上帝以及同胞的爱为纯真的热情。只要有了爱，我们就可以与腐败灵魂的侵蚀相对抗，也可以击败宇宙间的孤寂，从而塑造出友善的氛围。”如果想战胜孤独，就要让自己远离自怜的阴影，勇敢走进充满光亮的人群。让自己充满爱，乐于与人分享欢乐的情绪，从而营造出一个温暖而充满友爱的环境。

两年前，25岁的利奥小姐来到华盛顿，最初的一段时间里，她身边没有朋友，在这个城市里一个认识的人都没有。正因为如此，她感觉很孤独寂寞。她希望可以认识很多朋友，并且渴望被人关注。于是，她下决心改变这种状况。

在公司上班的时候，她对每个同事都很热情和真诚。当对方遇到了困难，她都会尽全力去帮助对方。逐渐地，公司里的很多同事都和她交了朋友。每到周末，大家都会聚在一起看电影。此外，她还积极参加各种社会活动，努力与那些品德高尚、有修养的人结交。在不到一年的时间里，她已经拥有了很多朋友，终于从孤独和寂寞的生活中走了出来。

女士们，你们要知道，爱和友情是不会像包装好的礼物一样，轻松地送到你的手中的。如果想认识朋友，就要努力地去赢得对方的好感。唯有如此，你才能被人接受、赢得好感，从而让自己远离孤独和寂寞的生活。

此外，如果想让生活变得充实，远离孤独和寂寞，还要学会培养自己的兴趣爱好，让自己有所寄托。其实，一个人独自生活在都市中，可做的事情有很多，例如参加各种聚会，在成人培训班上寻找兴趣相投的朋友，还可以参加各种俱乐部。然而，遗憾的是，很多人经常独自喝着闷酒，从而根本交不到朋友，反而更加孤单寂寞。

孤寂并不是悲惨命运的必然产物，时间的流逝将会慢慢抚平所有的伤痛。要相信自己拥有克服孤独、战胜苦难的勇气和能力，走出那片长期笼罩在头顶的阴霾。当你勇敢地跨出这一步时，你就会惊喜地发现，战胜孤独的滋味是如此的美妙，走出阴影后的天空是那么的醉人。

幸福忠告

孤独如同一座黑暗的囚室，失去阳光的生活必然让人无比忧伤和绝望。让自己的心门敞开一些，战胜困扰我们的寂寞，就能用我们敞开的心扉迎接友谊和爱的光临，让生活中随处都充满爱的味道。

第五章　经营婚姻，做幸福的女人

爱情，是这个世界上最美好的情感之一，也是女人幸福的源头。人们都说，幸福的婚姻都有大致的幸福，不幸的婚姻却各有自的不幸。聪明的女人总会将婚姻当成终身的事业，用心呵护，苦心经营，用爱心和智慧营造一个温馨的家，成就一份相濡以沫的幸福。

1. 同甘共苦，撑起爱的家园

女士们，婚姻生活中只有彼此相爱才能共同创造快乐和幸福，夫妻为了共同的目标一起同甘共苦、拼搏奋斗是人生最大的乐趣之一。在彼此携手一起前行的人生道路上，这可以让夫妻双方永远保持着蜜月般的美妙感觉。

很多女性都梦想着夫妻共同经营自己的家庭，为了共同的目标一起努力，实现属于家族的产业和事业。而能一如既往支撑事业前行的源动力就是彼此之间的爱情，唯有爱才能让两颗心紧紧依偎，在生活的道路上携手前行，不惧风雨。

大家对世界著名科学家居里夫人的故事都很了解。她和她的丈夫把毕生的精力都投入到了科学事业上。他们历时 3 年 9 个月，在成吨的矿渣中提炼出 0.1 克的镭。为了表彰他们在放射性元素上所取得的成就，1903 年他们被授予诺贝尔物理学奖。

但是，他们的科研过程异常辛苦。当时，物理学界已经提出有一种放射性元素叫镭，但是基于当时的情况，大家一致认为，这种元素是提炼不出来的。居里夫人的丈夫皮埃尔也对此打了退堂鼓，失去了信心。而居里夫人却一直坚信可以成功。了解到丈夫的苦恼后，居里夫人鼓励他说："我知道你现在很苦恼，但是，当初决定做这个科研项目的时候就是因为喜欢有难度才做的，也因为有难度，才值得我们为之努力。"于是，夫妻俩重新焕发精神，一起投入到科研之中，经过他们反复的研究和试验，最终提炼出了镭。

接下来，夫妻俩又一起投入到新的科研领域，多年来彼此鼓励，共同奋斗，不断取得新的成功。同时，他们的爱情和婚姻也在同甘共苦的拼搏中得到了巩固和升华。

相爱的人，能够有共同的目标，并一起为之奋斗，同甘共苦，在通往成功的道路上互相支持、相濡以沫，他们会更快地缩短与成功的距离，也更容易实现梦想。而且，在奋斗过程中，他们之间的感情会因为经历而逐渐成熟、牢固，让彼此在对方心中奠定无法取代的位置，使自己更好地融入到彼此生活中，犹如处在蜜月期的伴侣一样，永远地保有那份甜蜜。下面我们再来看看亚历山大的故事。

亚历山大是个孤儿，生活穷困潦倒，常常饥寒交迫，更没有条件上学读书。他最大的愿望就是能考上大学。小的时候，亚历山大就利用一切机会和途径学习，他希望靠知识来改变自己的命运。为了实现自己的愿望，亚历山大离开了孤儿院，外出打拼。他白天在码头干苦力，晚上回到住处学习。经过坚持不懈的努力，他竟然通过自学，完成了高中学业。然后，他希望能攒够上大学的钱，于是应聘到一家裁缝店打工，但事实上，那里的收入根本就攒不够他上大学的费用。

后来，清贫的亚历山大结婚了，新娘子是一位非常漂亮的女孩子，她心地善良而且充满智慧，她要帮助亚历山大实现上大学的梦想。

但是，事情就是这样，总有不如意的时候。亚历山大结婚不久，裁缝店就开始裁员了，亚历山大被辞退了。但亚历山大的妻子却一直鼓励他、帮助他、开导她，让他重新振作起来，继续为了自己的梦想而努力。夫妻俩经过反复地沟通和商量后，以破釜沉舟的勇气拿出家里所有的积蓄开了一家地产公司，为了经济上能宽松点，妻子甚至卖掉了珍爱的结婚戒指。

两年后，地产公司事业蒸蒸日上，在妻子不断地鼓励和坚持下，亚历山大终于如愿进入了大学，而把公司交给了妻子管理。在亚历山大36岁那年，他大学毕业获得了学士学位，完成了人生中最大的目标。之后，他继续和妻子一起经营地产公司。然后，他们又一起制定了下一个奋斗目标，并继续努力拼搏，直到完成梦想。

女士们，亚历山大夫妇就是靠着不断地努力，彼此互相扶持、相互鼓励，然后完成一个接一个的奋斗目标。尽管生活中充满了荆棘和痛苦，但他们总能快乐地面对。阶段性的目标使得他们不仅可以一起经历奋斗的历程，同时也收获到成功的喜悦。他们已经不仅仅是为了目标而奋斗，而是在奋斗的历程中享受彼此的爱，营造美好的家园。

女士们，其实每个家庭都可以做到同甘共苦，但一辈子的相濡以沫会让两个人的家园更加幸福。婚姻的最大乐趣也来自于夫妻双方共同为之奋斗的一个接一个的目标。在两人携手朝着一个个生活目标前行的时候，往往更能体会到对方的爱，领悟到生命的意义。这种感悟也会让我们加深对家的理解，珍惜共同创造的幸福生活。

幸福忠告

婚姻把两个人拴在一起，共同撑起一个家，如果夫妻两人不能同甘共苦、彼此扶持，那家的存在也就没有意义了。经历过苦难的两颗心，在人生的道路上往往更默契，他们能共同抵抗风险和危机，共同承担痛苦和悲伤，也可以一起享受成功的喜悦，共同回味一起走过的人生。这就是幸福的关键因素，也是家的意义所在。

2. 尊重鼓励，催生婚姻的幸福因子

开始这一节前，我先讲一件有趣的事情。每个人都具有两面性，一面是现实的真实的自我，一个是幻想的藏在心底的理想的自我。也可以这样说，理想的我和真实的我几乎都是完全相悖的。比如：现实生活中胆小怕事而又愚蠢的人，理想中，往往都希望成为敢作敢当的英雄式的人；现实

生活中缺乏信心的人，理想中往往都希望成为叱诧风云的自信的人；口吃的人希望成为口若悬河的演讲家；懦弱的人希望成为坚强的人……

说了这么多，其实就是想告诉各位女性朋友，帮助自己的丈夫成为理想中的人，是每一位妻子不可推卸的职责。如果你之前一直都在靠指责、挑剔、和成功人士攀比来逼迫自己的丈夫做一些事情的话，请马上改变，这样的做法太过愚蠢，显然是不能达到目的的，甚至会适得其反。正确的做法是，尊重并鼓励他，由衷地称赞他的进步，通过爱的激励来推动他实现梦想。

当今社会，男人注定要马不停蹄地向前奔跑，他们注定要奋斗，要为家和自己心爱的人努力。作为妻子，不妨作为他忠诚的支持者，用尊重、鼓励、赞美为自己的男人注入强大的动力。让他们斗志昂扬地向前、向前……

我的培训班上有个叫鲍勃·巴克斯的先生，他有一个很大的货运公司。他曾给我来信介绍了他的成功历程。今天，我得到了他的允许，把他给我的信与大家分享一下。

卡耐基先生，我现在非常艰辛，一个男人是可以通过自己的努力获得成功的。其实，我就是最好的例子。但是我想说的是，我还领悟到，一个男人的成功需要一个永远支持他、信任他、鼓励和不断赞美他的妻子。

我的太太嫁给我之前，家庭十分富裕，她的父母非常爱她，也为她创造了很好的教育条件。而我是一个穷小子，可以说是一贫如洗。但是，我的太太居然就爱上了我，我真不明白，她怎么就看上我这个一贫如洗的穷小子了。婚后几年内，我们依然生活贫困，除了一颗一直渴望成功的心外，我们一无所有，但我的妻子对我从未有过抱怨，哪怕是一丝的不乐意。相反，每当我受到挫折和打击时，她都会鼓励我，帮我分析问题所在，并且肯定我在整个过程中的任何一点成功。这让我感受到她是那么的爱我，也激发了我无限的信心，让我在之后的日子里不畏艰难和痛苦，直到现在。

所以，我要把我的成功全部归功于我的妻子，因为她自始至终不遗余力地支持我、信任我、鼓励我、赞美我……即使在她患病期间，她也从不忘记笑着给我鼓励。她就是我心中的女神，是我事业成功的动力，我一生都不会让她失望的。

如今，我的事业已经越来越大，也雇佣了很多人，其中大部分是男人。但是，我习惯了在每一个重大项目前，去和他们的妻子沟通，确认她们为人处世的方法以及对丈夫的认可度和鼓舞程度，然后挑选出最合适的人员。每次我挑选出来的精英都能够圆满地完成任务。

鲍勃·巴克斯的妻子确实是一位了不起的女性，她理智而且富有思想。的确，很多时候，妻子的一句赞美和鼓励能改变丈夫的人生态度，让他们的生活焕发出新鲜的活力。这听起来似乎有些夸张，但是现实生活中确实存在这样的真实故事。

阿里·卡波森是美国最杰出的桥牌选手之一。他是1922年从加拿大来到美国打拼的众多年轻人之一，当时的他对于桥牌一窍不通，为了生存和梦想，他拼命地工作，尝试了很多职业，但最终都失败了。他租住在廉价的公寓里，结识了很多的打工者，并且和这些人学会了打桥牌，但是，他一直是公认的最差的一个。

幸运女神仿佛就是喜欢垂青这样的小伙子，他们敢于拼搏、不服输、阳光、乐观，有着坚持不懈的毅力。阿里·卡波森的命运悄无声息地发生了重大的改变，他认识了一位叫亚瑟芬的桥牌女教师，并且彼此相爱，最终结婚。亚瑟芬在婚后的生活中经常称赞他，并使他相信自己就是桥牌天才。最后，在妻子的不断鼓励下，阿里·卡波森终于成为了职业桥牌手，并且最终到达了事业的巅峰。

女士们，记得有一位资深的家庭问题研究专家说过："当一个男人从自己的妻子那里得到赞美，如'亲爱的，你是最棒的'、'我真为你骄傲，我真是太幸运了'、'你知道吗，你就是我今生最大的荣耀'这类话的时候，每一个男人都会斗志昂扬、意气风发。对于男人来说，这些话将成为启动他们发动机最好的钥匙。"

女士们，请不要犹豫了，今天晚上就对男人说："亲爱的，你是最棒的。"

幸福忠告

夫妻之间仅仅有爱是不够的，更需要彼此的尊重和鼓励，这也是婚姻得以保鲜的重要因素。只要你真心地赞美和鼓励你的男人，相信他一定会展现出自己强大的能量和智慧，激发出自己内心潜在的能量和活力，要知道，你的鼓励是他前行的最大动力。

---

3. 享受生活，不做别人生活的追星族

每个人都习惯思考问题，也爱思考。对于人类来说，思考有着非凡的意义。牛顿思考苹果落地发现了万有引力，凯特兄弟思考鸟儿飞翔而造出了飞机……思考，让我们与众不同，并掌控这个世界。

女人也喜欢思考问题，但是，很多女士的心思都放在了“我为什么不能漂亮起来呢?”，“我的生活为什么不能富足起来呢?”，“我为什么就不能像别的女人一样得到上帝的垂青呢?”……种种思考，让女士们陷入无尽的苦恼中，并由此产生对他人的妒嫉，甚至开始抱怨生活。

人生百态，各有千秋。很多女士因为自身条件的差别而妒嫉别的女性，妒嫉别人比自己优秀，比自己机会好等等。然而，无论你怎么妒嫉，哪怕是彻夜未眠，咬牙切齿地妒嫉他人，也不会对他人造成任何伤害，反而让自己陷入到痛苦、自卑甚至绝望的境地。

我的培训班上有一个女学员叫美娜，她本来是一名普通的职员，每天朝九晚五的工作，生活倒也平静。一天，她表情苦恼，满腔怨气地找到我，说：“卡耐基先生，请您帮帮我，我该怎么办。”原来，她是因为妒嫉自己的

好朋友路易斯而让自己陷入了痛苦的深渊。于是，我便问了具体的情况。

原来，前不久美娜逛街的时候正巧碰到好朋友路易斯，很久不见，两个人都非常高兴，于是相约到就近的咖啡馆叙旧。

期间，路易斯不停地讲述自己的生活有多么美好、幸福，似乎一切都让她非常满意。她说自己的男朋友完美到无可挑剔，非常宠爱她，对她很好。而且他还给了她很大的自主空间，放手让她从事自己喜欢的艺术，从不干涉，并且只要与艺术有关的需求都马上满足她。最后，她还不无炫耀地告诉美娜前两天男朋友刚刚给她买了一个高像素的数码相机。

后来，美娜越想越难受，她每个月都要供自己的妹妹读书，尽管她非常喜欢相机，但从来不敢奢望。她男朋友家境贫寒，平常买个几十美金的礼服都要攒上几个月的时间。美娜觉得和路易斯相比，自己太自卑了……

听完她的介绍，我已经知道她的问题所在了，于是微笑地说："美娜小姐，你应该为你的朋友感到高兴并且祝福她，因为她找到了属于自己的幸福，生活富足，可以从事自己喜欢的事业。但是，你也应该为自己感到骄傲和自豪。要知道，每个人都有自己独特的生命轨迹，不可复制，也不可模仿。你独立工作并依靠自己的能力养活了自己和家人，体现了自己的价值，也让别人感觉到你的重要性。你男朋友尽管没有巨额的财富，但是你们在一起彼此相爱，能够互相扶持，为了共同的目标去奋斗，这本身就是很多女孩子所羡慕的，因为你得到了属于自己的爱，也拥有了属于自己的幸福。对于你们来说，赚钱是件辛苦的事情，但只要能和自己相爱的人一起奋斗拼搏，我相信你一定会感觉幸福的。"

美娜听完后略有所思，然后豁然开朗，欢欣地告诉我："卡耐基先生，太谢谢你了，我会按照自己的目标努力的，我再也不会因为别人的美好而影响自己了。"

妒嫉是一种可怕的东西，它会让人变得消极、忧虑、苦恼，甚至失去判断问题、思考问题的基本理智。妒嫉的负面影响若不能及时扭转，可能会毁掉我们的生活。虽然适度的妒嫉可以转化为动力，但若被妒嫉所控，等待我们的就只有痛苦和烦恼了。

女士们，每个人都是独一无二的。亚瑟·吉博士有句名言："每个人都独一无二，没有任何两个人的生活和遭遇是完全一样的。"

幸福忠告

女士们，你还在因为自己的家庭没有别人富有或者没有别人幸福而感到烦恼吗？请马上审视一下自己所拥有的一切吧。看看你的生活是不是真的不如别人。每个女人、每个家庭都有自己的幸福和快乐，也都有自己的烦恼和苦难。所以，不用羡慕别人，我们只要专心地过好我们自己的生活就可以了。

---

4. 难得糊涂，智慧处理婚姻矛盾

看到这一节的题目，相信很多女士会感到疑惑吧。有人也许会反问我："卡耐基先生，你前面说了很多要做智慧、自信的女人，怎么现在又要说'难得糊涂'呢？难道你也和某些男人一样，认为糊涂的女人更好吗？"

其实，女士们，你们都误解我了。我这里所说的"糊涂"也是智慧的一种，它是一种境界，是在对所发生的事情已经洞察分毫、客观的分析后才表现出来的"糊涂"。意思是说对于一些事情不要太过较真，以减少不必要的麻烦。面对婚姻，则更需要"难得糊涂"，一味的"聪明"最终可能会直接影响夫妻感情，破坏美满的婚姻。

茱莉亚的老公是一家公司的部门经理，称得上是高级白领，收入不错。而且茱莉亚的丈夫很疼爱她，对她视若珍宝，身边的朋友也都羡慕茱莉亚找到了好老公。

但是，茱莉亚一直都很担心丈夫有一天会被别的女人抢走，整日惶恐，根本没有心情品味生活中的甜蜜和乐趣。于是，茱莉亚经常对老公外出的踪迹盘根问底，稍微迟疑便会大吵大闹。有一次，茱莉亚发现在丈夫的外套上有几根女人的长发，丈夫解释说是电梯里人多挤到的，但是茱莉亚根本不听，而且将老公轰了出去，并且扬言说："找野女人去吧，别再回家了。"第二天，丈夫回来后，茱莉亚还是不依不饶，并说要离婚。接下来，类似的事情一直持续了一周，直到有一天，丈夫留下字条"出差"，然后一走就是一个月。在此期间，丈夫也常给她打电话，但是除了吵闹，茱莉亚几乎没有做过任何事情。

一个月后，丈夫回来了。见到茱莉亚后说的第一句话就是："我们离婚吧。"此时的茱莉亚仿佛有些后悔，默不作声。然后，丈夫自己收拾好东西离开了家。

后来，茱莉亚经过明察暗访，发现丈夫确实没有问题，于是她后悔不已，但是幸福的婚姻已经无法挽回了。

茱莉亚的所作所为其实并不奇怪，因为女士天生细腻，神经敏感，所以，出现这样的事情也在所难免。但是茱莉亚也是愚蠢的，她不但没有调查就直接武断行事，而且还不依不饶，太过较真，最终导致了婚姻的失败。

女士们，面对婚姻中的问题，如果我们能稍微"糊涂一点"，或许能更好地解决问题，假如茱莉亚可以对丈夫做到"睁一只眼闭一只眼"，相信就不会发生后面的不幸的事情了。

我们再来看一个"糊涂"成就好事的故事。

珍妮和丈夫戴维结婚五年多来，生活一直很幸福。一次，戴维代表公司出席一次商业洽谈会时认识了艾利斯。面对既年轻又漂亮而且家境富裕、生意成功的女士艾利斯，戴维不免有些着迷，但是，他还是克制住了自己。而与此同时，戴维成熟男性的魅力让艾利斯也心醉不已。

艾利斯大胆地向戴维表达了爱慕之情，不顾戴维已婚的身份，公开追求他。这让戴维不免有些神魂颠倒、浮想联翩。

流言蜚语最终传到了珍妮的耳朵里，但是，珍妮一如既往地从事着自己的工作，安排好生活，无微不至地照顾上幼儿园的女儿，也如往常一样照顾着戴维。不同的是，她开始学习烹饪，亲自烹制各种美味佳肴。同时，她还积极参与业余活动，并且组织朋友一起旅游，学习法语等。

一时间，戴维对珍妮的改变感到无比惊讶，并且一直担心珍妮会询问那个他不得不回答的问题。但是，珍妮仿佛不知道他的事情一样，只字未提。

慢慢地，艾利斯的事情逐渐平淡了，戴维此时的眼中只有自己的妻子，无暇顾及其他女人了。同时，因为他心存愧疚，开始越发爱自己的妻子了。后来，大家都询问珍妮其中的奥秘，她只是笑笑说："好丈夫对于好的婚姻自然是重要的，但是时间会冲淡夫妻间的激情，让彼此回归到平淡，要想让婚姻持久保鲜，需要用心经营。女人只要让自己每日都充满激情，那么自己营造的婚姻也就会保持长久的新鲜感，这样的婚姻也就可以抵御外来的风险了。"

女士们，看到珍妮的故事，是否有些豁然开朗。其实，大多数女性朋友面对丈夫在外面的暧昧都会大吵大闹，而珍妮用她巧妙的智慧化解了危机，重新挽回了丈夫的心。

其实，婚姻中的夫妻不是不爱对方，而是因为生活过于平淡。男人在外面暧昧，有时候也仅是希望找寻一点刺激。你无法把男人装在玻璃瓶里，也无法消除他在外面遇到的诱惑，当问题出现的时候，请不要被愤怒冲昏了头脑，要智慧地冷静思考，分析问题的原因，学习珍妮的"糊涂"，而不要学习茱莉亚的"聪明"。

女士们，现在你们应该又学了一招——"难得糊涂"。这种糊涂并不是盲目的，而是一种理智地避免正面冲突的方法，找到问题根源，用糊涂来表达自己的睿智和对他的宽容，巧妙地守卫好婚姻，守护两个人的幸福。

幸福忠告

人们常说难得糊涂，婚姻亦是如此。当婚姻的扁舟在人生的航道中遭遇暴风雨，我们要学会智慧地掌好婚姻的舵，用宽容和理解给对方也给婚姻一步台阶，这是一种智慧的选择，更是生活的需要。

---

5. 适度原则，不要企图控制他

女士们，一直以来，大家都在说“婚姻是爱情的坟墓”，而且多用来形容女性婚后生活的苦恼和不幸。但是，男士也同样有着这样的困扰。每一个单身男士，其实内心对婚姻都是有些担心和害怕的，他们害怕碰上一个“女王式”的妻子，掌控着家中的一切，限制自己的自由。而一旦婚后真的如担忧的一样，这段婚姻就不会持久了，因为，男人们最无法接受的就是这种被限制了自由的婚姻。

可是，女士可能会反驳我说：“如果不控制男人，那简直就是自取灭亡。男人自私、虚伪，而且喜新厌旧，他们一旦肆无忌惮，就会忽略妻子的感受，在灯红酒绿中寻找刺激。如果我控制住他，就可以让他安心地工作，家庭也会稳定幸福。”

的确，男人有时候是会开小差，特别是成功男人，这是男人的天性。既然是天性，靠控制的手腕来约束他肯定是行不通的。所以，如果你还有要控制男人的想法，请尽快放弃，那样只会越来越糟。

尼达最近工作和生活的压力很大，感觉有些透不过气来。她找到我向我诉说她的苦恼。原来，尼达每天的生活都处于极度的紧张中。她说：

“我要照顾孩子、照顾家庭，还要工作，挣钱养家。同时，我还要每天为丈夫准备好上班所用的必需品，叮嘱他工作上的注意事项，在他钱包中放上他一天吃饭和坐车用的钱。然后，晚上等他回来听他汇报当天的工作情况，期望能以此来促进他的事业，让他能有更好的发展。”她说她所做的都是为了他好，怕他被外界干扰，期望他能成功。

但是，结果却出人意料，尼达的丈夫工作上不但丝毫没有起色，还和办公室的一位女同事搞起了办公室恋情。尼达很生气，便质问丈夫，谁知，她的丈夫立刻生气地反斥道：“我已经无法忍受你这种做法了！你强调是为了我好，可是你这种赤裸裸的女王式的管教，让我感觉家里所有的一切都和我无关。我没有自由，没有自主权，所有的事情都必须按你的想法做，我就像奴隶一样只有服从、干活。我仿佛不是在为家奉献，而是在为你工作。我需要自由，需要平等的关爱。”

我告诉尼达，错在她而不是她的丈夫。以她那种办事的方式，换做我也会和她丈夫一样的。因为，在这个家里，男人得不到最基本的尊重，所有的东西都属于尼达，丈夫不过是木偶而已。所以，他才会去渴望平等、关爱、自由和刺激。

女士们，这就是控制丈夫造成的悲惨后果。它控制住了男人的自由，剥夺了男人在家中平等的权利，也撕去了男人的尊严。让他们没有了责任感、归属感，也丧失了活力。所以，他们会抓住任何一个机会来放纵自己，释放内心的压抑。

女士们，请放弃控制男人的想法，让他感受到被尊重，感受到你对他的崇拜和信任，了解他在家庭中的地位和重要性。那么他会回报你一个惊喜，集中精力，努力拼搏，同时主动拒绝一切外部的干扰和暧昧，展示出超凡的自制力和工作能力，同时也会对你恩爱有加。下面我们看另外一个故事。

蒂娜和邓肯结婚5年来，生活一直都非常幸福。他们没有因为家庭生活中的小事而争吵过，也没有因为外界干扰而苦恼。因为，蒂娜一直对邓肯“放任自由”，而邓肯一直对蒂娜“心存感激”。

原来，邓肯和蒂娜结婚前，邓肯非常担心婚后会失去自由，于是做好了长期抗争的准备。但是，结婚后，蒂娜不但没有控制邓肯的自由，反而让他感觉到了自由和尊重，同时，蒂娜还把财政大权交到邓肯手里。后来邓肯说："我要感谢我的妻子，她给了我足够的尊重，也让我感受到做家庭主人的尊严。尽管蒂娜从不干涉我的私生活，对家里的财政也很少过问，但我知道，她一定不希望我做出背叛她的事情来。我也感觉到她和整个家都需要我，所以，我倍加珍惜我的家庭，珍惜我的妻子。我要更加努力的工作，作为对她的回报。"

现在，邓肯在蒂娜的帮助下，已经升任部门经理，前途一片光明。而且他们的家庭也越来越幸福和温馨。

女士们，不难发现，男人是个奇怪的动物，你对他放任的时候，他反会更加约束自己，更加顾家和加倍爱你；而你控制他的时候，他却要千方百计地逃脱。其实，故事中的蒂娜只是给予邓肯充分的尊重和自主权，自己就像甩手掌柜般默默地注视着他，而邓肯则因为妻子的信任和尊重，倍加珍惜这个家。

女士们，请放开控制的手，所谓"离手而不离心"。只要你关心自己的丈夫，了解自己的丈夫，给予他足够的尊重和自主权，让他感受到自己是家的主人，这样，你的婚姻不仅不会如你担心的那样失控，反而会更加稳固。

幸福忠告

女人和男人之间的相处如同放风筝，女人不仅要握好手中的线，更要懂得给予男人足够的空间和理解。没有哪个男人希望婚姻是另一种形式的操控。所以，聪明的女人要懂得尊重男人，学会送给男人自由。

6. 喋喋不休，让婚姻褪色的元凶

有人曾说："唠叨是女人的天性。"她们经常会以一种反复强调的方式将自己的要求、期望或者嘱托传递给她们所爱的人。在她们的眼里，这样的方式并没有什么不妥，恰恰是一种表达爱的方式，她们希望可以以此来帮助丈夫改掉身上的毛病，激励他积极上进。关怀和体贴固然会让丈夫们觉得温暖，然而，这些一旦变成了喋喋不休的反复，反而会让丈夫反感，甚至感到厌恶。

与奢侈、浪费、懒散、不忠等行为相比，喋喋不休的唠叨带给家庭的伤害更深。或许对于我的说法，女士们会表示怀疑，认为没有依据可言，那么让我们来听听专家的建议。

著名的心理学家莱维斯·托莫博士曾做过一项针对已婚男士的调查。对于妻子身上最糟糕的缺点，几乎所有的受访者都写下了"唠叨"这个词。他认为："一个男人婚后生活幸福的关键在于他太太的脾气和性情。哪怕他的太太具备人类所有的美好品质，但只要她具有了喋喋不休的缺点，那么所有的美德都形同乌有。"

为了得到更明确的答案，我请托莫博士将喋喋不休的不良后果列举出来，现在我将这几项告诉女士们：

1. 使丈夫丧失斗志；
2. 引发丈夫对你的反感；
3. 摧毁丈夫对你的爱；
4. 腐蚀掉婚姻的幸福。

大文豪列夫·托尔斯泰所创作的《战争与和平》、《安娜·卡列尼娜》两部巨著在世界文学史上恒久地闪烁着瑰丽的光彩。他拥有遍及几大洲的崇拜者、不菲的财产、巨大的声望。所有这些都为幸福美满的婚姻奠定了基础。在最初的婚姻生活里，托尔斯泰和夫人很幸福。

婚后不久，战争爆发了。托尔斯泰亲历了战争的残酷和洗礼，他的性情开始发生变化。他开始漠视财富，甚至将自己曾引以为豪的作品视为羞辱。他停止了文学创作，开始专心制作宣传爱与和平的小册子。他开始过上了凡事亲力亲为的生活，尝试着像普通人一样种地、砍柴、堆草、修理房子。他甚至还让自己努力去爱自己的敌人。

然而，托尔斯泰的这种突然转变给自己带来了麻烦，因为他的变化无法让他的妻子认同。这位夫人习惯了奢侈的生活，热衷于名望、地位和权势，追逐财富。但现在，托尔斯泰已经无法带给她这一切了，他坚持放弃自己作品的出版权，这让他的妻子无法忍受。他的妻子开始喋喋不休地埋怨、吵闹，甚至还把鸦片放到嘴边，声称要自杀。

就这样，幸福的婚姻被喋喋不休彻底摧毁了，妻子整日的埋怨和唠叨如同一把锉刀，不停地折磨着托尔斯泰的精力和灵魂。1910 年，托尔斯泰 82 岁。一个大雪纷飞的夜晚，托尔斯泰逃出了家门，这个可怜的老人在无边的黑暗和寒冷中漫无目的地走着。11 天后，这位世界文学巨匠患上了肺病，死在了一个车站里。当车站人员询问老人的遗愿时，托尔斯泰的回答是：“请不要让我再见到我的妻子。”

托尔斯泰的妻子终于为她的喋喋不休付出了沉重而无法弥补的代价。在她即将离开这个世界的时候，她对孩子们说：“是我，是我，真的是我，是我害死了你们的父亲。”遗憾地是，托尔斯泰夫人明白得有些迟了。

我了解，女人之所以会唠叨，目的就是试图以这种方式改变自己的丈夫，期望丈夫可以转变成自己希望的那个样子。然而事实上，迄今为止，似乎还没有哪个女人真的通过这种方式达到了自己的目的，她们得到的往往是相反的结果。

一次，我的培训班上有一位男士对我说：“卡耐基先生，虽然从您的课堂上我学到了很多东西，但是我还是坚持要和我妻子离婚。”

听到他的话，我很惊讶。他告诉我：“上帝，我简直对她感到莫名其妙。她问我，为什么我赚的钱这么少，而隔壁的史密斯却可以赚到很多钱；为什么我仅仅得到过一次晋升，而同办公室的摩根却能够有两次机会；为什么她的哥哥可以送给太太一条项链而我却没有买。更令人无法忍受的是，她居然还说假如她当初嫁给了霍格，一定比现在的状况要幸福。”

我着实为这位太太感到悲哀，因为她完全不理解什么才是真正的幸福生活。任何一对夫妻在婚后都会或多或少地发生争吵，这毋庸置疑。可以这样讲，大部分男士对于和妻子之间的一般性矛盾，都可以接受，并且基本不会对彼此的感情造成影响。然而，假如一个男人整日生活在一种充斥着无休止的、不间断的、喋喋不休的唠叨的压力环境下，他的积极和上进会被慢慢地腐蚀掉。无论他在事业上多么出色，只要他每天都要面对一位唠叨的太太，那么他的事业势必会有一天步入糟糕的状况。

对于婚姻而言，喋喋不休无疑是不能踩的雷区。一旦进入这个区域，婚姻的幸福将会伴随着一处处引爆的炸弹而灰飞烟灭。所以，无论遇到什么事情，提醒和建议丈夫的话最好控制在两次以下，最多不要超过三次，特别要注意说话的口吻，千万不要带有指责和抱怨。如果那样的话，即使是善意关心的话，也会惹人生厌。

姚乐丝曾告诉我：“用酸的东西做诱饵去抓苍蝇，效果永远不如用甜的东西。”而婚姻的秘诀也就在于此。聪明的女人永远不会用唠叨带给丈夫难堪或者厌烦，她们懂得如何安静地倾听丈夫的想法，抚慰丈夫的苦恼，她们善于用甜蜜的话语去鼓励和赞美丈夫。所以，女士们，停止喋喋不休，试着用另外一种温和而智慧的方式与丈夫沟通，多给生活制造些甜蜜的氛围，那样你就会收获一份幸福的婚姻，尽享生活的美好。

幸福忠告

喋喋不休不是表达爱的最佳方式，更不是套牢他的法宝。管住自己的嘴巴，做他喜怒哀乐的倾听者，更容易贴近他的灵魂，得到婚姻的幸福。

---

7. 接受缺憾，没有完美，只有圆满

一次，我去加州拜访哲学家约翰·乔纳森，我们谈论起了人应当如何看待完美。他告诉我，最近他在研究一本佛教的书，名为《百喻经》，其中收录了很多富有寓意和哲理的故事，有一个故事就和完美有关。

古印度时期有一位商人，他很富有，妻子很漂亮，彼此也很恩爱。别人都很羡慕他们，可是有一件事情却让商人耿耿于怀。原来，他的妻子虽然是难得一见的美人，却长了一个酒糟鼻子，这让所有见过她的人都感到遗憾。他妻子对此也很苦恼，每天都对着镜子中的自己哀叹不已，感到无奈和痛苦。

一天，商人到外地经商，经过一个贩卖奴隶的市场。他看到市场的中央围了好多人，也凑过去看看究竟。原来，是一名奴隶贩子在向围观的人们介绍着一个瘦弱单薄的女子。商人本来并没有想买奴隶，但是，就在他转身要离开的时候，突然发现那个女奴隶虽然相貌平平，鼻子却长得很迷人。商人顿时高兴极了，认为这便是上天赐给他的礼物。于是，他不惜花下重金买下了这个鼻子漂亮的女子。

商人兴高采烈地回到家，心想要给妻子一个惊喜。到了家后，他迫不及待地就把女子的鼻子割了下来，然后拿着血淋淋的鼻子大声地说道："亲爱的，你快出来，看我给你带来了世界上最宝贵的礼物！"他的妻子还不知道发生了什么事情，急匆匆地从房间里跑了出来，吃惊地问："怎么了？你找到什么了？到底是什么宝物让你这么兴奋？"商人高兴地大喊："快看，我给你买了世界上最漂亮的鼻子，和你的脸型十分相配。快来，戴上它让我看看。"话音刚落，商人从怀里掏出一把锋利的刀子，朝妻子的酒糟鼻砍去。

随着妻子的惨叫，酒糟鼻被割掉了。商人拿起那个漂亮的鼻子就往妻子的脸上安，但根本就贴不上。这时，商人才恍然大悟，无论自己怎么努力，这个漂亮的鼻子也不可能长在妻子的脸上，而此刻，就算是那个难看的酒糟鼻，也不再属于他的妻子了。

很显然，故事里的商人和他的妻子都在追求完美，但是他们最终的结果却是给自己带来了更多的遗憾。我问乔纳森如何评价那些追求完美的人时，他又给我讲了一个故事。

一次，一个小孩子做了一件很小的错事，他的母亲在一旁不停地责备他。当然，他的母亲也是出于好意，她想让孩子成为一位懂得礼貌、具有高尚品质的人。孩子听完母亲苦口婆心的教导后，从书包里拿出了一张白纸，并且用笔在上面点了一个黑点。然后，他问母亲："妈妈，您看到了什么?"母亲不假思索地回答："还能看到什么？我看到了一个黑点。"孩子认真地对母亲说："妈妈，这个黑点是那么的小，这张纸大部分还是白的啊！为什么您单单只看到那一个小黑点呢?"

讲完这个故事，乔纳森对我说："戴尔，我一直认为，追求完美的人才是这个世界上最不完美的人。"

的确如此，追求完美本来没有错，但是过犹不及，反倒不如不求完美。举个简单的例子，每一位女士都希望自己的房间能够一尘不染，但是我们却无法永远保持整洁。假如我们一味地追求最完美的境界，也许我们会每天都生活在痛苦的折磨中，从而形成一种恶性循环，在这种可怕的循环作用下，人们就会变得意志消沉、情绪焦躁，甚至没有信心去面对生活中的缺憾。

女士们，如果你们已经竭尽全力，如果你们用了很大的精力却依然无法达到目标，那么你们不妨选择放弃。有时，放弃可以让自己的心静下来，不去想那件已经失败了或者错过了的事情，这样你就可以集中精力去思考接下来该怎么做了。

女士们，如果你们试图追求整件事情的每一个步骤都要完美，那么你们就很容易得到更多的挫败。有的女士自尊心很强，为了达到心中那个女强人的目标，她们会很努力地去做一些本不愿意而要去迎合别人的事情。而这样做会带来成功吗？结果往往不然。

各位女士，我还是要奉劝一句，想要做个幸福的女人，就一定要接受缺憾，不要成为一个追求完美的女人。

幸福忠告

很多人都知道这个世界不存在完美，现实中却又停不下追求完美的脚步。尤其是婚姻，两个人搭建的城堡，难免会有缺憾，女性要学会降低对婚姻本身的期待，试着包容和呵护这些缺憾，这样才会拥有圆满的家。

8. 似水柔情，让家的港湾永不结冰

提起男人，大家都会相应想起勇敢、坚强、豪爽等词语，但是男人也同样需要关怀。

女士们，不要嘲笑这样的话。尽管男人一贯坚强，让人感觉关怀男人有些肉麻或者好笑的意味，但是，男人也有他脆弱的一面，也需要有人关怀，尤其是自己最爱的人的关怀。所以，女士们，请不要再忽略他们了。

鲁纳德·巴克利是墨西哥大学心理学博士，他曾经说过：“男人是一种矛盾的动物。他们一方面貌似坚强地承受着来自各方的压力，一方面又

迫切地希望有人能安慰和关心他们。但是，男人自尊心太强，他们从不会主动示好乞求关怀，而甘愿承担巨大的压力。”

女士们，鲁纳德·巴克利博士的话是很有道理的，事实上，男人的内心确实一直都在期盼着有人能给予安慰和关怀。让我们看一下安德鲁·希尔德的故事吧。

安德鲁·希尔德曾是美国最大的橡胶公司的经理。他叱咤商场，是个顶天立地的男子汉，被誉为“商界奇才”。所有人都认为这样一位可以呼风唤雨的男人一定是个铁汉，不会被任何事情难住，也不会因为任何事情而退缩，仿佛他永远可以勇往直前、取得胜利。人们几乎从未在他的身上感受到生意的挫败感和失意感。

所以，一直以来，大家对这样一位成功人士进行描述的时候，大多是他“铮铮硬骨”、“潇洒自如”、“精力充沛”、“无所不能”的形象。但是，我在拜访安德鲁·希尔德时，他却说出了心里话：“外界一直都认为我非常坚强，无所不能，不知道痛苦，其实，我的心是非常脆弱的。叱咤商场虽然表面上看来风光无限，其实我的压力很大。很多次，我都感觉自己到了崩溃的边缘。我一直想找个人倾诉一下，甚至大哭一场。但是，没有人理解我，而且在他们看来我根本就不会这么做，也不能这么做，因为我一直都留给别人一个坚强的成功者形象。但在，我的心底深处一直渴望能有一个善意人意的妻子，能理解我的压力和艰辛，给我精神的支持。”

女士们，安德鲁·希尔德式的人并不少。事实上，外表越坚强的人内心越脆弱。他们渴望得到女性的支持、认同，也渴望向女性朋友倾诉自己的痛苦和烦恼，对他们来说，女人的容貌没有太多意义。可见，女性温柔的体贴和善解人意的支持往往带给男人无穷的动力，让男人获得心灵上的慰藉。

罗迪先生经历了多次恋爱，但是都失败了。他父母为此十分焦急。为了应付父母，罗迪先生找到了朋友，辗转认识了新的女友，她叫蒂娜。其实，罗迪并没有抱太多希望，他不过是为了应付父母罢了。

罗迪和蒂娜的第一次见面是在“情人场”的浪漫餐厅里。罗迪其实只是想敷衍一下，走一下过场。于是，他一声不响地坐在椅子上，端详着面前这位相貌平平的女人。蒂娜先主动说话了：“你好，罗迪先生。你看上去很累。”罗迪表示认同地点了点头，依然默不作声。蒂娜继续说道：“其实，我们应该换一个高档一点的咖啡馆见面，这样更适合你现在的状态。”罗迪感觉很意外，不明白她什么意思，便开口问道：“蒂娜小姐，为什么会有这样的想法呢?”蒂娜微笑着说：“像罗迪先生这样劳累，一般也没有心情吃东西，不如喝杯咖啡，听听音乐，能让人心旷神怡，使身心得到放松，缓解疲劳。”罗迪第一次听女人这样说话，略有感触地说：“你说的是真的？太意外了，我之前见过所有的女朋友都抱怨我漫不经心、懒散，没精打采，而且每次都提出要一起疯狂一下。事实上，正如你所说的，我很劳累，真的什么都不想做。”蒂娜略有所思地点了点头说：“那是她们不懂得关心男人。如果可以，以后我们所有的约会按你的身体状况来定。如果很累，可以找个舒服的地方休息；如果压力太大，可以找个僻静的地方好好倾诉或者大哭一场；如果心情不好，可以找个酒吧消遣一下。总之，只要能排解你的苦恼就行了。”罗迪几乎不敢相信自己的耳朵，他激动得热泪盈眶，前倾着身体说：“蒂娜，做我女朋友吧，你就是我要等的女神，我喜欢你这样善解人意的女孩。”

后来，蒂娜告诉我说，其实，当初她只是表达了男人也是需要关怀的，而罗迪给她的却是幸福的承诺。

女士们，我真心的希望你们能抛去偏见，重新理解男人，给予他们关怀。当男人结束一天的工作，拖着疲倦的身体回到家中的时候，除了给他一个舒适的环境外，请不要吝啬给予他关爱，比如一个拥抱，一个亲昵的动作，或者身体的按摩等。这些都可以让他感受到你的关爱和温暖。相信你的似水柔情、温暖体贴，一定会让你们的婚姻甜蜜而幸福。

幸福忠告

当今社会，注定了男人要背负很多压力和希望，所以，也难免会出现很多不如意的状况。其实，男人更需要安慰，而女人要做的就是，把家变成可以承载男人所有喜怒哀乐的港湾，只要生命存续，港湾永远不结冰。

9. 直面“性”福，让夫妻生活多一份和谐

女士们，在这一节开始之前，我们先来了解一下美国社会卫生组织对夫妻婚姻状况的调查报告。这则报告由总干事保罗·戴维斯博士负责，在对纽约的数千名夫妻进行采访后整理得出的。戴维斯博士在报告中指出了造成失败婚姻的四大原因依次为：

1. 性生活不美满；
2. 消遣观点不统一；
3. 经济拮据；
4. 身体健康和心理出现重大异常。

女士们，从中我们发现，导致婚姻破裂的首要原因居然是“性生活不美满”。对于这个结论，女士朋友们是否感到有些意外，其实，戴维斯博士也同样感到非常意外。博士一直以为经济问题会是造成婚姻破裂的罪魁祸首，但是它仅排到了第三，但是，这确确实实是客观的、真实的调研结果。著名心理学家沃赛说过：“夫妻性生活是一个非常关键的问题，而且，因为性的不和谐导致了非常多的夫妻婚姻走向破裂。”洛杉矶家庭关系法官何德斯乐也说过：“在他审理的数千个家庭婚姻案件中，有一个非常惊

人的事实，那就是80%的离婚是因为性生活不和谐造成的。”

女士们，这不是在耸人听闻，我也没有夸大事实。性作为人的一种天性，伴随基因而来，但因为长期生活对于性的压抑，社会对于性避之唯恐不及的观念，导致多数人羞于谈论性，对性知识和性的认识知之甚少，最终影响到婚姻生活的质量，甚至导致了婚姻的破裂。

拉福斯先生是一个很好的例子，他的“性生活”可以用无奈来形容。为此，他经常向周围的好友抱怨他不和谐的婚姻。

拉福斯和妻子结婚五年多来，每次性生活都需要拉福斯多次的挑逗甚至哀求才能得到，而且妻子对此有很明显的抗拒感。为了能启迪妻子过上温馨的“性”福生活，拉福斯想尽了办法，甚至主动买了一些与性有关的书籍和杂志给她看，而且偶尔还借助光盘来劝导。但是，妻子对此根本漠不关心，反倒认为他的种种行为是无聊、无耻的，并经常奇怪地盯着他，仿佛他犯下了什么不可饶恕的错误一样，她甚至还怀疑丈夫的人品问题。

百般无奈下，拉福斯对妻子有了一种排斥感，他不想和妻子睡在一张床上，甚至不想面对妻子。他开始不像以前那样准时回家，而是喜欢上了泡吧、酗酒、赌博、上网。拉福斯希望以此能消耗掉自己过度的兴奋和欲望，他又无法让自己违背良心背叛妻子。而他的妻子似乎并没有认识到问题的严重性，也没有意识到自己的过错。两人陷入了无尽的苦恼中，生活中开始充斥着争吵和咒骂，夫妻关系跌入低谷。

从这个故事中我们看到，拉福斯的妻子对性生活的认识远远不够，她甚至不知道怎么面对丈夫的性需求。原本幸福、温馨、稳定的婚姻被推到了频临破裂的边缘。

女士们，婚姻是夫妻双方的事情，需要双方携手共建幸福的婚姻大厦，精心设计和理智的计划才能让它漂亮而稳固，婚姻生活才能充满乐趣和幸福。

我的一位朋友吧杜尔，他曾经做了18年的牧师，主持过很多青年男女的婚礼。我曾就婚姻问题向他求教。吧杜尔说：“我主持了很多场婚礼，见证了很多青年男女步入婚姻的殿堂。但是，我发现在我主持的婚姻中，大部分年轻人对于婚姻生活还处于懵懂状态，知之甚少，可以不夸张的说，他们应该是‘婚姻文盲’。”我有些疑惑：“为什么叫‘婚姻文盲’呢？这又是什么意思呢？”吧杜尔接着说：“现在美国夫妻之间离婚的主要原因就是性生活不和谐，由此导致的离婚率高达16%，这个比例太高了！其实，造成这样的后果也是可以预见的，因为现在很多年轻人只是为了结婚而结婚，他们还不懂得如何处理婚姻生活中遇到的问题，尤其是两个人长期生活在一起后必须要面对的性的问题。他们不是真正的生活上的结婚，只是形式上的婚姻。其实，很多夫妻生活得非常苦恼，但他们仍然在拼命地维持婚姻状态，不是因为他们看到了走向幸福的路，只是因为不想离婚或者还未离婚。”

女士们，吧杜尔先生的观点非常值得我们关注和重视，在他主持的婚礼中，他都会要求双方给出他们的婚后生活计划，因为这个计划对于仍在蜜月期的夫妻来说是一份长久的保单。

女士们，虽然性只是夫妻生活中的一部分，但它的重要性却不言而喻。性生活和谐美满的家庭，生活中往往也能同舟共济，度过难关，顺利地越过一个个影响婚姻的险滩暗礁。其实，长期以来，认为性就是男人主动的意识是错误的。现今社会的女性朋友，也可以在夫妻生活中放开自己，主动配合丈夫，或者更进一步，主动“勾引”丈夫，让自己把握幸福的婚姻生活。

女士们，如果你们的婚姻很“性”福，我由衷地祝福你们。但如果还在为“性”所困扰，或者开始困扰，不妨尝试一下改变。总结几个建议，希望对各位女性有所帮助：

1. 看一本全面介绍性的书籍，全面了解性知识，消除对性的恐惧和耻辱感；

2. 劳累的工作之余，安排好自己的业余生活，和丈夫一起旅游放松一下；

3. 夫妻双方多进行生活上的沟通，熟悉彼此最新的心理和生理状态；

4. 不要只考虑自己的需要，多为对方考虑，夫妻生活需要双方亲密配合才能达到和谐；

5. 不妨看一些激发情欲的书籍或者电影等。

女士们，希望你们可以直面“性”的话题，不要人为地制造影响婚姻的障碍。当你们享受到“性”福的时候，婚姻的幸福则更会水到渠成。

幸福忠告

女士们，婚姻中夫妻双方需要彼此体谅和亲密的互动，两人之间不必谈性色变，更不必噤口哑声。大胆地向爱人说出自己的感受和需要，让人类的天性在夫妻生活中得到释放，得到升华，让婚姻生活多一份和谐，多一份栓牢彼此的心灵纽带。

10. 克制猜忌，回收爱与信任

朱丽娅原本有着幸福美满的婚姻，她的丈夫很疼爱她，几乎对她百依百顺。可是，她却经常怀疑自己的幸福会在某一天被哪个不速之客给偷走了，于是终日提心吊胆，生活的幸福和甜美已经从她的生活里悄悄地溜走了。婚姻真的是爱情的坟墓吗？男人真的是贪得无厌的动物吗？男人真的是不长记性吗？于是，她开始对丈夫有了防范：每天下班回来，她都要检查丈夫的外套上是不是有女人的长发，检查丈夫的衣领上是不是留有女人的香水味，检查丈夫的脖子上是不是有被女人吻过的痕迹……

一天，朱丽娅接到丈夫的电话，说要加班。她的脑子瞬时像炸开了一样，她始终认为“加班”很大程度上就是男人“外遇”的代名词。她决定亲自去丈夫的单位看看，以验证丈夫是不是真的在加班。当她赶到丈夫单位楼下时，发现整个楼灯火通明。她愣了一下，决定先给丈夫打个电话，然而却没有打通。于是，她狠了狠心，奔上楼去。

结果自不用说。这样的猜疑，一次，男人会觉得女人很爱自己；两次，男人会觉得女人离不开自己；三次，男人虽然会感到厌烦，但是也会一笑了之；四次，五次……当人的忍耐到了一个极限，势必无法再忍受了，只得转身离开。

朱丽娅的做法在女士们中并不少见，女人天性就敏感细腻，容易神经过敏、捕风捉影、胡乱猜疑。说白了，就是女人容易多心，喜欢猜疑。

猜疑的女人从来不认为自己的猜疑是错误的。在外人的眼中，她们猜疑的依据是不可理喻的。但是她们内心里却是不容置疑的，当她们被猜疑的念头所控制的时候，任何理性的解释都是毫无用处的。她们认为，设想的东西就是现实真理，她甚至可以搜罗出无数的证据来印证自己的判断。

前些天，我拜访了纽约市著名的爱情婚姻专家卡伊尔先生。聊天的时候，我问他："卡伊尔先生，现在年轻人的离婚率为什么会越来越高了呢?"卡伊尔先生想了想说："理解和信任是爱情的两个筹码，假如没有了这两个筹码，爱情是走不远的。而现在的夫妻最缺少的就是理解和信任，所以，结了婚，不久就会产生矛盾，最后走向分手。"接着他讲了一个真实的故事。

加西小姐是个很平凡的女孩子，在一家意大利面馆做服务员。她20多岁的时候认识了罗斯特先生，两个人一见钟情，迅速地坠入了爱河。

罗斯特先生也一样出身贫苦的家庭，不过他很勤劳，每天都努力地工作。经过两三年的打拼，他终于有了一些积蓄。这时，他的一个朋友想与他合作开一家米面加工厂，罗斯特先生决定尝试一下，便将所有的积蓄都投了进去。因为两个人都很有经商的才能，他们米面加工厂的生意非常兴旺，盈利不少。三年后，罗斯特先生开设了自己的工厂，并且和加西小姐走进了婚姻的殿堂。

对于加西小姐来说，她觉得自己很幸运，因为罗斯特先生很优秀，这也成了她心中的结。她感觉自己配不上罗斯特先生，担心他会有一天离开自己。正是因为每天在为这些事情焦虑，她变得敏感而多疑，只要一两个小时看不到罗斯特先生，她就要打电话询问在什么地方，这让罗斯特先生感到很苦恼。

两个人婚后的第三年，罗斯特先生的生意遇到了麻烦，为了度过这次危机，他整日在办公室加班工作，晚上九点多才回家。这让加西小姐更加多疑起来。每天罗斯特先生回到家中，她都要检查他的衣服，并且问东问西，查个不停。后来，她经常到罗斯特的办公室去“突击检查”。一次，她发现丈夫和他的女秘书两个人在办公室里，虽然都在工作，但是她仍然怀疑两个人之间有问题。她在办公室里就和罗斯特先生争吵了起来，这让罗斯特先生忍无可忍，最后和她提出了离婚。

讲完这个故事后，卡伊尔先生说：“罗斯特先生因为什么和加西小姐分手呢？答案就是加西小姐对他的猜忌。在罗斯特的生意出现困境时，加西小姐不仅没有表示理解和关心，反而一味地怀疑对方。”

各位女士，卡伊尔先生所讲的这个故事很典型，现在以自我为中心的人并不在少数，全然不顾别人的想法和感受。如果对方与自己的意见相悖，或者没有按照自己的要求去做，就会和对方大吵大闹。个别的女士还像警察监督窃贼一样监控对方，长久以来使得两个人的感情出现裂痕，最终导致分道扬镳。

女士们，请你们记住卡伊尔先生的话，爱情和婚姻中不能总是充满着猜疑，两个人要对对方报以理解和信任。只有理解和信任可以让两个人心有灵犀，关系更为亲密。作为女人，克服猜忌的最佳方法就是自信和宽容，“不管风吹浪打，胜似闲庭信步”，将假想中的和现实的危机化为无形，从而收获爱与信任。

幸福忠告

胡乱地猜忌会让人变得恍惚终日，情绪失去理智，所以，我们不要让猜疑蒙蔽了自己的双眼，面对用心守护的婚姻，要勇于突破自我障碍，善于沟通彼此的真实想法，从而让心灵接纳更多的幸福体验。

第六章　纵横职场，巾帼不让须眉

生命中可以没有位高权重的身份，也可以没有富可敌国的财富，也可以没有声名显赫的威望，但是却不能没有工作的乐趣，工作是人生中不可或缺的一部分。现代职场如同没有硝烟的战场，能在职场中披荆斩棘、从容前行的女人独具魅力。让我们用心耕耘，收获属于自己的努力硕果。

1. 胸有成竹，描绘事业蓝图

我的太太桃乐丝是我事业上的好帮手，如今的工作已然成为了她的事业。有人曾说事业可以保养女人，一个终日被家务所累的女人总是不如那些有事业的女人显得有活力和精神。桃乐丝就是这样，虽然她时常会为成人教育工作忙得天昏地暗，但整个人的状态却很好，充满了活力。

我想对女士们说，除非你目前的生活面临着迫切的经济需求，否则，当你决心开创一份事业的时候，一定要制定好目标。要知道，很多人的第一份工作往往会影响到一生。

维纳小姐是我的一个学员，虽然我们在培训班的时候很少碰面，但是我看过她的作品，看得出来，她具备一定的美术天赋。有一次，她找到我，对我述说她的苦恼。

她说：“卡耐基先生，我现在就职于一家贸易公司，做秘书，这已经是像我这样没有高学历、出身一般的人所能找到的最好的工作了。但是我现在感觉很疲惫，开始厌倦现在的工作了。我不想跑来跑去地送文件，也不想接电话，然而，为了保住这份工作，我只能强忍内心的焦虑，接着忙碌。”

听了她的诉说，我问她：“那么，在你的内心中，是否有自己想做的事情，比如一些只要你肯努力就可以实现的那种理想?”

维纳小姐的眼睛里突然闪现着希望的光芒，但是转瞬又黯淡了下来。她说：“我的梦想是成为一名服装设计师，但是我没有经过专业的培训，完全是自学的，我觉得自己想要进入时装领域简直是在做白日梦。”

我告诉她：“不，这个理想一点都不荒唐。只要你下定决心，一定可以找到机会。你现在还很年轻，你只要不去空想在短时间内就成名，每一步都打好坚实的基础，一定可以实现理想。”

后来，维纳小姐辞了职，到一个设计师的工作室做了助理。尽管每天很忙碌，但是她的精神状态好多了，她兴冲冲地告诉我，她现在学到了很多东西，正在准备自己的第一批独立设计任务。

可见，女性进入职场会经常遇到理想与现实之间的矛盾，很多人会因为对工作的不满而苦恼。单一的工作内容很容易令人产生倦怠感。我的办公室附近有不少写字楼，每天都有一群面色苍白而神色倦怠的上班族匆忙经过，他们虽然身穿笔挺的西装，但却很少流露出应有的激情和活力。

女士们，你们是不是也和他们一样？看看镜子中的自己，脸上虽然化着精致的妆容，却缺少了一种从心底散发出来的活力和光彩。为什么有一些职业女性会给人留下靓丽干练的印象呢？其中一个主要的原因就是她们有自己为之奋斗的目标。

一天，我的培训班里有一个学员找到了我，她向我抱怨了如今的工作状态。她说：“卡耐基先生，其实我对演讲的兴趣并不浓厚，促使我来到这里的一个原因是我有一个同事在您这里学习过，他原本很怯懦，几乎从不主动与人交流，见到老板都不敢打招呼。但是，他从您这里培训后显得乐观多了，说话办事也非常从容和自然。因此，我觉得您一定有可以让人变得积极的办法。”

我告诉她，如果我的培训班有这个作用，我感到很欣慰，接着示意她继续说。

这位女学员告诉我：“我为了现在的这份工作付出了很多，做了一段时间后感觉很枯燥，但是又不忍放弃这份稳定的工作。现在我在公司里感觉很痛苦，我的资历浅，对很多东西都不熟悉，工作也是得过且过，心情低落，自然也不想和同事主动交流。上班后就盼着下班，每天临睡前一想到第二天又要去上班就觉得很悲观。卡耐基先生，我应该怎么做？继续留在公司，还是另谋一份工作呢？”

我给她提供了一个建议：“虽然你对现在的工作并不喜欢，但是当你没有确定好一定目标的前提下贸然就更换了工作，结果会是第二次摔倒。我建议你不妨试着让自己喜欢这份工作，为自己在公司里制定一个可以达到的目标，比如每天达到什么水平，要赶超哪一个记录等。如果这样持续一段时间，你仍然觉得痛苦，无法忍受，那就去做自己喜欢的事情吧。”

后来，维纳小姐开始和自己进行比赛，每天都争取超过前一天的成绩。渐渐地，她变得越来越积极了，工作效率也提高了很多。等我再见到她时，她已经喜欢上了现在的工作，较比之前得心应手多了。

正如这个案例里面讲的，我建议女士们，当你对工作感到厌倦和乏味的时候，不妨改变一下心态，给自己设定一个努力的方向。缺少目标的人生是黑白的，只有找到自己的奋斗方向后，人生才会五颜六色，绚丽多姿。

当然，当女士们在制定自己的目标时要具体一些，将现在的工作细化一下，以免好高骛远、不切实际。然后你会发现这些被分割的目标如同一级级的台阶一样，只要踏实地跟进，是很容易达成理想的。

一个女人如果想在工作中获得快乐的体验，想让工作充满动力，必须要具备以下两点：一是她需要工作，并且愿意工作；二是工作也需要她，她可以从中获得价值。女士们，有目标的人未必一定会成功，但是缺少目标的人却很难实现理想。所以，一旦你们确立了自己的目标和理想，请你们为它全力以赴。

幸福忠告

职场女性要学会树立自己的目标，明确自己的努力方向。遥望着目标，你才会更清楚脚下的路应该怎么走，如何找到离成功最近的路。也只有那些找到事业目标的女性，才会焕发出靓丽的光彩。

---

2. 与时俱进，不断提升自我

1953 年 2 月，《纽约时报》的记者采访了伊萨克・普莱斯克先生。普莱斯先生是一家百货公司的售货员，他利用每天晚上的时间来学习，经过整整四年的时间，读完了高中阶段的夜校教育，后来又在布鲁克林学校读夜校。初入大学的时候，他曾写过一篇论文叫《快乐是什么?》，他在论文中这样写道：

“我人生中最大的快乐就是能够获得高中的文凭，然后进入大学，大学毕业后成为一名优秀的律师。当然，我知道自己离这个梦想还有很长一段距离，我曾经预估过，我要花上五年的时间来攻读大学，另外，法学院的学习也需要 5 年的时间。”

在很多年轻人的眼中，伊萨克・普莱斯克的这个计划并没有什么值得炫耀的。但是，伊萨克・普莱斯克先生进入大学的时候，他刚刚度过他的 60 岁生日。等他读完法学院的时候，他已经 70 岁高龄了。很多人都觉得，普莱斯克先生实在没有必要这么做，因为他已经不再年轻，即使读完了法学院又有什么用处呢？但是普莱斯克先生却不以为然，他深深地知道，对于一个成熟的人而言，学习是一种补充和提升，更是人生的乐趣。

的确如此，教育不应仅仅被局限在大学范围内。哈佛大学原校长 A・劳伦斯博士曾经说过：“大学的教育教给了我们如何帮助自己，仅此而已。所以，我们必须要学会自己完成对自己的教育。我觉得，教育是一个贯穿成长始终的过程，分分秒秒都不能掉以轻心。”美国著名的评论员洛威尔的父亲洛威尔・托马斯博士也对此表示：“我们应当培养自己终身学习的好习惯，只有这样，你才能不断进步，不断适应自己的工作。如果你获得了文凭后就不再学习了，你就会被别人落在后面，被时代所淘汰。所以，我们每个人都要养成终身学习的好习惯，不要中途放弃。”

在这个竞争十分残酷的社会中，知识更新换代的速度简直令我们目不暇接，自己原有的技能需要随之不断地进行更新，否则这将直接影响到你的工作和生存。尤其最近几年，美国经济萧条，很多公司开始裁员，即便你拥有不止一个学位，也无法确保你的工作稳定。

下面我们看看菲林女士的例子，也许看过之后，我们可以从中获得一些启示。

菲林女士的父亲是铁匠，自小家境贫寒，她仅仅读了初中就被迫参加了工作，在一家食品公司做保洁。她很喜欢读书，但是受经济所限，没有钱买书。一次，她在替经理打扫办公室的时候，找到了几本有关食品加工的书，应该放了很久，已经破旧不堪了。虽然她看不太明白，但是她仍旧如获至宝，一有时间就去读书，碰到不懂的问题就向公司里的人请教。

大约半年后，这家食品公司招聘工作人员，并且组织了相关的技术考试。菲林感觉自己碰到了机会，也报名参加了。结果令所有人感到惊讶，菲林在报考的一百多人中排名第二。一下子，她就博得了领导的赏识，分派她做化验员，专门负责食品的安全问题。

更换了岗位，她的收入也有了大幅的增加，可以有钱用来买书了。她买了很多关于食品安全的书，每本都仔细地读，耐心地研究。两年后，她对于食品制作已经很熟悉了，给公司提了很多建设性的意见。这时候，公司的老板已经关注她有一段时间了，于是升她为公司科研室的室长，专门负责产品研发的安全问题。当然，她的努力得到了公司的认可和赞扬，很快就胜任了这一职务。

她在科研室工作了3个年头后，公司经理邻近退休，于是公司的老板找到了她，希望她可以接替经理一职。最初她有些犹豫，怕自己做不好，但是最终她还是答应了老板，因为她自认为有这个实力。

在就任经理后，她又读了很多关于管理的书籍，并且还拜访了一些公司人力资源部的经理，向他们请教管理的经验。结果，她把这个有着数千人的公司管理得井井有条，每个人都愿意在她的管理下做事。

女士们，我相信你们都想像菲林一样获得成功。但是成功并不是空手得来，它需要一个不断努力和学习的过程。生活本就是一条漫长的旅程，途中会有无数的荆棘和坎坷，我们需要学习各种知识，用知识来帮助我们披荆斩棘，踏平坎坷。现代社会里，人与人之间竞争的砝码不是简单的学历，而是学习的速度和能力。你的职位或许在今天举足轻重，但是并不能保证明天一样由你稳稳地占据。所以，我们必须要不断地学习，给自己充电，为自己的未来打好基础。

著名的成功学大师莱尼认为：学习是最经济的一种投资，而时间却是最奢侈的投资。确实如此，既然我们可以仅仅用几个小时的时间就学到别人用一生总结出来的人生经验，找到走向成功的捷径，那么为什么不让自己多学习一些东西呢？

女士们，在这个到处充满竞争的社会中不断地学习和充实自己，是非常重要的事情。虽然你们都已经脱离的学校的教育，但是现实的需求和人生的远景需要你们不断地做自我提升，积极去学习社会这个大课堂上的各种知识，直到自己完成人生的轨迹。

幸福忠告

求学的路不仅仅局限在我们的校园时代，人生中更多的智慧和技能都是在社会中学到的。女性要善于敞开心怀，乐于去学习新的知识和技能，在这个日新月异的信息时代，不断更新自己的储备，让自己的人生新鲜而有价值。

3. 有条不紊，轻松掌控工作节奏

我的培训班如同一个小型的社会，聚集了各行各业的人，大家几乎达成了一个共识，那就是如果工作缺乏条理性，效率将是很低的。很多时候工作业绩差的原因并不在于职员不努力，而是因为精力浪费的太多了，并没有实现高效。

两个星期前，我的一个学员，尼可·如布里突然开始缺课，后来当她回到班上进行演讲练习时，告诉我她最近遇到的问题。尼可在纽约的一家机械公司就职，上个月刚刚提升为部门主管，然而，还没有等升迁的兴奋劲儿过去，尼可就陷入了繁重的工作压力而高兴不起来了。因为尼可之前从未有过管理经验，以往她只需要做好份内的事情就可以，如今却要在公司高层的授命下领导下面的职员。而当她收到部门里等待她审阅的事务时，尼可显得有些手忙脚乱，面对现在的一大堆工作，她有些无所适从了。

"卡耐基先生，我恐怕要缺课了。现在我已经没有精力去做工作之外的事情了。从前，当我还是个普通职员的时候，主管会告诉我接下来的具体工作安排，假如我能自由发挥一些偶尔还会受到褒奖。原来我一直以为主管会很轻松，但是现在才发现这个工作并没有那么简单。每天面对着千头万绪的工作，我都不知道从哪下手，只得加班处理。"

听了尼可小姐的诉说，我很理解她现在的处境。我告诉她："尼可小姐，对于你目前的状况，我已经了解了，并且表示理解。你无法很好地梳理突然变得复杂的工作，还是按照从前的工作模式去应对，所以就导致了工作混乱而繁重。但是，加班并不是解决问题的方法，你需要尽快学会条理清晰地安排工作。"

"那么，卡耐基先生，我该怎么做呢？我现在很需要这方面的经验。"

尼可着急地问。

我给了尼可小姐几条简单的建议，并且根据自己的经验告诉她如何制定一个计划表，希望她可以尝试一下，并且要多向公司里的前辈们请教。

后来的几个星期，尼可又缺了几次课，但是很快又出现在课堂上。她兴奋地说："卡耐基先生，我来补课了！"看到她一扫前段时间愁苦的表情，神采飞扬地冲我打招呼，我就知道她已经处理好她的问题了。

女士们，你们是否也曾遇到和尼可类似的问题呢，当你们在公司里正充满激情地准备开始工作时，却被杂乱的工作弄得晕头转向，忙得连喝口水都顾不上，效率却很低。而另外一些人，很少见她们忙得不可开交，她们总是从容不迫地处理各种问题，但是工作的进度却一如既往得顺利，速度和质量都没有问题。而这就是一套好的工作制度的效果。

其实，想要成为一个高效处理工作的人，并非难事。首先你要学会制定合理的工作计划和流程，对于事务的轻重缓急要了如指掌。如果你是一名管理人员，就要对本部门的常规工作制定一个计划，将每个事务都分配好。如果你是一名员工，就需要在每天下班前，对当天的工作要点进行记录，依照计划表进行，如果是阶段性的工作，还要及时做好进度跟进，以便随时查阅，

女士们，你们是否有过这样的遭遇，刚从主管那里接到了几个要做的策划案，辛苦了一天终于拿出了样稿，却发现其中有一个方案居然和之前做过的一个成功案例十分相似，完全可以借鉴，而你却为此耗费了大量的时间。可见，缺乏整体性的工作安排会让人们的工作量增大而又无法得到相应的回报。

费城的一家杂志社准备做一期画家的专题，采编部的人拿到了各自的任务后，迅速赶赴自己的任务现场，有的忙着采访新起之秀，有的到艺术馆去收集名画的资料。若干天后，采编部的人将自己的成果上交审阅。

主编在审稿时，突然发现了两篇介绍同一位画家的文章，而这期杂志一共要介绍七个新锐画家，怎么一个画家用了两个稿件同时介绍？这让主编大吃一惊。她发现两篇介绍画家的内容，从人物生平到轶事，完全相

同，不用说，这是采编部的人做了重复的工作。主编冷着脸召开会议，查问究竟是哪里出了问题。

大家将事情从头到尾做了查对，终于发现了问题出在哪里。原来，采编部在开会布置任务的时候，居然将同一个画家的本名和艺名分开，分别交给了两个编辑负责。结果，两个人付出了多一倍的人力在同一个对象上。

这件事情告诉我们，工作安排如果出现混乱，会导致我们多做很多无用功，浪费时间和精力。女士们，你们是否能够体会到，工作的痛苦之处并不在于这个任务的难度有多大，而是当你费尽心思和时间后，却被告知不需要了。如果没有建立合理的工作安排，类似的尴尬局面一定会再度上演。

这个社会到处充满了竞争，如果想获得成功，就必须做到做事有章法，有条不紊。

幸福忠告

每个人的能力和精力都是有限的，但是我们可以通过合理的计划、有条不紊的安排、高效的执行力使工作出色的完成。所以，女性要学会统筹好工作，让自己轻松地掌控工作节奏，做一个出色的职场丽人。

---

4. 小处见大，用认真征服成功

三个月前，我到华盛顿拜访了职业分析专家波尔斯·阿库德先生。我找他的初衷本是有些私事求助于他，然而由于职业的关系，我们的话题很自然地落到了职场问题了。

波尔斯先生问了我一个问题：“戴尔，你认为什么样的人才是一个称职的、优秀的职员？”我思考了一下，回答说：“踏实、敬业、具有很强的专业技能，这些都是衡量一个职员是否称职的标准。”波尔斯点点头表示同意，说道：“你的观点我很赞同，那些确实很重要。但是，你可能想不到，全国每年被自己的老板‘莫名’解雇的人占15%，其中有相当一部分是你所说的那些人。”我感觉一头雾水，因为我没有弄清楚他所说的‘莫名’是指什么。波尔斯笑着说：“事实上，很多人之所以没有在工作上取得成功，就是因为他们疏忽了日常工作中的小事。相反，那些认真处理好日常工作中的细节的人，往往可以获得最后的成功。”

我毫不怀疑他的话，在现实中，确实有人因为“小事”而取得了成功，这个人就是美国标准石油公司的第二任董事长、洛克菲勒的接班人——阿基勃特。

起初，阿基勃特只是标准石油公司的一名小职员。由于工作需要，他经常会到各地出差。阿基勃特习惯出差住旅社的时候，要在自己所签名字的下方再补充上“标准汽油，每桶4美元。”这样一句话。并且，无论他是写信或者写收据的时候都会这样做。日子久了，同事们都叫他“4美元一桶”，而他本人的名字反倒渐渐被人忽略了。

后来，公司的董事长洛克菲勒得知了这件事情，他开心地说：“我实在太意外了，原来我的公司里居然还有这样一个能时刻想着努力宣传公司声誉的职员，真的很棒！我一定要见见他。”于是，阿基勃特和洛克菲勒第一次共进晚餐。

后来，阿基勃特凭借着自己的努力，终于赢得了洛克菲勒的信任，成为了第二任董事长。后来，当我采访已经退休的洛克菲勒时，他告诉我说：“我也不知道为什么，我当时一下子就喜欢上了这个小伙子。确实，规模庞大的标准石油公司每天都会有很多大事需要处理，但是我们更应该清楚一点，只有可以认真完成每一件小事的人，才可能最终做成大事。也许正是因为他身上的这种品质，才最终使得我下决心要选择他。”

女士们，我想你们所有人都会认为签名的时候多写一行“标准汽油，每桶4美元”是一件很小的事情。确实如此，并且，这也并不是阿基勃特职责内的事情。但是，他依然做了，而且做得很认真，还坚持了下去。我想，在当时的标准石油公司，能力比他强的人不在少数。只不过那些人都加入了嘲笑他的队伍中，而并没有和他一样做，结果，最后阿基勃特获得了成功。

我希望女士们要记住这一点，任何工作都是由无数件很小的事情构成的，你们千万不要轻视或者敷衍工作中的小事情。全美最大的百货公司的主人安吉利·达斡尔曾经说过：“那些所谓的成功者其实和普通人并没有什么区别，每天也都在做一些细小的事情。区别就在于，成功者从不认为他们现在做的事情微不足道。”

生活中，很多职场女性并不懂得小事的重要性。她们认为，大事往往意味着大的成就，所以只有工作中的那些大事才能让她们获得成功。相反，那些琐碎的小事则无法引起她们的重视，因为没有人会关注这些小事情。事实上，她们的观点是完全错误的，因为一件小事往往更能体现出一个人对待工作的态度，也更能体现出一个人的能力。

玛丽在一家餐馆做服务员，过着和别人一样的枯燥而乏味的生活。对于其他服务员而言，她们的工作内容就是谨慎地记下客人所点的菜，然后准确地将客人点的菜送到餐桌上。可是，玛丽不仅将这些工作做好之外，还不忘记对每一个客人送上甜甜的微笑。玛丽通过这种方式，在工作中结交了很多朋友。

后来，玛丽辞掉了服务员的工作，自己开了一家餐馆。由于玛丽在以前工作的时候就很受客人的欢迎，所以她的生意格外的兴隆。有人曾这样评价：“说实话，玛丽餐馆里的菜肴并不是这个小镇上最好的，可是她的笑容无疑是这个小镇最美的。我们到那里除了吃饭，更主要的是想体会到那种美妙的感觉，而这又是在其他餐馆里所无法体会到的。”

玛丽女士的这种细小行为，正好与希尔顿饭店的创始人，被称为“世界旅馆业之王”的康尼·希尔顿如出一辙。希尔顿也同样十分看重工作中的小事。一次例会上，他曾经对全体员工说："我希望大家永远不要忘了，无论在什么时候，我们都不可以把自己内心的烦恼挂在脸上！无论我们饭店遇到什么困难，我都希望看到你们的脸上永远洋溢着笑容，因为那在顾客看来，就是明媚的阳光。"事实便是如此，正是这不起眼的微笑，使得满世界都有希尔顿饭店的身影。

女士们，我们参加工作并不仅仅为了解决生存问题，事实上，很多女人都告诉我，她们和男人一样，也有对事业的追求，希望可以通过自己的努力打造一份成功。对此，我表示支持，也很钦佩她们。然而，我不希望看到女士们几次三番地错失了成功的机会。

我希望女士们从现在开始，重视那些工作中的"小事"，并且认真地完成它们。相信我，你们将因此而受益无穷。只要你们能够真的做到，相信成功离你们就不远了。

幸福忠告

其实，工作中并不存在所谓的"小事"，职场中的每一个环节都有可能对个人的发展前景起到至关重要的影响。不要小看那些微不足道的事情，将女性特有的细腻完美地用在处理工作上，相信成功就在这些小事的背后。

5. 同性相斥，巧妙应对嫉妒的眼光

有人曾说过："嫉妒是女人的天性。"虽然我并不赞同这种说法，因为未免有些偏激，但是有一点女士们不能否认，在竞争日趋激烈的办公室，

女性同事之间很容易因各种事情产生嫉妒。比如，你的职位、工作能力、上司对你的器重、你的长相、穿着甚至你的家庭状况。

在职场中，如果你很出众，那么你一定会经常感觉到来自身边女性嫉妒的眼光，虽然这种嫉妒并不会直接危害到你，但是难免会为你日后的失利埋下一颗小型炸弹。因此，当女士们在办公室被同性嫉妒的时候，千万不要马上给予还击或者不予理会，而是要巧妙地应对她们的嫉妒，甚至将她们变成你的朋友。

丽莎今天第一天上班，之前就有人告诫过她，办公室的人际关系是最复杂的。于是，她在与同事们的相处中处处保持着小心谨慎，为了能给同事们留下好的印象，她还特意精心装扮了一番，化了精致的淡妆，穿了一条漂亮的连衣裙。丽莎本来就天生丽质，有着姣好的面容，因此她显得格外漂亮出众。

丽莎本以为自己可以很快地融入到同事们中间，适应办公室的生活，谁知单位里的女同事却没有一个主动和她交流，甚至都不理睬她，而肯和她接触的反倒是那些男同事。丽莎很困惑，难道自己就那么惹人生厌吗？尽管她努力和每一位女同事主动接触，但是似乎所有的女同事都对她怀有敌意。其中还有一个女同事讽刺她说："怎么？第一天上班就打扮得花枝招展，这有什么用呢？要知道工作是靠能力的，不要以为凭长相就可以引起老板的注意。"丽莎感觉委屈极了，因为她从未这样想过。后来她找到了我寻求帮助。

我帮她分析了情况，发现问题就出在她的"漂亮"上，于是，我告诉她："丽莎，上班的时候把自己打扮的漂亮一些是正常的，但是由于你出众的外貌，无形中会让同事有种自卑的感觉。看得出来，你对穿衣着装很有品位，那么不妨和同事们分享一下你的美丽心得。"

丽莎听了我的建议。第二天上班，她主动和同事们打招呼，并将自己穿衣搭配的技巧分享给同事们。这个方法果然收到了效果，那些女同事们听得入神，还不时地问她一些具体的细节，并且表示希望丽莎今后可以多教教她们这方面的技巧。如今，丽莎已经成为办公室里最受欢迎的人了。

事实上，丽莎的方法恰是利用了女性的自然心理。虽然女性对于同性的美丽有嫉妒心理，但同时她们又希望可以像对方一样美丽。所以，当女性同事们对你的美丽流露出嫉妒的时候，不妨慷慨一些，将自己的美丽心得传授给她们，这样一来，你就可以很容易地融入到她们中，被她们所接纳。

如果女士们没有“美丽”的资本，那么在工作中，能够容易引起同性嫉妒的就是你在工作中所取得的成绩。当然，这种嫉妒心理是男人和女人都有的。可以设想，同样是在办公室的环境里，做着同样的工作，为什么你的薪水要比她们高？凭什么就你能被领导器重或者提拔？因此，你在工作中所取得的成绩无可避免地会引起同事的嫉妒，尤其是比你年长、入职比你早、资历也比你深的人。

加州大学的心理学教授卢克尔斯·庞德对此曾说：“大多数时候，嫉妒是一种可怜的心理。通常怀揣嫉妒的人是因为‘自己的东西’被别人抢走了，所以内心会感到失落，从而产生了嫉妒心理。其实，应对这种嫉妒的心理并不难，你不妨找一些你劣势的地方引起她的注意。如此，她不平衡的心态就会得到弥补，从而减轻或者消除了嫉妒心理。”

诺丽在一家百货公司上班。由于她能力突出，做事精明干练，很快就得到了领导的赏识，并被提升为部门经理。尽管升职是件值得庆贺的事情，但是诺丽却一点也高兴不起来。原来，在她被提拔之前，她与其他女同事的关系一直不错，那些比她早进公司的老员工还经常给予她工作上的提点和帮助。然而，自从诺丽得到提拔后，原本关系不错的同事都开始有意地疏远她。

最初，诺丽以为是因为自己突然当了部门经理，与员工产生了距离，后来才发现，原来是员工在故意排斥她。她曾经不经意听到两个老员工议论她：“诺丽凭什么可以当部门经理？她来公司才多久？不知道她背地里使了什么招数，让老板对她这么照顾。没准儿，她使用了不光彩的手段，否则她怎么可能会被提拔得这么快？”诺丽听到这样的议论，感到很委屈，也很难过，因为这也是她最担心遇到的局面。

不过，诺丽是个很聪明的女士，她并没有就此认输，而是积极地想办法解决。一天，她召集部门的员工开会，在会上，诺丽首先肯定和表扬了员工们近一阶段工作的努力，并对她们以前对自己的帮助表示感谢。说到这儿，诺丽注意到那些同事对此并不买账，反而认为她在虚伪地说些客套话。

诺丽不慌不忙地接着说："你们一定认为我现在过得很快乐，其实我很怀念曾经做普通员工的日子。知道吗？当你们下班的时候，可以兴冲冲地回家和丈夫孩子团聚，我却要继续留在公司加班。虽然表面看起来很风光，但是你们却无法看到背后的无奈和苦恼。我现在压力很大，脾气也变得越来越暴躁，经常和丈夫发生争吵。说实话，做一名女性经理并不是一件轻松的事情。假如老板肯让我重新选择，我一定愿意回到原来的岗位上。"最初，那些女同事都认为她是在假惺惺地说些虚伪的话，但是，后来她们发现诺丽说的都是自己的真实感受，于是心里便开始同情起她来。

那次会后，诺丽惊喜地发现同事们对她的态度大有改观，渐渐地开始和她亲近起来。此外，还有女同事主动帮助她分担一些工作。更令她感到欣慰的是，这些同事在一起，谈到她时就会不无同情地说："天哪，我们的诺丽实在太不容易了，和她相比，我们应该感到幸福。"

女士们，你们不要认为这是一种示弱的懦夫行为，事实上，这是一种智慧的方法，它可以让那些嫉妒者获得心理上的平衡，使她们产生同情心，从而消除她们的嫉妒。所以，女士们，当嫉妒就发生在你的身边时，不要苦恼，也不要束手无策，只要你们找到对方嫉妒你的原因，并且对症下药，一定可以很好地解决。我相信，各位女士一定会凭借聪明和智慧，使自己成为办公室里的明星。

幸福忠告

职场中的人际关系是一种艺术，虽然表面看起来有些复杂，也会让人感觉无奈，尤其同性之间，总会衍生出嫉妒。女性要学会创建自己的相处模式，找到嫉妒产生的根源，因病施药，从而消除彼此的隔阂，为自己的职业路途扫清障碍。

---

6. 自信优雅，做从容的职场丽人

各位女士，你们一定对卡梅林小姐不陌生。她是美国现在最著名的模特，很多服装公司都争抢着请她做代言人。当然，她的薪酬也很高，出席一场活动就要数千美元，这可是个昂贵的数字。

两年前，我有幸采访到了卡梅林小姐。在很多人的眼里，一个受人追捧的模特，首先就要有着让人惊艳的美貌。但是和卡梅林小姐近距离接触后，我发现她的相貌很普通，起码有很多模特都比她长得漂亮。这让我很疑惑：为什么那些比她长相有优势的模特反倒没她有名气呢？于是，在采访她的时候，我对她说："卡梅林小姐，我认为有很多模特也拥有着惊人的美貌，为什么她们没有你的名气大呢？"

卡梅林小姐是一个很聪明的女孩子。她笑了笑说："卡耐基先生，我明白你真正想要问什么。你是不是感到奇怪，像我这样一个相貌平常的女孩如何能成为美国最顶尖的模特？确实，假如单从外貌来说，很多女模特都比我优秀，我的相貌可以说是很普通的，并没有令人惊艳的容貌。不过，我有一个优点是她们所比不了的，那就是我的自信。卡耐基先生，难道你不觉得拥有自信的女人最有魅力吗？假如一个女孩都不自信，即便她长得再美，人们也不会认可她。”

起初，我并没有听懂卡梅林的话。后来，我看了她的表演，才觉得她的话是很正确的。当卡梅林走在舞台上的时候，显得神采飞扬、精神饱满，把女性的魅力完完全全地展示了出来。再看其他的女模特，由于自信心不足，她们缺少那种气势，因此看上去不是特别吸引人。

各位女士，人生也是如此，在这个巨大的舞台上，只有那些足够自信的女人才能将自己的魅力展示出来，获得他人的青睐。所以，女士们，你们一定要树立自己的自信，让自己的女性魅力完全展示出来。

那么，如何做一个有自信的女人呢？下面给大家介绍一下我是如何帮助凯莉小姐树立自信的。

凯莉小姐是一名大学毕业生，长相很出众。她的梦想就是能够在大公司谋得秘书的工作。然而遗憾地是，她屡次去大公司面试，均以失败告终。后来，她找到了我，希望我可以帮助她。

在和凯莉小姐交往的一段时间里，我发现她极度不自信。在和陌生人交流的时候，她会显得很紧张，不知道如何和人交谈。而大家都知道，很多大公司的女秘书都要承担一些公关性的工作，这需要一个有魅力的女性胜任。正因为如此，凯莉小姐接连碰壁。

于是，我告诉凯莉小姐说：“凯莉小姐，如果你要成为一家大公司的秘书，首先要对自己充满信心，否则你是不会被录取的。”凯莉小姐表情有些痛苦，说道：“卡耐基先生，您说的很对，我确实不够自信。我总感觉自己身上的缺点太多，并且常常因此而自卑。”

我告诉凯莉小姐说：“你必须要自信，不要轻易对自己的能力产生怀疑，其实你很优秀。”我递给凯莉小姐一张纸，让她仔细想想，然后把自己的优点全部写在纸上。凯莉小姐思索了近半个小时，结果一页纸都快写满了。我拿着那张纸，对她说：“你看，你身上有这么多优点，你为什么看不到自己的优点，反而盯着自己的缺点不放呢？”停了一会儿，我接着说："从现在开始，你要转变一下自己的思维方式，多看看自己的优点。"

凯莉小姐接受了我的建议，渐渐地变得有自信了。当她再次面对陌生人的时候，从前的紧张和局促早已不见了踪影，如今的她从容而自然，充满了女性温柔、和蔼的韵味。当她从我的课堂读完后，再去大公司应聘的时候，她很快就被录取了。

现在和凯莉一样的女士不在少数，她们总是盯着自己的缺点不放，而意识不到自己的优点。正因为如此，她们的自信心消失殆尽了。所以，女士们，如果你们也有类似的错误，就要从此转变自己的思维，将注意力放到自己的优势上面，这样你就会越来越充满自信。

女士们，美丽的外表可以让女人骄傲一时，但是自信却可以让女人一生都充满魅力。当你充满自信时，你总是精神焕发、神采飞扬。即便在生活中遇到了困难和挫折，也能够以积极的心态去面对。而只有这样的女人才是最有魅力，最受人青睐的。

幸福忠告

当引以为傲的美丽随着岁月的流逝而渐渐枯萎，唯有自信的气质让你的魅力日久弥新。职场中的女性更要树立起自信，让自己在事业的道路上收获成功的同时，展示巾帼的风采。

7. 随遇而安，化被动为主动

我通过对历史上的名人进行研究发现，许多获得成功的人都成长在恶劣的环境中，但是他们并没有感到沮丧，也没有抱怨，反而在成长的恶劣环境中发挥出了自己的潜能，成为历史天空中耀眼的明星。贝多芬的耳朵失去了听力，但是他却用嘴咬住木棍来感受钢琴震动所带来的乐感。林肯出身贫困，后来经商也是屡试屡败，然而他却从未轻易放弃，最终得以在竞选中获胜，成为在美国人的记忆中最难忘记的总统之一。

我在写《人性的弱点》这本书的时候，拜访了很多教育家和心理学家。其中，希尔斯公司的董事长罗森沃先生曾告诉我："如果只有柠檬，那就做一杯柠檬汁。"当时，我并没有理解其中蕴含的哲理，后来我终于明白了。当一个人发现他拥有的东西很少时，与其哀叹拥有的太少、财富太贫瘠，莫不如利用手中握的这点财富奋斗下去。

女士们，当你们步入社会后就会发现，生活与书本里曾向你们描绘的样子截然不同，它并没有书中写得那样好、那么简单。你们可能会身处一个美好的环境里，也可能置身险恶，也许被喧嚣所烦扰，还可能倍受无聊的煎熬。假如你想成为一个快乐的人，就要试着去接受面对的一切，在我们无能为力的环境里做一杯柠檬汁。

加利福尼亚州是美国最繁华的地区之一，这里却有着大片的区域沙漠，其中有一块叫做莫嘉佛的沙漠，方圆几百里生活着与都市生活脱节的原住民。

战争期间，瑟玛·汤普森的丈夫被派驻在莫嘉佛沙漠附近的陆军训练营。瑟玛为了和丈夫厮守，也搬到了那里居住，在沙漠外围的一个小屋子里安顿了下来。但是，最初的新鲜感一过，瑟玛开始觉得厌烦了。对于习惯了城市生活的人来说，莫嘉佛沙漠地区的自然环境很恶劣，白天的最高温度可达华氏125度，小屋里面热得几乎要把人烤干。沙漠地区的风沙也大，干燥的风卷着沙粒肆虐在天空中，随着人的呼吸进入体内，衣服、食物、家具到处都是沙土，瑟玛都不敢出门。而且最让她难以忍受的是，这里的人几乎都不讲英语，瑟玛没法和当地居民进行交流，只得一个人闷在小屋里。这样寂寞、无聊的日子让瑟玛感觉度日如年。一个月后，她无法再继续忍受这里的恶劣环境了，她给自己的父母写了一封信，诉说了自己在这样的环境中的苦闷心情，决定要离开这里，否则自己真的会疯掉。

一个星期后，瑟玛收到了父亲的回信。父亲对女儿的想法未置可否，只是告诉她一句话：两个人从监狱的栏杆向外望，一个人只看见了烂泥，而另一个人却看见了漫天的星斗。

瑟玛知道父亲要说什么，把这句话反复地研读，觉得很惭愧。她终于想明白了，莫嘉佛沙漠是没办法改变的，但是自己却可以改变。自己一定要在这里留下，找出这里的“满天星斗”。

这之后，瑟玛不再整日抱怨沙漠的糟糕天气，将那些恼人的事情都抛到脑后。瑟玛开始尝试着走出小屋，和当地人进行沟通，并尽量找些事情做。慢慢地，她终于有了当地的朋友，还找到了可以在沙漠环境中开展的爱好。瑟玛的生活开始有了新的模样，经常有人陪她聊天，还有人送她礼物。在丈夫军营休假的时候，瑟玛会浪漫地拽上丈夫一同去看日落，他们还在沙漠里惊喜地发现了贝壳！原来这片沙漠曾经是一片汪洋。

瑟玛的生活越来越丰富，她冒出了一个想法，就是将这些趣事用笔记录下来。于是，她开始写小说，每天都坚持写上两三千字。一年之后，瑟玛描写莫嘉佛沙漠生活的书问世了，并且得到了读者的热烈追捧。后来，瑟玛彻底被这片沙漠所吸引了，当她随着丈夫离开时，还对这里恋恋不舍。

女士们，莫嘉佛沙漠的恶劣气候没有丝毫地改变，那里的原住民也没有改变，但是瑟玛却让自己从厌倦甚至要逃离的状态，慢慢地适应了这里的一切，并从茫茫的沙海中找到了生活的乐趣和意义。所以，我们应当明白这样一个道理，当你无力去改变身处的环境时，不如改变自己去适应它，让自己变得主动。

著名的心理学家阿德勒一生致力于研究人类未曾开发的潜能，他认为人类最奇妙的特性之一，就是可以将“负面转变为正面的能量”。其实，我发现有很多名人都是因为将现实中的消极因素成功转化为积极因子，最后获得了完美的人生。柴可夫斯基的婚姻是令人同情的，但是他把这些痛苦化为了创作音乐的动力，最后谱出了伟大的乐章。

有人曾这样说过，即使他现在被夺走了一切，把他扔到一个完全陌生的国度里，他也一样可以在短短的几年内重新恢复现在的生活状态。其实，这就是一种对环境超强的适应能力。女士们，虽然你们不需要做到这样强悍，但是一定要懂得如何顺其自然地融入到身处的环境中。

各位女士，当你发现自己置身于一个陌生的环境中时，先不要焦躁不安，请看清楚周围的状况，然后愉快地去适应。生命中的每一步都需要先适应才能慢慢地熟悉，即便你终不能获得最后的成功，也可以让自己变得更加成熟。

幸福忠告

我们在人生的旅途中，总会身处无法改变的环境中，总会遇到自己无能为力的状况，这是我们每个人都无法躲避的。这是生活的智慧所在，当女性们身处职场，更应该明白这个道理，只有让自己先去适应，才能变被动为主动，让环境为我所用，成就自己的目标。

8. 冷静敏锐，准确应对机遇和陷阱

当女性进入职场后，往往会发现与男性相比，女性会有很多天然的弱势，比如体力、对工作强度的耐受、事业发展等等，所以，会有一部分公司不太喜欢录用女性职员。那么事实上，女人与男人相比就真的不具有优势吗？

答案是否定的。女性不仅有优势，并且还不少。其中一个重要的优势就是女性天生的沉静敏锐。大多数女性都有着冷静的内涵，她们温和而优雅，身处一群充满阳刚气息的男人中间，犹如一丝柔细的春风。她们细

腻、认真，在具体工作的细节处理上比男人要敏锐的多。女性天生就具有优于男性的细腻心思和良好的记忆力，加上敏锐的感知能力，这些特点都成为了职业女性最富有魅力的地方。在喧闹的都市写字楼里，一个气质沉静、优雅大方的女性仿佛一片淡淡的菊花，绽放着独有的迷人风采。

沉静的女人并不代表安静，她的表情也不一定拘泥于死板，但是本质却是冷静而敏锐的。当她面对事情的时候，往往不会惊慌，她会冷静、可靠地对待事物，很少会因为什么而手足无措。

一天，我的一个学员巴瑞斯和我聊天的时候，提到了他前几天去看房的事情。他是一家中型公司的法人，资产可观，最近他和太太准备买一栋别墅。他说通过那件事，让他彻底认识到了女性职员冷静认真的优势。

上周，他们和房产经纪人约好了去看房，由于中间涉及到财务问题，他就请公司的秘书顺路和他们一同过去。这位女助理已经五十多岁了，资历很深。巴瑞斯心想，或许她可以就儿童房的装修提一些意见。

当他们和房产经纪人一同进入装修考究的别墅时，巴瑞斯和太太都被这栋别墅内部的豪华气派震惊了。经纪人热情地向他们介绍说，这栋别墅是这片豪华小区里仅剩的一栋了，物以稀为贵，现在很抢手。门厅、天花板、浴池等所有目光所及的地方，都让他们十分满意，经纪人还介绍说，这里的室内装潢是著名的室内设计师主持的。

在经纪人一番天花乱坠的解说后，巴瑞斯和夫人心里很中意，就告诉经纪人回去后考虑一下，其实心里已经准备第二天就签约了。然而，就在他们走出别墅的时候，他的秘书对他们说："老板，我建议购买这套别墅要谨慎。"

秘书指出，这栋别墅豪华的装修下存在裂缝，地板下还能发现白蚁的痕迹，这说明这栋别墅的构造和安全性存在问题。巴瑞斯夫妇听后大吃一惊，这些情况自己丝毫没有注意。之后，秘书又了解了一下之前的情况，发现前来看房的人确实很多，但是一直没有人出钱买下。第二天巴瑞斯又一次上门仔细地查看了那栋别墅，果然发现了很多问题，最终没有购买。假如不是秘书的细心和敏锐，恐怕巴瑞斯已经被别墅的豪华外表所迷惑，而掏钱买了一个有安全隐患的别墅，到时追悔莫及。

巴瑞斯的经历让我颇有感触，生活中有人说女性在事业上的缺陷就在于缺乏应有的气魄，很难独当一面，这种观点未免有些片面，因为现实中也不乏铁腕女子。但是，它也从反面反应了女性在工作时的优势，不是气魄，而是认真和冷静。

安妮·罗伯茨女士是公司里为数不多的女性职员之一，她的出现让这一群男性同事倍感温馨。安妮身边的几个女性朋友都在一些公司里做管理工作，她们喜欢将自己从外在到内在都打造成一个干练的女强人形象。但是安妮并没有这么做，她认为女性应该用自己的本色来展示自己对公司的重要性。她工作认真谨慎，善于找出合同中的疏漏，她制作出的样板总是那么完美，很少需要返工，因此部门的男同事对她的认真都赞不绝口。

一次，公司和另一家公司谈合作，双方本来对合作条件已经达成了一致，也签订了合同。谁知却遭遇了对方的欺诈行为。对方在双方已经签字的合同上，加进了签约时并没有达成共识的条款，并且要求公司履行。公司的同事对此又气又恨，却也无可奈何。后来，大家只得决定就吃这一次亏，以后不相往来就是了。

此时，安妮冷静地将合同的样本重新仔细地审阅了几遍，并且对该公司的状况做了调查，结果发现对方根本不具备进入某专业市场的资格。于是，安妮迅速将调查结果上报给公司高层，同时提出了几个解决问题的方案。最后，公司掌握了对方违约的证据，申请中止了合同，避免了损失。

显然，安妮在这次事件中起到了至关重要的作用，她凭借自己的冷静和机智，避免了公司遭受一场损失，将女性在工作上的优势展露无遗。

沉静的女人有着优雅的笑容，举止端庄而得体，在经历了生活和事业的锤炼后，以及锻炼出了处变不惊、敏锐细心的本领。她们宽容而坦然，应对工作游刃有余。

女士们，不管怎样，你步入职场，就需要发挥出你的女性优势，而不要去和男性比强势的作风和魄力，女人自身的个性也是男人所追求不到的。所以，不如找到属于自己的风格，把握好自己独特的光彩。

幸福忠告

职场女性都有自己的事业心和美好的愿景，追求一种强势的男性工作作风的人不在少数。然而，女性要懂得利用自身的特点和优势，冷静而敏锐地应对工作难题，坦然处事，波澜不惊，如此，你更容易收获成功。

---

9. 谈笑风生，做一个沟通高手

细心的女士一定察觉到了，现在越来越多的企业开始在招聘员工的时候，把沟通能力作为首要考察的对象。可见，大多数的用人单位宁愿录用一个能力一般但善于沟通的员工，也不愿意接纳一个无法融入团队的所谓的人才。纽约百货公司的老板克里尔·斯科纳曾经坦白地说："如今，一个人能否与上司、同事和客户顺畅地进行沟通，已经成为了企业在招聘员工时着重考核的一项核心技能。"可见，沟通对于身在职场的女性的重要性不言而喻。假如你们想在职场上取得成绩，首先要做的就是将自己打造成一个沟通高手。

事实上，很多女士对沟通的认识都很片面，她们认为，沟通无非就是简单的语言交流。其实，沟通的范围很广，不仅包括如何表达自己的观点，还包括如何倾听他人的意见以及其他许多的沟通方式。所以，女士们，只有在各方面训练自己的素质，才能真正成为一名沟通的高手。

凯莉刚刚进入一家玩具公司做设计员，由于凯莉的工作能力很突出，公司的领导在总体上对凯莉的表现表示认可。然而，让所有人都感到意外的是，凯莉工作了不到两个月，却被公司的领导辞退了。当凯莉问经理为什么要辞退她时，经理说："实在抱歉，凯莉小姐。确实，这一个多月以来，你在工作上的表现确实令人满意。但是，对于公司来说，我们需要一个出色的团队，而不是一个出色的个人。因此，我们无法让您继续在这里工作，以免影响到我们的团队。"

原来，凯莉在这一个月内，与同事们的相处矛盾重重。确实，凯莉有自豪的资本，但是她却忘记了自己还是个新人。当设计部主任给员工开会的时候，凯莉发言的口气总是带着教训的味道，并且还告诉其他员工，包括领导在内，真正的设计应该是什么样子的。不仅如此，凯莉还经常和同事因为某一件作品而争执不休。本来，同事之间讨论工作是件很正常的事情，但是凯莉却总是试图用命令的口气让对方服从自己的意见。时间长了，所有人都不愿意和凯莉打交道，最后，经理不得不放弃了她。

其实，凯莉在与同事沟通的时候，最大的错误在于没有摆清自己的位置。在职场中，无论你的能力有多强，你始终是这个团队中后来加入的一份子，论资历就比公司的其他人要浅，尽管那些同事可能不如你的能力强。因此，初入职场的女性一定要记得在表达自己的想法时，一定尽可能地低调，必要时要学会委婉。

爱娃女士之前就职于一家小型的百货公司。由于公司的规模不大，所以整个工作环境相对轻松很多。那时，爱娃和同事们之间几乎没有秘密，什么话题都可以大张旗鼓地拿到办公桌上。此外，他们与领导的沟通方式也很简单，无需任何人批准或者通报就可以直接向公司的总经理汇报工作，因为那家公司的组织结构很简单，除了经理就是普通员工，不存在中层领导。

后来，那家百货公司破产了，爱娃又来到了一家大型的电器销售公司。尽管工作的内容和先前并没有什么差别，而且薪水也高了很多，但是爱娃却发觉自己对这个新的工作环境很不习惯。原来，这家公司的同事之间除了工作上必要的交流，几乎没有其他沟通。当爱娃和同事们兴致勃勃地讲自己昨天购物的有趣经历时，他们都表现得很冷漠，有的人甚至还讽刺她。尤其让爱娃无法理解的是，如果想向总经理汇报工作，必须要听从那个令人生厌的部门经理的安排，而她自己却没有权力直接和经理交谈。如果不能通过部门经理这关，哪怕爱娃的想法再好，也无法向总经理汇报。三个月后，爱娃终于忍无可忍，只得选择了辞职。

其实，这家公司的业绩一直不错，由于工作繁忙，公司已经形成了一种“工作时间只谈工作”的沟通风格。所以，问题其实出在爱娃自己的身上。每一个企业都有自己的企业文化氛围、管理制度和业务部门，势必会形成不同的沟通风格。如果女士们无法让自己尽快融入到新的沟通风格中，那么很容易像爱娃一样陷入孤立的境地，而最终失去这项工作。

此外，女士们，如果你们想成为沟通高手，最主要的就是要去做。如果你只等着别人主动和你沟通，而自己一直被动，那么效果会差很多。无论你的性格是外向还是内向，工作中做到主动与人沟通总要好过不去沟通。

做到成功地与人沟通并不是件容易的事情，但是凡事都要有个开端。尽管在沟通的时候可能会遇到种种问题，但是迈出了第一步就意味着与成功的距离又近了一些。

幸福忠告

沟通是职场女性打造自身名片的最有效的方式之一，善于沟通的人，往往会在事业上做到事半功倍，这无疑会给女性的事业带来无穷的机遇，成为女性获得成功的有力武器。所以，女性要学会掌握与人沟通的技巧，培养自己与人沟通的能力，让自己成为一个沟通高手。

---

10. 扫除疲惫，别让工作成为一种负累

女士们，工作的技能在上面都说过一些了。现在我们应该仔细思考一下，如果我们遇到让我们疲惫不堪的工作时该怎么办？我们应该怎样缓解我们的疲劳呢？

其实，大家都认为疲劳是因为体力不支或者体力耗费太大引起的。其实，真正引起疲劳，让我们感觉疲惫的是我们自己的情绪和心理，如果我们感觉烦闷或者烦躁的时候，通常就会产生疲劳的感觉。多年前，约瑟夫·巴马科博士做了一个实验，他让自己的学生做了一系列的实验，而这些实验都是博士精心设计的，但学生不喜欢做的实验，结果，实验完成后所有的学生都感觉疲惫不堪、头昏脑胀，有些学生甚至由此感觉像大病初愈似的。这是学生们产生的“幻觉”吗？不是，这只是正常的心理反应。当我们对一件事情感觉索然无味的时候，就会产生抵触心理，而此时，身体的新陈代谢会减慢，头脑的思维会处于停滞状态，从而产生了疲惫、困顿、乏累等。相反，我们的新陈代谢会加快，思维也会异常的活跃，精神会为之抖擞、振奋，也就不会感觉到疲累了。

所以，女士们，如果我们真的喜欢一种工作，就会感觉到工作能给我们带来的乐趣，也就不会感觉到疲惫了。

威利·哥顿是一个速记员，家住伊利诺伊州爱莫斯特市南凯尼沃斯大街473号。她给我讲了一个她的“假装”工作的方法。她说：“速记员是一份非常辛苦的工作，而且单调且烦闷，每一天都有很多工作，以至于有时会有些力不从心。一天，一个部门经理提到一份报告中有些错误，要求重新打印一份，并且说如果不想做可以找别的愿意做的人来做。我非常生气，但是我不得不照办。无意间，我觉得应该让老板觉得我是喜欢这个工

作的，于是就假装非常乐意干这个活。出乎我意料的，我居然真的喜欢上了这个工作，而且我发现，我打字的速度和正确性比之前都大幅提高。而且，由于我呈现给大家的状态，让公司所有的领导和职工都认为我是个非常敬业爱岗的好职员。之后，每天我都在兴奋中度过，工作效率大幅提升，慢慢地发现根本没有那么累，也不需要经常加班。而那位部门经理对我的感觉非常好，认为我是个可以无怨无悔地接受额外工作，并且值得重用的人，于是推荐我当了单位主管的私人秘书。我由衷地感到自己无比的幸运，一次额外的机会，一次假装的喜欢，最后转化为了巨大的工作动力，而让我的工作有了质的变化。”

女士们，威利·哥顿无意间创造的“假装”喜欢，其实正应了威廉·詹姆士的研究，他曾经说过：“当一个人‘假装’勇敢的时候就会真的勇敢，当一个人‘假装’快乐的时候就会真的快乐。”

女士们，实际工作中，不妨也使用一下“假装”理论，相信一点点思想上的积极意识会让工作从乏味变得兴趣盎然，从而减轻你的焦虑和烦躁，消除疲惫，最终性情愉快的去工作。

多年前，有一个车床加工螺丝的年轻工人山姆，他每天从事同样的工作，机械而且单调，这让他每天都感觉非常烦躁。山姆厌倦了这个工作，想辞职，但又没有好的去处，他为此感觉非常苦恼。后来，他尝试着说服自己把这份不得不做的工作转化成自己兴趣。于是，他和旁边的同事一起，把日常的工作做成一场友好竞赛，把彼此完成的螺丝毛件互换后再由对方最终完成，并且对比各自的质量和耗时，以此激发自己在工作的兴趣和活力。同时，山姆还想出别的办法来提高对工作的兴趣，比如互换机器尝试新鲜感、彼此交流采用新的制作工艺等。如此一来，山姆及他的工友在工作的效率上得到了明显的提升，制作产品的数量和质量都超过了之前，也带动了这个车间的效益。车间主任对山姆的做法非常认同，并给予了赞美，还向老板推荐他做了领班。而这次提升只是开始，后来，山姆经过30年的努力，当上了保尔温火车头制造公司的董事长。而他费尽心思改变工作方法提升兴趣的工作最终成了他生活中最感兴趣的事情。

女士们，故事中山姆把烦闷的工作变成自己的兴趣，你是不是也可以呢。如果你对工作还存在有消极的应付心理，那我可以断定，你的工作一定很累，每天都会因为工作的事情影响心情。

女士们，我们每个人都曾经遇到过这样的事情。一天工作下来发现太多事情要处理，但是因为种种原因，我们却一件事都没有完成。然后，晚上我们拖着疲惫不堪的身体，抱怨工作的繁多回到家中，昏昏沉沉地休息。而第二天，我们却精神抖擞，不但把昨天落下的和今天的工作都完成了，而且还规划了明天的工作，然后我们心情愉快地回到家中，神采奕奕地向家人夸耀今天的工作。

女士们，其实工作中难免劳累，但只要我们能提起兴趣，心情舒畅地工作，就可以大大减轻工作的疲惫感，提高工作的效率。

幸福忠告

女士们，每天我们都有一半的时间和精力要花在工作上，如果我们的工作不能得到快乐，或者不能高兴的工作，那会影响我们一整天的心情。而且，长此下去，我们会对工作失去兴趣，很容易产生疲劳、困顿和焦虑的状态，而这样的心情也必然会影响我们日常的生活。所以，不妨“假装”喜欢，然后把乏味的工作变成自己感兴趣的事情，让自己快乐起来。

第七章　智慧理财，拒绝做财富的奴隶

如今的时代，无论是事业还是家庭，女性已经傲然地撑起了半边天。经济独立的女人更能按照自己的意愿享受生活的乐趣，会理财的女人尤为如此。她们懂得如何让财富像滚雪球一样越滚越大，在拒绝吝啬的同时保证生活的品质。所以，聪明的女人不仅拥有赢得财富的能力，更要具备守住财富并且让它不断增值的能力，这样你才能活得更精彩、更幸福。

1. 正视财富，摆脱金钱的束缚

金钱的确可爱，人们对它的崇尚和热爱都是正常的，然而，金钱又是卑劣的，因为它使得兄弟成仇、朋友反目。生活在现实社会中的我们，几乎每时每刻都在与金钱接触，保持一个平和的心态是十分必要的。我们要驾驭金钱，以正常的眼光和心态去面对它，而绝不能成为金钱的奴隶。假如一个人被金钱所束缚，那他的一生将会充满悲哀，或者终生劳顿，或者走上歧途。

现实中，当女性面对婚恋的选择时，往往也会受到金钱的蒙蔽，让自己与真正的幸福失之交臂。想对金钱保持良好的心态不是一件容易的事情，它需要我们具有坚定的心理素质和淡泊的思想境界。金钱并非万能，只有你看透了它，了解了它的好处和坏处，你才会发现，被金钱所累是一件多么愚蠢的事情。

《妇女家庭月刊》曾经做过一项调查，结果显示人们的烦恼有70%与金钱有关。尤其有一部分人，他们对金钱极为看重，终日为了财富而患得患失，烦恼便由此而生。

杜丽丝女士是我的一个学员。上个月的一个周末，我邀请杜丽丝一同春游。不想杜丽丝立刻就拒绝了，她说："卡耐基先生，非常抱歉，我没有时间。你知道吗？我要做的事情实在太多了，否则我在经济方面的损失会很大的。"

最近几年，杜丽丝一直生活在忧郁的阴影下，生活得很不开心。后来，她到了我的学习班来，希望我可以帮助她摆脱忧郁。当我和杜丽丝接触了一段时间后，我发现她非常看重金钱，而这正是她忧虑的根源所在。

她出生在一个生活富足的家庭，在她二十几的时候，她的父亲就给了她很多钱。没过几年，她结婚了，丈夫也很有钱。对于普通人而言，这已经很值得满足了。但是杜丽丝并不知足，她总觉得自己的钱不够多，于是就拼命地工作，而她则时刻生活在对金钱的患得患失中，情绪总是起伏不定。

后来，我对她说："杜丽丝，你认为人生的意义在哪里？就在于你赚钱的多少吗？如果你为此而失去了健康以及生活的乐趣，那么即便赚到了钱，又有什么意义呢？你要让自己成为金钱的主人，而不是它的奴隶。"听了我的话，杜丽丝沉思了一会儿，说道："可是，如果没有足够多的金钱，生活又怎么会幸福呢？而且，这也是人们评判一个人是否成功的标准啊！"

我告诉她："杜丽丝，这种评判标准是错误的。我不知道你是否意识到，那些富有的人未必就生活得幸福。其实，所有的事情都要讲究适度原则，追求财富也是如此。"

杜丽丝问我："那么，卡耐基先生，我究竟应该怎么做呢？"我回答说："要以一种平常心去对待金钱，而不要过分地追求它。此外，你要学会享受赚钱以外的生活。总之，你要让自己成为金钱的主人，而不是它的奴隶。"

杜丽丝接受了我的建议后，之前的忧虑便好多了，也找到了生活的乐趣。

很多守财奴都认为黄金就是幸福，其实任何财富都不过是人们获得幸福的一种手段而已。正如法国作家卢梭说的："我们拥有的金钱不过是保持自由的一种工具，而我们所追求的金钱，则是使自己成为奴隶的一种工具。"

所以，女士们，我们要学会树立正确的金钱观，让金钱为自己工作，从而摆脱金钱对自己的束缚。

大家都知道，洛克菲勒是闻名全世界的石油富豪，他生前曾一手创建了自己庞大的金钱帝国。他的一生几乎都在为财富做着孜孜不倦的追求，而在这个过程中，哪怕遇到一丁点的投资失误，也会让他伤心和懊恼。也正因为如此，洛克菲勒经常感到忧虑。

在洛克菲勒50岁的时候，他已经患上了多种疾病。尽管他已经对此身心俱疲，但仍旧无法舍弃对财富的追逐。最后，他终于病倒了，住进了医院。医生告诉他，如果他继续让自己处于这样一种焦虑而忧郁的状态下，他所剩的时间将不会很多了。

整整一周，躺在病床上的他终于让自己静下心来思索这件事，一颗追逐财富的心终于停了下来。等他痊愈出院后，他决定将自己财富的绝大部分都拿出来，捐给公益事业。他终于意识到了，一个人应当成为金钱的主人，而不是做金钱的奴隶。当他的思想出现转变后，慢慢地，他的身体竟然奇迹般地好转了，最终，他活到了古稀之年。

女士们，洛克菲勒的故事告诉了我们这样一个道理：人们追求金钱并没有错，但是我们生活的目的和意义并不只在于金钱，否则我们的人生将是痛苦的，也不会有意义。在我们的生命中，还有其他很多重要的事情，赚钱不是生活的全部内容。如果我们只是为了赚钱而活着，那么即便有再多的金钱，也不会拥有幸福的生活。

我想大家一定听过这个故事，一个商人漂洋过海去做生意，结果货物太沉以至于船就要沉了。如果把这些货物丢一部分到海里，这艘船就可以摆脱危险继续航行。但是这艘船的主人是一个守财奴，他舍不得丢下船上的货物，结果让整艘船都沉了下去，而他最终也送了性命。女士们，像这艘船的主人这样为了金钱而丢弃性命是可怜又可悲的，因为他把金钱当成了生命的全部，甚至看得比性命都要重要，这样的人永远无法体会到生活的快乐。

女士们，金钱是没有生命的，生活的意义也不仅限于金钱，我们的幸福也不是由它决定的。

幸福忠告

财富对我们每一个人都有着致命的诱惑，我们都渴望过上富足的生活，渴望金钱为我们带来的一切。但是，生活的意义和人生的价值却不是单靠金钱能够实现和满足的，女性要培养正确的金钱观，正视财富，让财富为我所用，做财富的主人。

2. 培养财商，拥有幸福人生

如果说智商是指一个人思考问题的能力，情商是指一个人控制情感的能力，那么财商就是指一个人控制和运用金钱的能力。财商与你可以赚多少钱没有直接的关系，而是看你是否具有控制手中的财富，并使它不断增值的能力，以及你可以使这些钱维持多久。财商高的女人，自身并不需要付出很多的辛苦，金钱可以为她们努力工作，所以她们可以有更多的时间去做自己喜欢的事情。

美国理财专家罗伯特·T·清崎认为："财商并不是你赚了多少钱，而是你拥有多少财富，这些财富为你工作的努力程度，以及你的财富可以维持多久。"随着我们年龄的增长，如果钱可以不断地为你买回更多的自由、幸福、健康和人生选择，那么你的财商就在增加。

那些坐拥万贯家财的富翁们并非比一般人的智商高，他们中的绝大多数人在智力条件上与普通人相比没有什么不同。而他们所想到的创富计划，似乎普通人也可以想的到。区别就在于，一般人往往对眼前的财富视而不见，而富翁们的财富头脑却总能把握住稍纵即逝的机遇，这就是财商的体现。

越南战争时期，好莱坞曾举办过一次募捐晚会，但是当时国内反战情绪强烈，结果募捐晚会仅仅收获了一美元，这也创下了好莱坞的一个吉尼斯纪录。那唯一的一美元是由一个叫卡塞尔的年轻人募集到的，他是苏富比拍卖行的拍卖师，因此而一举成名。

当时，卡塞尔让大家在晚会上选一位美丽的姑娘，然后由他来拍卖这个姑娘的一个吻，于是，他募集到了唯一的一笔募捐款。当时，好莱坞把这一美元送往战争前线时，美国各大报纸争相报道了这一事件。

德国的某一猎头公司认为卡塞尔无疑是一颗摇钱树，觉得他们发现了一个天才，如果谁可以运用他的头脑，一定会赚得钵满。于是，猎头公司向走向衰退的奥格斯堡啤酒厂建议重金聘请卡塞尔为顾问。卡塞尔移居德国后，受聘于奥格斯堡啤酒厂。果然，他没有让对他抱有期待的人失望，出奇制胜地开发了美容啤酒和浴用啤酒，从而使奥格斯堡啤酒厂转败为胜，一跃成为全世界销量最大的啤酒厂。

后来，卡塞尔以德国政府顾问的身份主持拆除柏林墙，他以收藏品的形式让柏林墙的每一块砖进入了世界上200多万个家庭和公司，创造了城墙砖售价的巅峰。

休斯顿大学校长曼海姆邀请卡塞尔回母校做创业演讲。在演讲会上，一位学生向他提问："卡塞尔先生，您可以在我单脚保持站立的时间里告诉我们您创业的精髓吗？"那位学生说完，就准备抬起一只脚，而卡塞尔已经给出了答案："商场上，无论生意大小，出售的都是智慧。"

其实，卡塞尔所说的智慧就是财商。

对于更多的女性而言，如今的时代赋予了她们更自由和广阔的天地，她们可以有更多的优势去获取财富。现在，财商已经成为一个人成功必备的能力，决定了一个人的贫富。财商很高的人，即便他现在贫穷，那也只是暂时的。

约翰·戴维森·洛克菲勒小的时候生活在一个叫摩拉维亚的小镇。每当夜色降临时，约翰就常常和父亲一起点亮蜡烛，面对面坐着，一边煮着咖啡，一边天南海北地聊天，他们也经常会聊到如何做生意赚钱。那时，约翰·戴维森·洛克菲勒的头脑里已经装满了父亲传授给他的生意经。

约翰7岁的时候，一次在树林中玩耍，无意中发现了一个火鸡窝。于是，他灵机一动，心想，火鸡是大家都喜欢吃的肉食品，如果把这些小火鸡养大再卖出去，一定可以赚钱。此后，他每天都早早地来到树林中，耐心地等到火鸡孵出了小火鸡后暂时离开窝巢的时候，迅速抱走了小火鸡，把它们养了起来。到了感恩节的时候，火鸡都长大了，他把它们卖给了附近的农庄。慢慢地，约翰的存钱罐里多了一张张绿色的钞票。不仅如此，他还想出了如何让钱变得更多的办法。他把这些钱像贷款一样借给耕作的佃农们，等他们收获后再连本带息地收回。

约翰到了12岁的时候，已经有了自己的积蓄。一次，他和父亲聊天，父亲问他："你的存钱罐里存了不少钱了吧?""我贷了50美元给附近的佃农。"约翰得意地说。50美元在当时那个时代已经是一笔不小的数目了。

父亲感到惊讶的同时，望着这么小就懂得如何赚钱的儿子，感到很欣慰。

在我们身边有太多的人陷入了赚钱、失败、再寻出路的怪圈中无法挣脱，关键在于没有真正学到关于金钱的知识。很多人每天都努力地工作赚钱，日复一日，他们也很聪明，甚至才华横溢，接受过良好的教育，但是对于头脑中经济潜能的开发却几乎为零。他们头脑中的挣钱原则很简单，认为稳定的工作就是王牌。而懂得发挥财商，运用智慧的人却不局限于眼前，他们不断地学习，深刻地理解了如何让钱生钱。

总之，财商可以带来财富，帮助你实现梦想。女士们，你们要让自己成为金钱的主人，可以按照自己的意志去支配金钱、安排生活。这时，你们就可以深切地感受到幸福，这就是财商的魅力。

幸福忠告

女性要把财商作为自己的人生目标之一，领悟不一样的财富理念，让自己学到更多的理财模式和方法，提升自己的洞察力和综合的理财能力，从而学会构建适合自己的投资体系，实现坐拥财富的梦想。

---

3. 控制金钱，走出对它的恐惧

很多女性都知道，金钱不代表善良，也不代表健康，更不代表幸福。然而，人的生活却离不开它。人们需要用金钱来购买生活必需品，需要用金钱满足自己的精神需求。

在一定程度上，很多人都会对金钱产生这样那样的担忧，但是却很少有人愿意承认这点。我们可以否认自己对金钱的恐惧，但是这些负面的情绪却实实在在地影响着我们的生活，对我们自由支配金钱造成困扰。所以，我们必须要正视这些恐惧和担忧，并且努力用一种崭新的、积极的理念来取代它。

而克服这种恐惧和担忧的最好办法就是把它讲出来，一旦你把你的恐惧说了出来，你就看清原来自己的身后并没有魔鬼。所以，你只会想到本月的账单将会延迟支付。另外，要找出这种恐惧和担忧的源头，人们或许并不清楚，这种对金钱的恐惧情绪很可能来自童年时代对金钱的记忆。

安妮是一位对金钱有着恐惧和担忧心理的女士。她的丈夫想投资一些激进点的项目，因为他们还年轻，还可以冒险。安妮却坚决反对，她认为只有把钱存在银行里才是安全的。她的丈夫很不理解，为什么投资会让妻子这么恐惧，直到他把这件事情同安妮童年时的一段与钱有关的经历联系起来，他才明白了原因。

安妮 8 岁那年的圣诞节，妈妈给了她 10 元钱买面包。她的爷爷、奶奶和堂兄弟姐妹们都要来家里吃午饭，这可是盛大的聚会。从家里走到面包店有一段距离，安妮对这条路很熟悉，只是这一次是她一个人走。她开心地一边哼着歌一边走。但是，当她走到面包店的时候，她却发现那 10 元钱不翼而飞了！对于一个不满十岁的小孩子来说，这无疑是一笔天文数字。妈妈在她临出门时告诉她买面包需要多少钱，并且一再叮嘱她要把找回的零钱放在衣服口袋里。

但是现在，她把钱弄丢了。她实在想不起来究竟把钱放在哪里了，她把全身的口袋都翻遍了也没有找到。然后，她又沿着来时的路来回找了好几遍，还是一无所获。她拖着一身疲惫，很晚才回到家，这时，爷爷、奶奶、堂兄弟姐妹们都到了。见到安妮回来，妈妈问道："安妮，要你买的面包呢？"她无奈地告诉妈妈她把钱弄丢了，当时家里安静极了，大家都在看着她，但是都没有说什么，妈妈也没有责备她。于是，那天晚上，大家面前盛面包的盘子只能空着了。

安妮和丈夫向理财师进行咨询时，她说："那次丢钱的经历让我感觉很糟糕，从那以后，我开始拒绝掌管金钱。"她的丈夫以前从未听过她提起这件事，自从安妮说了那件事后，所有的事情也开始变得明朗了。

安妮的恐惧和担忧就是害怕自己守不住金钱。理财咨询师建议她再拿上10元钱，顺着当年的路，到那间面包店买面包。而当安妮按照建议真的做了之后，她明显轻松多了。

对这种问题处理得越早，你就能越早地创造出更多的金钱。从现在开始，你要开始努力找到自身存在的金钱问题，不是要你尝试去忘记，因为无论你怎样努力，都无法摆脱它。是要你去正视它，让自己接受这种恐惧，虽然这种恐惧可能很强大，几乎让你沉默不语，以至于不想谈论它。许多人甚至在尚未认识到自己对金钱的恐惧时就逃避了。所以，你要正视这种恐惧，然后才能克服。

我们来做一个练习。请你仔细看看，近距离地面对你所恐惧和担忧的金钱问题，找到你害怕的根源。

我害怕自己日后会成为一个露宿街头的老妇人。

我害怕假如我失去了现在的工作，是不是还可以找到另一份工作？

我害怕如果我的朋友们知道了我的收入会不理我。

我害怕丈夫会有一天离开我，到那时，我该怎么继续今后的生活？

我害怕我会失去现在拥有的一切。

我拿什么来支付我孩子的教育费用呢?

我害怕假如我的男友知道了我有债务，他还会和我交往吗?

现在就开始接受自己的恐惧，并把它们写下来，读给自己听，联想自己童年时期关于金钱的记忆，这样你就会正视内心隐藏已久的恐惧了。所以，女士们，请相信自己有掌管金钱的能力，相信自己可以用手中的金钱换取更多的金钱，这样你就可以用积极的心态来抵消你的恐惧和担忧了。

从现在开始，你要试着接受新的理念，强迫你的头脑接受积极的信息，并且付诸行动。以下就是为你的新理念提供的 3 条原则：

第一，把它写在纸张上，尽可能简练，这样你可以轻松地告诉自己："我有的钱比我需要的多"、"我还年轻，还有能力，我可以掌管自己的金钱"、"有钱的感觉的确让人开心"……

第二，写下你此时的信念，从现在开始转变你对金钱的态度——"我可以掌控自己的生活，尤其是财富"；

第三，打开接受金钱的思路，把它变成没有限定的信念："我每个月至少存 800 元。"之所以是至少，意味着你将来会有更多的钱。

各位女士，请每天都把这些新的理念写 20 遍，每天出去活动的时候也不要忘记，并且经常告诉自己："那是我的信念。"只要这样坚持下去，就可以起到积极的作用，消除头脑中对金钱的恐惧，而一旦你从内心里消除了对金钱的恐惧，你就可以正视金钱了。

幸福忠告

恐惧和担忧的心理如同长在人们内心的野草，如果你任由它们肆意生长，这些想法会让你失去信心，甚至自暴自弃。女性要让自己摆脱这种心理，尝试着接受新的理念，让自己正视金钱，并利用它实现生活的愿景。

4. 未雨绸缪，做好家庭预算

关于家庭理财这个概念，有一部分人并不理解，也有一部分人认为这是很简单的事情，实则不然。一位著名的学者曾这样说过理财："家庭理财其实不是一件困难的事情，对于我们来说，只要做好一点就可以了，那就是有钱你就多花，没钱你就少花。"这话虽然简单，但要真正做到却不容易。

在很多女性的眼里，无论收入多少，都会觉得经济吃紧。《理财周刊》曾经对此做过调查，结果发现很多女人会在月中就陷入了经济危机，从而后半个月的生活异常窘迫。对于这个结果，不少女性向《理财周刊》的编辑抱怨说："收入太低了，假如能够增加十分之一，那么财务困难的状况就会消失了。"然而，真实的情况却与她们的设想相去甚远，很多人在增加了那一部分收入后，仍然没有缓解财务窘迫的状况。更富有戏剧性的是，有的人财务状况甚至比从前还要糟糕。

美国著名的预算专家爱尔马茜·史塔普里顿夫人是一家大型商贸公司的财政顾问，她曾经帮助过很多人和公司走出了财政危机的困境。一次偶然的机会，我采访了她。她对我说了这样一句令我印象深刻的话，她说："对于大多数人而言，在现有收入的基础上再多增加一点，是无法解决他们的财务问题的。我帮助过很多的女性朋友，她们中月收入达到五千美元的人比比皆是，然而依然陷入财务危机。我认为，她们之所以会出现这种状况，并不是因为她们收入低，而是因为她们并不懂得如何支配手里的钱。"

的确如此，即便你坐拥万贯家财，但是不会理财，早晚会有挥霍光的一天。所以，无论钱多钱少，重要的是如何去打理。如果你有正确的理财观念和方法，哪怕囊中羞涩，也可以重见天日。正如我身边的很多女性朋友，她们的收入并不高，但是她们善于精打细算，不仅让自己拥有了一定的积蓄，还保证了生活的质量。

那么如何让自己成为一个理财高手，支配好手中的金钱呢？爱尔马茜·史塔普里顿夫人给出了一些答案，在这里我把她介绍的方法列举出来，供大家参考。

1. 做合理的家庭预算

史塔普里顿夫人告诉我，假设有两位女士是邻居，她们的居住条件一样，收入一样，家庭成员的人数也一样。但是由于她们性格的差异，她们的家庭预算必然会有所不同。拟定家庭预算需要以个人的需要和收入为准。

此外，做好家庭预算的意义并非要抹杀生活的乐趣，其真正的意义在于让自己合理地消费，从而提高生活的品质。做好家庭预算可以给我们带来物质安全感。

制定家庭预算的时候，要考虑到家庭的每一笔支出，比如水电费、燃气费、伙食费等，对于一些特殊的需要也要制定出相关的预算。

2. 培养记录收支的习惯

史塔普里顿夫人告诉我们，假如想做到花钱有节制，就要学会记账，记录你的每一笔开销。这样，你就可以对自己的钱花在了什么地方一目了然。这样做不仅可以使我们的账目清晰，更重要的是可以让我们从中看出哪些花销是不必要的，这样到了下个月就可以有意识地避免出现类似的情况。

其实，很多名人都保有这个习惯。例如洛克菲勒每天入睡前，都要把当天的开销记录下来。还有亚诺·班尼特，他的梦想是成为一名小说家，但是他早期生活很清贫，为了节省开支，他就开始每天都记账。后来，他实现了自己的梦想，终于成为一名举世闻名的大作家，他还拥有了自己的私人游艇，但是记账的习惯却一直没有丢弃。

说到这里，或许会有女士问，这未免太麻烦了，难道要记录一辈子吗？史塔普里顿夫人对此建议，一般人只需要坚持三个月就可以了。通过三个月的记录，你就可以弄清楚自己的消费习惯了，可以在日后的消费中做到节制。同时，对自己的消费习惯有了清晰的认识后，还可以以此制定一个更合理的家庭预算。

3. 学会聪明消费

在很多人眼中，赚钱是一门高深的学问，一般人是不容易学会的。而花钱则是与生俱来的能力。事实上并非如此，花钱同样是一门高深的学问，真正懂得的人少之又少。有一些人善于用最少的钱办最多的事情，这确实令人佩服。

对此，史塔普里顿夫人为我们指出了方法：首先，把钱花在刀刃上，买你和家人最需要的东西，如一位女主人买了很多自己眼前穿不上的衣服，这无疑是在浪费金钱；其次，要做好长期的规划，避免盲目消费，如一位女士对一组刚面市的家具很中意，但是当时的价格很高，依照正常的市场规律，一段时间过后，它的价格自然就下降了，所以，这位女士不妨先等等，这样就可以省下一笔钱。

各位女士，史塔普里顿夫人的建议很实用，如果你想摆脱财务危机，就要树立起理财的观念，仅仅靠增加收入是解决不了问题的，况且增加收入也并非是件轻而易举的事情。所以，我们要学会打理好财富，让手中的金钱发挥出最大的功效，从而提升我们的生活质量，走出财务困境。

幸福忠告

现代社会的家庭结构大部分仍旧保持着女性掌管经济大权的状况，能否做一个理财高手关系到整个家庭生活品质的好坏。所以，女性要树立起理财观念，确保生活品质的同时，为未来构造可靠的经济堡垒。

---

5. 远离奢侈，回归生活的质朴

四年前，《妇女家庭月刊》采访我，记者问了我这样一个问题：“卡耐基先生，你对家庭生活中的什么行为感到无法容忍？”我当时想了想说：“我无法容忍奢侈的行为。在我的家庭中，绝不允许浪费，追求奢侈。”

各位女士，我个人对奢侈的行为是极度反感的。以前，我的收入很少，没有资本去追求奢侈的生活。现在我的收入已经提高了，但是我依然无法接受奢侈的消费。在这一点上，我的太太桃乐丝和我的想法一样，她从不胡乱花钱，也很少买那些名贵的奢侈品。

然而令人遗憾的是，有很多女士并不这么想。她们认为，奢侈的生活往往能够带给她们高高在上的优越感，也可以让自己生活得更幸福、更舒服。正是出于这种想法，很多女士都很向往过上奢侈的生活。每当月初薪水发下来后，她们就开始疯狂地购物，直到把自己那点薪水全部用光。有的女士收入并不高，但是奢侈的生活犹如一个美丽的梦，时刻缠绕着她们。为了满足自己，她们甚至不惜高筑债台，让自己享受到期望的高品质生活，用上高档的物品，穿上昂贵的品牌服饰。但是这种生活未必真的让她们快乐，因为薪水和债务会让她们的内心经常处于一种担忧的状态。

莉娜斯在一家教育公司上班，每个月都有可观的收入，虽然她的收入让很多人都很羡慕，但是莉娜斯总觉得不够花。她很羡慕那些上层社会的贵妇人，她们用着数一数二的化妆品、穿着昂贵的国际大品牌的衣服，生活在装修豪华的别墅里，这些都是令常人可望而不可及的。

每个月发工资的时候，莉娜斯都要去服装超市疯狂地购物，虽然她的衣服已经很多了。结果用不了多久，她的薪水就所剩无几了。在下个月发薪水之前，她的生活开始变得窘迫起来。如此，尽管她对那种奢侈的生活十分向往，却始终无法真正过上那种生活。而只有在每个月她去疯狂地购买衣服时，才是她感觉最快乐的时候。余下的时间，她心里充满了痛苦，因为她理想和现实的差距实在太过悬殊。更让她心烦意乱的是，因为她过于追求奢侈的生活，花起钱来没有节制，所以她常常不得不向朋友们借钱度日。

各位女士，你们觉得莉娜斯生活得快乐吗？答案一定是否定的。因为她的快乐仅仅维持在月初购物时短暂的“奢侈”快感，接下来的生活充满了昙花一现后的失落和痛苦。我认为，奢侈的生活并不是每个人都可以过得上的，如果所有人都能实现，那么它就没有那么大的吸引力了。所以，女士们，你们不要对那种奢侈的生活抱有太多的欲望，而应当充分享受当下已经拥有的幸福。这样，你的生活才会充实而快乐。假如你一味地追求那种根本无法实现的生活，除了徒增痛苦，让自己失落，毫无幸福感可言。

更重要的是，奢侈是一种恶习，它能腐蚀人的心灵，让人因此而变得自私、虚荣，甚至堕落，丢失了原本善良的本性。

艾米家境富裕，她的父亲拥有一家钢铁公司，因此艾米从小就生活得很富足，甚至很奢侈。在她刚刚成年的时候，她步入了上层社会，成为一名社会名媛。那时候，她身上穿的衣服、使用的化妆品都是非常昂贵的大品牌，一般的女孩子是无法企及的。这让艾米很得意，她根本不把那些普通人放在眼里。

艾米 21 岁的时候，认识了一位非常富有的纨绔子弟芬利，芬利的父亲也是一位老板，拥有好几家企业。两个年轻人迅速坠入了爱河，一年后，她们结婚了。婚后，他们的生活依然奢华得令人咋舌，甚至比以前还要变本加厉。

后来，世界大战爆发了，芬利父亲的企业遭受了重创，公司生产的货物找不到销路，最后不得不宣布破产。这下，艾米和芬利再也无法像从前那样奢侈地生活了，突如其来的变故让两个人一下子难以接受，整日吵架。最后，艾米在一次宴会上结识了另一位富家公子，两个人之间产生了感情。于是，艾米和芬利离婚了，转而嫁给了这位刚刚认识的富家子弟，从而让自己可以继续过她想要的奢侈生活。

不久，艾米父亲的生意也受到了影响，因为他从银行借了大笔的贷款，最后所有的财产都进行了变卖，宣布破产，变得穷困潦倒。艾米对自己的父母不仅没有同情和安慰，反而看不上了，她几乎从未主动看望过他们，即便去也是空手而去。有时候，她竟然诅咒他们快点死去，为自己减轻点负担。

各位女士，艾米之所以会这么虚荣、自私，和她生活的奢侈是有关系的。一个人如果长期习惯了这种生活，就会自然产生一种优越感，对普通人嗤之以鼻。而且一旦让她们过上普通人的生活，她们会一天也忍受不了。此时，便很容易做出一些错误的决定。比如艾米就因为无法忍受奢侈生活的中止而选择和芬利离婚。所以，女士们，你们一定要杜绝奢侈，让自己的生活自然而长远。

幸福忠告

奢侈的生活固然有其让人着迷和追捧的魅力，然而，对于大多数的人而言，那不过是水中月、镜中花。女性要懂得让自己回归生活本来的样子，不要在追求奢靡的同时，葬送了生活的乐趣和最值得珍惜的东西。

6. 不要吝啬，用最少的钱享受最优质的生活

各位女士，在上一节我告诉大家要远离奢侈这种恶习，但是在告诫大家不要追求奢靡生活的同时，也要提醒大家，节俭是必要的，但是不要吝啬。如果你形成了吝啬的生活方式，那么你的幸福感也会被金钱所拖累。

我们身边常会见到这样的人，她们节俭得过了头，已经到了吝啬的地步。两年前，我认识了一位中年女士。她就是这样的人，虽然她的收入很可观，但是她却不舍得花一分钱，从不给自己买衣服，也从不到餐馆吃饭。她几乎将自己全部的钱都存了起来。尽管她的积蓄已经很丰厚了，但是她的生活却相当枯燥，因为她不愿意花钱去看电影，也不愿意花钱和朋友们聚餐。正因为如此，她几乎没有什么朋友，大家都不喜欢和她来往。

女士们，节俭固然是值得提倡的好习惯，但是如果像上面那位女士一样，到了吝啬的地步，生活中也就没有乐趣可言了。更何况，我们努力工作的目的不就是想提高生活的品质吗？终于赚了一些钱，却把它们悉数存到银行，这岂不是与当初赚钱的初衷相悖吗？所以，假如我们太过吝啬，那就无法享受到生活的乐趣了，你也会因此失去朋友，因为大家都不喜欢太过吝啬的人。

也许会有女士对此表示困惑：卡耐基先生，你现在把我们都弄糊涂了，一方面让我们不奢侈浪费，一方面又让我们不要太过节俭，这岂不是太矛盾了吗？究竟怎样才是正确的？有没有一个标准？

女士们，由于你们的收入、经济状况千差万别，我自然无法给出一个标准来。但是我可以提供一个消费原则，那就是适度消费。要在力求节俭的同时提升自己的生活品质，至少不降低，让自己充分享受到生活的乐趣。

在这个方面，拉多·格恩太太的例子可以为我们带来一些启示。

拉多·格恩太太是《妇女生活报》的副主编，她在理财这方面就做得很出色。格恩太太的收入很丰厚，但是她很节俭，从不胡乱花钱。但是，她的生活品质却丝毫没有受到影响。

生活中，拉多·雷恩太太始终坚持两点：第一，用最少的钱办最多的事情，不让金钱浪费；第二，该花的钱一定不能省，确保生活的品质。

每当月初发薪水的时候，格恩太太不会像有些女士那样到超市和商场大肆狂购，也不会像吝啬的人那样，把所有的钱都存到银行，不肯动一分钱。她会先预估这个月的花销，预留出一部分，然后把剩下的存起来。等做好这个月的收支计划后，她就严格按照计划执行，不会轻易破坏这个计划。

但是拉多·格恩太太并不是一个吝啬的女士，她非常注重生活品质，她不像一般的女士会随意地增添衣服，但是她的衣服却都是不错的品牌衣服，穿在身上显得高贵而得体。她很少像有些女士那样花钱没有节制，但是每个周末，她都会带着孩子和爱人一起到环境幽雅的餐厅享受美食，有时带着家人听听音乐、看看歌剧。月末的时候，她还会约上三五好友到咖啡厅喝杯咖啡，聊上几个小时。总之，在大家的眼中，拉多·格恩太太是一个很讲究生活品质、很有情调的女士。但是让人感到吃惊的是，她的生活支出却并不比普通人多，甚至要节省很多。

这就是一位聪明的女士，她可以用最少的钱让自己和家人过上优质而快乐的生活。她不需要做葛朗台式的节省，也不会做购物狂人。她可以既做到节省，又确保生活的品质。

也许，也会有女士对拉多·格恩太太的做法表示不理解。因为现实中确实有人和格恩太太的做法一样，却没有收到一样的效果。其实，原因在于两点：一是格恩太太的精打细算，二是格恩太太对精神生活更为看重。所以，她不会与人攀比，也从不会去购买那些奢侈品，从而节省了很多钱。

所以，女士们，吝啬和奢侈一样，都是不好的习惯，它们都会影响到你的生活品质，甚至伤害你的快乐。

幸福忠告

节省自然是值得提倡的，但是过分的节俭就成了吝啬，不仅自己享受不到生活的乐趣，也剥夺了家人享受幸福的权利。女人要学会理财，善于用最经济的花费换取更优质的生活，确保生活质量的同时保证家人的幸福感。

---

7. 理智消费，拒绝商家的诱惑

当两份同样价格的咖啡摆在你的面前，一杯是100毫升的杯子里装了90毫升咖啡，看上去就要溢出来了；另一杯是150毫升的咖啡杯里装了100毫升咖啡。你会选择哪一杯？我想，大部分人都会选择前者，因为看起来更满，而实际上，后者更合算。很多时候，女性消费者是很冲动的，也容易在商家的诱惑下冲动消费。很多女性看到打折或者特价商品，都会一股脑地买回家去，仿佛占了多大的便宜似的。

美国经济学家罗伯特·弗兰克在《奢侈热》一书中这样描述道：现下人们为一种炫耀与追逐奢华的观念付出了沉重的经济代价。比如，在你面前摆着一幢幢豪华的住宅，面积有三四百平方米。而实际上，100平方米的面积就足够你和你的家人居住了。但是，当房产推销员轻轻地在你的耳边说“低首付，轻松月供”时，越来越多的白领们不惜掏空腰包，并且去银行贷款，将它买下。

那些零售界的奇才们，总有会你意想不到的办法让女人们心甘情愿地花钱，即使出售一个厨房里用的小勺子，他们也会用专业而极具煽动性的语言令你一步步陷入他们设定的圈套，让你花钱似流水一样。

罗伯特最无法忍受的就是陪女友逛商场和超市，因为不仅累得腰酸背痛，钱也如流水一样花出去了。在商家打出各种各样的诱惑招牌下，女友每次都会选购一些不太需要或者不实用的东西，这让罗伯特很无奈。但是女友却坚持认为这些东西很便宜，错过就吃亏了。但是，买回去的东西中很多都用不上，衣服的款式和颜色不喜欢了，或者鞋子的码数偏小了……

平安夜那天，他们又去逛商场，女友买下了一件600美元的名牌衣服，而另外一件标价500美元的衣服，款式和质地都和这件非常类似，只是前者是半价，后者是八折。在罗伯特的观念里，不管折扣多少，600美元就是比500美元的衣服多出100美元，而女友却认为，那件半价的衣服就是节省了600美元。

在现实中，和罗伯特的女友有相似消费心理的女人有很多。观察一下超市的收银处，总能看见不同年龄的女人推着一车商品等着付款。其中就有各种各样的特价商品、优惠商品。“打特价的商品比原价便宜多了，所以买的越多，赚的就越多。”这种想法恰好与心理学家们的结论相印证：女性在消费时，并没有真正去估量一件商品的真正价值，而是根据它能比原来的价格减少多少来判断。面对商家“特价”、“优惠”的诱惑，很多女人宁愿掏空口袋，还认为自己占了便宜。

可见，打折商品、特价商品对女人有着无法抵挡的诱惑。很多女性都爱贪小便宜，为了表面的优惠，她们常常义无反顾。于是商场和小贩们纷纷使出各种可以诱使女性消费的办法，专营“特价商品”、“品牌折扣”等的专卖店也应运而生。

也有一些女性，一看到打折的衣服就想买回家。其实，便宜的衣服未必如你想象中省钱，而投资回报率高的衣服才是值得购买的。一般而言，一件衣服的“投资回报率”是与它的穿着频率、时间长短和其他衣服的搭配率决定的。比如，一件150美元的时髦短裙，如果只穿了一个月就因为过时了而不再穿的话，即便每周穿1次，1个月总共穿4次，穿一次的成本是37.5美元。而一件900美元的短裙可以穿3年，每年穿一季，每季每周穿一次，一共可以穿36次，每次的成本为25美元。这样看来，前者的穿衣成本反倒更高一些，而品质却和后者相差甚远，所以反倒是后者更为划算。可见，女性在选购衣服的时候，不要被商家的广告和优惠活动所诱惑，贪图便宜而买衣服。

女性消费者在选购商品的时候，一定要选择相对固定的目标作为比较对象，而不要因商家的一些活动而扰乱了计划和决定。注意小心抵制商场的诱惑，千万不要冲动购物，结果买来一堆不实用的衣物。总之，女性要理性消费，购物时要“三思而后行”。

幸福忠告

商家的目标就是让消费者掏出腰包里的钱，女性消费者往往更具有购物的欲望，容易冲动消费，而这也正是商家所乐见的。所以，消费一定要理性，不要掉进商家活动的陷阱，浪费了金钱，也平添了烦恼。

---

8. 量入为出，不做“月光女神”

生活中总有这样的女性，她们花钱没有节制，大手大脚，她们缺少理财观念，而又具有超前消费的观念，这使得她们常常掏空自己的口袋。几乎每个月都有入不敷出的情况，这让她们时常陷入捉襟见肘、窘迫的境地。有些女人将这种情况归结于自己学历低、能力差、收入少，但是我认为问题的关键并不在于此。

熟悉我的人都知道，我出生在密苏里州的一个农场中。小时候家里很贫穷，十几岁的我经常跟着父亲辛勤地劳动，而且每天的工作时间都在10个小时以上。但是，尽管我们很努力地工作，得到的报酬却少得可怜。不是每小时50美元，也不是10美元，而是可怜的5美分。

然而，即便收入这样微薄，我也总能从收入中勉强节省下几个铜板。当我大了一些，离开家乡到大城市里谋求发展。在相当长的一段时间，我过着很艰辛的生活，我住的房子没有浴室、没有自来水，每天都吃最便宜的饭菜。袜子破了，但是为了节省几个铜板，我补了又补。后来，我的收入开始增多，生活状况也得到了好转，而我依然对自己很“吝啬”，坚持着每个月都存一笔钱。无论何时何地，如果入不敷出，我一定会觉得心里不安。

但是，现在很多女人的身上都看不到对这种入不敷出的惶恐和不安。眼见没到月底，收入已经挥霍光了，于是去借、去蹭、去混，也可以心安理得的生活。

樊妮小姐在一家物贸公司工作，收入很稳定，也很可观。她和很多年轻人一样，都是花钱没有节制的人，每个月工资一到帐，她就会约上三五个好友大餐一顿或者到商场疯狂地购物。她认为这是朋友间维持友谊和生活的必需，更重要的是，她认为自己的薪水完全够花，所以，没有必要节省、存钱。

但是，每个月到了月中的时候，她的钱就几乎快花完了。为了维持下半个月的生活，她不得不节衣缩食，也开始努力地克制不去买那些不需要的东西了。然而，令人遗憾的是，这种自我控制的状态并不能持续太久，过了没多久，她又开始恢复了从前大手大脚的生活。结果还没有等到发工资，她已经把钱花光了，无奈她又开始向朋友们借。此时，已经身无分文的樊妮也会暗暗下决心，以后一定要改掉这种毛病。但等到了下个月，她还是和从前一样，并没有改变。

后来，樊妮就职的公司破产了，樊妮的生活一下子跌到了谷底，因为她没有积蓄，此刻又没有了收入来源，因此解决温饱都成了难题。短时间内找到工作也并非易事，多亏她的朋友伸出了援手，帮助她度过了难关。

女士们，樊妮小姐的故事是不是在你们自己的身上也发生过？其实我们不难发现，樊妮小姐的境遇完全是自己的不负责任造成的。拥有一定的积蓄可以使人获得心理上的安全感，人会感觉踏实，才能轻松而快乐的生活。故事里的樊妮小姐在挥霍的时候也许会感到快乐，但是这种快乐是暂时的，过后她往往会承受更痛苦的现状。此外，樊妮小姐的习惯对她造成的最大危害是，当她真正有需要花钱的地方时，她却拿不出钱来，只能一个人干着急，陷入困境挣脱不得。

女士们，无论你们的收入水平如何，都要或多或少地为自己存些积蓄，不要全部花光。只有这样，你们才可以心安地生活。

卡斯丁小姐从小家境贫寒，她有一个双胞胎妹妹。父亲是个修鞋匠，母亲是售货员。父母每个月微薄的收入要供养五口人，日子很艰难。由于家境贫困，卡斯丁很早就辍学参加了工作。她的第一份工作是在一家饭店做服务员，每个月的薪水是五百美元。不过，卡斯丁小姐很节俭，她买东西的原则是只买自己急需的、必要的，从来不买那些用不着的东西。正因为如此，卡斯丁在饭店工作了两年后，已经有了不少的积蓄，然后，她拿着这笔钱报了一个成人学习班，白天打工挣钱，晚上去上课。

当卡斯丁学完课程后，辞掉了原来的工作，找了一份保险公司的工作。已经是办公室文员的卡斯丁收入增多了不少，但是她依然很节俭，把一半的收入都存了起来。在保险公司工作了三年后，她又有了一笔不少的积蓄，她用这些钱开了一间杂货铺。善于经营和管理的她将这家杂货铺的生意做得风生水起，后来还开设了分店。如今，她已经彻底摆脱了贫困，过上了富足的生活。

金钱虽然不是万能的，但是从卡斯丁小姐的故事可以知道，女性必须要学会存钱，积蓄对人生是非常有帮助的。金钱可以让我们有机会去学习和提升，金钱可以让我们的生活过得更加稳定和富足……我希望所有的女士都可以管理好金钱，学会量入为出，多为自己的人生积累资本。

幸福忠告

生活的道路上变数很多，我们不可能风平浪静地过一辈子。为自己留下积蓄，也就是为人生的意外买一份保险。女性要学会存钱，不要做“月光女神”。只有懂得量入为出，生活的前进才会更踏实和稳妥，我们才会获得更多的安全感。

9. 三思而行，避免武断投资

对于很多做事冲动的女士来说，“三思而后行”是最好的做事准则，尤其在投资的问题上，显得尤为突出。一定要做到先“知”，然后考虑清楚后做决定，最后再按照决定付诸行动。这是一个女人成功投资必要的过程。要知道，无论什么事情，在付诸行动前都要经过谨慎仔细地论证，才能有更大的成功概率。

下面，我和大家分享一个故事。

丝奥图·欧娜小姐在墨西哥州的阿尔布奎克市居住，几年前她的母亲患病卧床。在母亲卧病的前两年，一直由经济条件好些的舅舅资助他们医药费，但是有一天舅舅告诉她自己的工厂遇到了麻烦，资金有些紧张，问丝奥图是否缩减下开支。比如减少两名护士的薪水，或者转到等级稍低一些的医院。丝奥图在电话里对舅舅一直以来的帮助表示感谢，并告诉舅舅自己要考虑一下。

刚刚 23 岁的丝奥图还没有太多的理财经验和赚钱的能力，但是她有善于思考的优点。她把母亲的收入整合到一张表格里，其中包括两处房屋的租金、有价证券的收入，以及舅舅每个月资助的钱。然后，她又列了一张表，将母亲每个月的开支，如医药费、生活费、税金、保险费等。很明显，现在的支出要远远超过收入。她看着摆在面前的结果，心想，即便按照舅舅的建议也无法解决问题，也许这时最好的办法是卖掉一处房产或者卖掉有价证券以换取现金来支付母亲高昂的医药费。

她找到一个做律师的朋友，向他咨询了目前市场的房产行情以及有机证券的相关情况。朋友告诉她，此时阿尔布奎克市正赶上城市大规划，房价正处于上升期，而证券升值的空间十分有限，此时的价格已经近乎饱满了。于是，丝奥图决定先把有价证券卖掉，而保留房产。卖掉了有价证券后，恰好可以解燃眉之急。这位朋友又向她介绍了一家私人医院，这里的医疗条件丝毫不比正规医院差，而且价格也要便宜很多。这不禁让丝奥图喜出望外。

半年后，丝奥图卖掉了一处房产，这一大笔钱不仅可以支付母亲的医药费，还有不少剩余。她想，这些钱终有花完的一天，不如做点投资，说不定会有回报。她常年在医院陪伴母亲，很清楚药品行业的利润空间很大，于是，她用剩余的钱购买了一个药品代理权，开始从事药品批发的行业，结果证明了她的正确。几年的时间里，她积累了可观的财富，如今她再也不用为母亲的医药费发愁了。

这个故事告诉了女士们：在做出投资行动之前，要进行谨慎而仔细的思考，并且详尽地考虑和分析各种风险和利益的大小，这样才能有效地避免失败，从而获得更大的利润。假如丝奥图小姐当年武断地将资产全部卖掉，那么她不仅会损害到母亲的治疗，还会让日后的生活没有依靠，带来更大的麻烦，因为到时她已经没有东西可卖了。

穷人和富人之间的最大不同就在于懂不懂投资，会不会投资，是否具有投资获得收益的能力，而这种能力直接反映了一个人的思考能力。美国投资学专家科尔·维斯博士曾说过：“投资高手，不仅具有独特而正确的技巧和理念，还具有审慎而缜密的思维。在进行每次投资前，他都会对可能遇到的各种风险和利益大小进行分析和评估，以此再做出下一步行动。”投资能力和知识是投资的核心和根本。而大多数的女人都欠缺这两方面的能力，但是可以通过拓展思路加以弥补。

思考，是所有投资行为的前提，所有的分析、操作都必须在此基础上进行。女士们，金钱对于每个人都有强大的诱惑，但不是轻易就可以得到，有时一个错误的决定就会让你血本无归。因此，在进行每一次投资前，一定要做到“三思而后行”。

幸福忠告

对于理财，女性往往具有与生俱来的优势，如细心、谨慎以及对收支的高敏感度。所以，女性在做投资时，一定要基于自己的优势，对相关的行情进行缜密的分析，考虑到可能的风险和收益，从而做出正确的决策。

---

10. 量体裁衣，不攀比和盲从

虚荣和攀比的心态几乎人人都有，女性则尤为突出。当三四个女性结伴购物的时候，这种心理则表现得更加充分。盲目攀比的行为在虚荣心的作祟下慢慢地滋生了。女性在购物的时候本来就容易冲动，不够理智，一旦在攀比的心态下购物，就更加不理智了。于是，爱慕虚荣、攀比便成了女性，尤其是热衷时尚、追求美丽的年轻女人在消费时经常出现的通病。

28 岁的雪莉在一家对外经贸公司上班，在她们公司里有好几个时尚圈子，雪莉和公司里几个平时比较谈得来的同事也是这其中的一个。她们关注时尚，经常结伴去购物，与其他几个圈子之间还在暗中攀比和较劲，比如另外一个圈子的同事穿了一件新买的名牌服装，雪莉她们也必然紧跟其上。几个圈子之间就这样明争暗斗，暗地里攀比。而她们这样做，受益的当然是商家。

但是，雪莉她们却饱尝了苦头，刚发的薪水还不到半个月，已经花了一半多，有时为了与人攀比，还不得不动用银行卡里的存款。其实，说白了，她们之间买些衣服无非是为了挽回所谓的“面子”。为了攀比买来的名牌服装，有的一年也难得穿上两回。结果，花费昂贵的衣服终日放在衣柜里，不仅如此，一些高档面料的衣服平时还要注意干洗、保养等，即便放着不穿，也要有花销。这样一来，雪莉她们大量的流动资金反而变成了一堆平时不怎么穿的高档服装，还要花钱保养，实在不合算。因此，她们的存款越来越少。

类似雪莉这样为了虚荣心而相互攀比，除了让自己的经济陷入窘迫的境地，增加了许多平时不怎么穿的衣服，并没有任何好处，而且还因此影响同事之间的关系，也给公司带来了不良风气，难免会影响到工作。如果已婚女性怀有这种心理则更不可理喻了，这种不良的消费观很容易将整个家庭的收支完全打乱，严重时会导致家庭经济陷入瘫痪。

桑迪的太太就是这样的一个女人。桑迪是一名公司职员，在岳父过70岁生日的时候，身为总经理的大女婿送上了一块劳力士手表，而自己拥有一家公司的二女婿则送上了1万美元的现金，只有桑迪的贺礼是价值2000美元的营养品。桑迪的妻子得知后，脸色异常难看，桑迪试图和妻子解释，但是却遭到了妻子的冷眼。

桑迪无奈地说：“我妻子是个不错的女人，只有一个毛病让我很无可奈何，她太爱面子，总爱和人攀比。比如她的朋友给孩子买了一架钢琴，而她也不问孩子对钢琴是不是感兴趣，就要也买一台钢琴放在家里，而且要上档次的。时下流行的首饰、衣服、化妆品、背包等，无论是否适合自己，她都一定要拥有。如今，她又对手机产生了兴趣，现在的手机才买了两个月，又要换新的。唉，我不过是一个小小的职员，可是妻子却这么爱慕虚荣、不停地攀比，我实在束手无策。”

很多已婚女人对于发生了什么重大的新闻漠不关心，但是却很关注她们周围的事情。像桑迪这样的女士很多，今天看到邻居家里新添了跑步机，她就会想："难道我家就缺这点钱吗？看我过几天不买个更好的！"逛商场的时候，看到喜欢的衣服，第一天的时候，还可以忍痛割爱。一旦第二天发现哪个女人将那件衣服穿在身上了，而且靓丽夺目，她就感觉异常难受，第三天一早就去把那件衣服买回来。"为什么别的女人都有，我就不能买？"这几乎是所有的女性消费者共同的心态。

女人在城市里无疑是一道靓丽的风景线，如果没有了女人之间的争奇斗艳，或许整个城市的风景也会暗淡不少吧？商家也认识到了这一点，不惜重金宣传：女人就是天生的购物狂，购物是女性的天职。于是，那些本来内心还有些许犹豫的女性终于找到了理由和支持，开始"大开杀戒"了，事实上，这不过是商家赚钱的手段而已。

作为女性，一定要参照自己的经济条件和购买目标进行适度消费。如果总是为了虚荣而和人攀比，没有做好财务规划和预算就盲目消费，只会造成丈夫精神的紧张，甚至会让他感到不堪重负，从而引发夫妻间的矛盾，影响到正常的家庭生活。即便你还是单身，也要注意适度消费和理财，否则势必会影响到你个人的投资理财目标。

所以，女士们，在购买衣物的时候，一定要根据自己的财力和实际需要量力而行，抛弃与人攀比的心理。这样你口袋里的财富才会不断升值，帮助你早日实现财务自由，成为一个富有的女性。

幸福忠告

也许是天性使然，女性都或多或少地存在一定的虚荣和攀比心理，体现在购物上便是无节制的不理性消费。女性要学会在消费前做好预算，评估自己的财务状况，不能在攀比的心理下强制消费。做个自主的女人，把从别人身上的目光收回来，做好自己，就是最大的成功。

第八章　扩展人脉，握住社交的金钥匙

女人获得幸福需要很多元素。良好的人际关系是一个女人在事业上如鱼得水的推动力，在生活中左右逢源的润滑剂。女人要学会为自己营造一个和谐的人际关系网，通过你的好人缘为你收获更多的生活助力，打造一个更加宽松的生活空间。

1. 与人为善，赢得友谊的橄榄枝

我一直认为，一个人心存善意地生活和工作，那她一定是一个热爱生活的人。女士们，在生活中，我们应该学会释放我们的善意，它是一种力量，可以让我们体味到人与人之间最真诚的互动和友谊。

女士们，我们在生活中，遇到最多的其实就是陌生人，每天只要我们走出家门就一定会遇到陌生人。通常，我们都习惯了旅程中谨慎地和对方接触，甚至是保持距离地委婉一笑，路程结束后，各奔东西，仍然还是陌生人。但是，女士们，我要说的是，请放下过分的警惕，尝试以友善来接触你所遇到的陌生人，他们或许会成为你一生中的贵人，可以帮助你度过难关，甚至可能陪伴你走过一生。

安迪有一次出差回来，火车上碰到了一位穿着讲究的先生，不经意间，两个人攀谈起来，原来这位年轻的先生要去看望他的祖父，而他的祖父和安迪居然是邻居。于是，两个人一路同行来到了那位先生祖父的楼下。因为东西太多，那位先生邀请安迪帮他一起拿到六楼。

安迪心里怎么都不会想到，就是因为他的这次热心，彻底改变了他原有的生活轨迹。

原来，这位先生的祖父是某知名品牌服装的创意总监，叫席德，虽然已经八十高龄，但依然谈笑风生、平易近人。而且，席德和安迪颇能谈得来，俨然成了忘年交。后来的交往中，安迪发现席德的儿子居然就是带有传奇色彩的钢铁公司总裁罗夏，并由此结下了很深的友谊。

后来，安迪因为工作原因辞职，这时，罗夏便邀请他到纽约来加入他的公司，一起共事。

直到现在，安迪在纽约过上了丰富多彩的生活，平时他兢兢业业地工作，休息的时候，他经常约见罗夏及其周围的高雅人士，也常和那位年轻人的祖父一起郊游、钓鱼，过得不亦乐乎。

后来安迪回忆说："如果当初拒绝了那位年轻人的求助，那我现在拥有的一切也就都不存在了。我的生活可能还和之前一样平淡无奇。"其实，我是想说，心存善意的人，可能会在不经意间结下能帮助自己的友谊，或许，你的一次偶然的友善，会让你开启全新的人生历程。

女士们，关于与人友善的故事，我这里还有一个体会非常值得与大家分享。这个故事里的主人公是我曾经采访过的一个朋友。我们一起来看看吧。

在我众多的采访对象中，玛丽亚·布拉齐是一位年轻有为的女性，她经过自己的努力，一步步从一个基层管理者升到了公司的副总裁，在我询问她有什么秘诀的时候，她只是轻描淡写地说"与人为善。"下面是我记录的她的两个小故事。

一次，玛丽亚·布拉齐视察分公司，正巧碰到一个来募捐的孩子。分公司的负责人接受孩子募捐后，随意开了一张支票，然后就急匆匆地赶着忙别的事情了。这个孩子一脸的失望，但又无奈地转身离开。玛丽亚·布拉齐走上去，叫住了这位孩子，亲切地和这个孩子交谈，并了解他募捐的情况，最后，她非常高兴地称赞了他，夸奖他了不起。孩子非常开心地离开了。玛丽亚·布拉齐找到了分公司那位负责人谈话，说："小孩子从小开始募捐，是一项非常重要的锻炼，我们必须要充分认可和尊重他们，要详细了解他们的想法，多为他们考虑一下。"

还有一次，玛丽亚·布拉齐看到一位员工经常拼命工作，并且主动申请加班加点地工作。后来了解到，这个员工家庭经济状况很糟糕，迫切希望通过工作改变生活现状。接下来，玛丽亚·布拉齐亲自找她谈心，指导她工作方法，把她培养成了一名业务能手。但是，她后来却主动离开了公司，玛丽亚·布拉齐对此愉快地接受，而且还真诚地给她祝福和很多建议。

我感到非常好奇，感觉她表现得有些太大气了，于是问她："你辛辛苦苦培养了一个业务精英，结果她跳槽去了别的公司，你难道一点都不生气吗？"

玛丽亚·布拉齐回答我说："我的确有些不高兴，但是我能理解她。为了家庭生活得更好，有更好的薪酬和发展机会，她有权选择自己的路。我想，如果她解决了自己现在遇到的问题，她没准还会主动回来找我，重新加入我的团队呢。"

我不得不佩服她，她一直都是这样替别人着想，与人为善，所以，公司里所有的主管和员工对她都非常的尊敬，而且也愿意向她坦露自己的心声。其实，她之所以能年经轻轻就当上公司的副总裁，肯定与她善良的品质和和蔼的待人方式有着不可分割的关系。

女士们，我们可以想象一下，如果一个人只知道指责我们的不足，并命令式的要求我们改正，我们能接受吗？如果一个人很谦卑地告诉我们问题所在，然后再设身处地为我们着想，并告诉我们怎么做可以更好地解决问题，我们一定会心情舒畅地欣然接受吧。

所以，女士们，如果你已经明白了与人为善的真谛，那就在平常的工作和生活中，带着一颗友善的心和人交往，你会发现，当你付出了友善，周围的人也会同样回馈你更多的笑容和帮助。

幸福忠告

与人为善，如同冬日的暖阳、夏日的微风，让人倍感亲切。同时，与人为善也是一种人际交往中的润滑剂，体现了女性社交的"软实力"，做到与人为善便是拥有了一张介绍自己的"隐形名片"，可以帮助你赢得更多的友谊。

2. 学会倾听，听众的角色更受欢迎

什么样的人才能被称作“最有趣的谈话家”呢？或许，各位女性朋友都感到奇怪，怎么还会有谈话家？其实，这是一个自我标榜的话，因为我曾经被人称为“最有趣的谈话家”。

前些日子，我应邀参加了一个晚宴。同被邀请的人员里，有一位先生非常精通植物培植和养护方面的知识。因为我也对这方面的东西很感兴趣，而且一直希望能了解一些有关植物方面的专业知识，所以，我静静地坐在椅子上，耐心地听他讲解。这位先生从农作物讲到温室大棚，从马铃薯讲到水仙花……无所不通。后来，我提出我自己的小花园遇到的一些问题时，他非常兴奋，激动地告诉我解决的办法，还有一些培养中需要注意的事项等等。这个晚上，我们谈了整整三个小时，直到晚宴快结束的时候，那位先生依然意犹未尽。晚宴结束后，他对我极尽讨好和恭维，称赞我为“最有趣的谈话家”。

我就这样稀里糊涂地成了“最有趣的谈话家”。但是，当天的晚会上，我并没有说太多的话，而且我自己知道的关于植物方面的知识少得可怜。不过，我一直都在安静地听他说话。正因如此，我记住了一些他讲的植物学知识。他也感觉到了我的专心和用心，所以，令他倍感欣慰。

女士们，我们每个人都希望表达，也都希望能有一个忠实的听众，所以，当你开始耐心地倾听别人说话时，其实已经表达了你对他的尊敬，他会不由自主地对你产生好感。

世界上，有很多成功的人都懂得聆听别人的讲话。马克先生是一位专职负责名人访谈的记者，接受他采访的名人数不胜数，而且每一位接受他

采访的人最终都成为了他的好朋友。他能做到这一点，其实非常简单，那就是每次采访，他都能专心地聆听他们讲话。马克先生曾经说过："现在很多人都习惯迫不及待地表达自己的观点和思想，从来不懂得聆听。他曾经采访过的一些大人物也说过，他们更喜欢善于倾听，而不是健谈的人。但是，对于有些人而言，让他们学会聆听简直比登天都难。"其实，不仅大人物有倾听的诉求，普通人也需要别人倾听。

但是，当今社会中，很多人都在表达而不是倾听，他们从不给别人说话的机会，他们不懂得其中的奥妙和道理。尤其在面对批评的时候，他们总会急切地竭尽全力予以反驳和否认。我的朋友乌敦先生是一个善于倾听的人，他常常用他耐心的倾听软化一些挑剔的批评者。让我们来看看他是怎么做的吧。

乌敦是我的好朋友，经营着一家服装店。

一天，他正在里屋整理材料，忽然听到自己的店员和客户吵了起来。原来，这位客户昨天来店里买了件衣服，结果发现领子有些黑，而且还有些掉色，非常生气，今天她找到店员要求给个解释。但是，她还没有说完自己的诉求，店员就反驳道："这样的衣服我们已经销售出去上千件了，还没有遇到过你这样挑刺的人呢。"由此，客户彻底被激怒了，便和店员吵了起来。店里的另外一个售货员也过来解围，说："黑色的衣服都会有些褪色的，我们自己买的也常有这样的问题，没有办法的。"客户更加恼怒了，继而转变为了大吵大闹。

乌敦出来后，示意店员不要说话，然后详细了解了事情的原委，并耐心听完客户所有的意见和怒火，谦卑地向客户应和着，并且提出可以按照她的要求来照办。

那位愤怒的客户一时间有些失落，仿佛缺少了吵架对象，可是心理上得到了极大的满足。她望着乌敦说："没事了。你刚才的态度让我很满意，而且也了解到黑色衣服都是这样，那就不用换了。"说完后，客户满意地离开了。

女士们，你们是否发现了什么？面对挑剔的人，你越是反驳他，他可能越生气，越会较真。但如果你耐心地倾听他说的话，他反而因为你的谦卑而得到满足，让事情得到满意地解决。

一个作家曾经说过这样一句名言："一个人注意自己身上的一颗小痦子的时间远比关注非洲地震的时间要多"。的确如此，我们都非常关注自己，每次在和别人交流的时候，经常想到的也是自己，往往忽略对方的感受。其实，道理是一样的，你说话的对象也是这样关注自己的。

所以，女士们，现在开始改变吧，把倾听当作一种美德，从一次普通的谈话做起，让自己学会倾听别人说话，体会别人的心情。这样，你将拥有更多的知心朋友。

幸福忠告

女士们，倾听是我们对别人的一种尊敬，一种最有效的恭维方式。当你学会倾听的时候，你已经掌握了与人交流的技巧，学会了表达对他人的重视和尊重，而此时你会发现，你已经被大家视为知心朋友了。

---

3. 谈吐优雅，体现沟通的魅力

女士们，看到这个标题，是不是觉得没什么好说的。是不是认为自己平时已经非常注意沟通的技巧了。但是，我还是要再次系统而仔细地阐述和强调沟通的重要性。

多年前，纽约商业联合会举行了一个晚宴，我有幸被邀请参加。期间，我认识了纽约一家大型外贸公司的人事部经理唐纳德·波拉特先生。他告诉我，招聘到一个能力平庸的员工并不是一件糟糕的事情，糟糕的是招聘到一位不会沟通的人。说实话，我还是第一次听到这样的理论。唐纳德·波拉特先生继续说道："我们都知道，团队是一个公司的生命，团队中每一位成员都必须能默契的合作，团结一致，精诚合作。这样的团队才有生命力和战斗力，否则，就如同一盘散沙。所以，我们宁愿这个员工能力一般，也不希望他不懂得沟通和合作。"

纽约百货公司的老板克里尔·斯科纳曾经更加直白地说过："现在，一个员工是否具备和上司、同事、客户顺畅沟通的能力已经成为企业招聘时非常重视的核心要素。"

女士们，沟通非常重要，这一点大家都是非常认同的。但是，现在一些女性观念中的沟通有些片面，以为沟通就是指语言对话。其实，它的范围非常广泛，既有如何正确地表达自己的观点，也包含倾听对方的意见，而且沟通方式上多样化。所以，你只有进行多方面的练习，才能运用好沟通技能。

坦白地讲，学会沟通不是一朝一夕的事情，我这本书里的一节不可能把沟通的内容完全说透，因为它所涵盖的确实太多太广了，足可以写成一本书。这里，我把一些基本的原则阐述出来，女士们根据这些原则，再结合自身情况，活学活用，虽不能保证完全到位，但至少多了一种走向成功的能力。

下面我再讲两个我自己亲身经历的故事。

为了缓和工作的压力，打理一些琐碎的事情，安排工作计划等，我雇佣了一位秘书，暂时称呼她为 H 小姐吧。她很有能力，工作上的事情安排得井然有序，一直兢兢业业，非常认真。并且，她还会英、法、西班牙和德语四门语言，打字速度很快，仿佛秘书所有的优秀品质都能在她身上找到。但是，她有一个致命的问题，就是不会沟通。

有一天，我外出办事，老朋友约翰·查尔顿来找我。他还不知道我雇佣了秘书，并一如既往地径直走进了我的办公室。H 小姐连忙跑了过来，生气地说："Hi，你怎么这么不懂礼貌！不可以随便进来的，你要先和我这个秘书询问一下。”约翰听了后，说：“不好意思，我还不知道戴尔雇佣了秘书，我是他的老朋友，我对刚才贸然闯入感到抱歉。希望能得到你的原谅。”H小姐傲慢地接着说：“别以为是老朋友就可以破坏规矩，现在卡耐基不在，请你出去吧。”约翰此时已经有些生气了，但依然客气地说：“真对不起，我找他有事，你能帮我联系一下吗?”H小姐不耐烦地说：“秘书不能透露老板的行踪，这一点您都不懂吗？我们老板怎么会有你这样的朋友!”约翰再也受不了了：“小姐，请你说话客气一点。真搞不清楚，戴尔怎么会雇佣你这样的人当秘书。”说完，气呼呼地走了。

后来，为了这事，我和她好好地谈了一次。但H小姐居然说：“这个无礼的家伙居然背后打我小报告。太无耻了。”我冷静地说：“H小姐，你也该好好反思一下，看看自己沟通上是不是有不恰当的地方。”我显然惹恼了她。H小姐愤怒地说：“天啊！我一直安安分分地完成自己的本职工作，而且自我感觉做得还不错，你怎么会这样认为呢？不夸奖我，还要责备我。”我知道她根本没有认识到问题，便说：“H，其实，已经有很多人说你经常和他们争吵，还伤人自尊，从不考虑别人的感受，我希望你能正视自己的缺点，并改正过来。”遗憾的是，到最后，我也没有能说服她，只好辞退了她。

还有一个“魅力四射”的卡拉女士的故事。

卡拉女士是一家汽车轮胎贸易公司的经理，本和我没有任何交集，但是，华盛顿的轮胎经销商们经常告诉我，和卡拉女士合作是如沐春风一般，简直就是一种美好的享受，她让我们感受到了女性的魅力所在。一家橡胶公司的老板也常说，和卡拉女士做生意就是一种愉快的享受，她有一种让人无法抗拒的魅力……这激起了我无限的好奇，于是，我决定亲自来拜访她。卡拉个子不高，长相非常普通，身体发胖。这些和之前人们评价“魅力四射”的女人似乎一点都没有关系。但是，当我说明来意后，她非常友好地接待了我，并且我们谈得非常开心。她让我感觉没有任何经理的架子，而且非常懂得谈话的艺术，真是如沐春风一般。卡拉最后说：“卡耐基先生，大家对我的评价其实都是在抬举我，我也没什么魅力可言，无非懂一点说话的技巧罢了。”

女士们，H 小姐的无礼和卡拉女士的魅力形成了鲜明的对比，我想，女士们应该已经明白沟通的技巧了。在此，我总结以下几点，可以用在沟通之中：

1. 懂得运用微笑的力量，让人时刻感觉到轻松愉快；
2. 认真、坦诚地和人沟通；
3. 针对不同的人和环境，适度、灵活地改变话题；
4. 谈话沟通内容要简洁明了；
5. 内容要有趣，能引起对方的兴趣。

幸福忠告

女士们，请用心学会沟通，不要把它当作简单的对话。优秀的女士会巧妙的运用沟通的技巧，成为大众心中魅力四射的女人。而愚蠢的女人最终只能独自品尝痛苦。不管你是否希望自己成功，是否愿意把自己变成“万人迷”，但学会沟通总是一件好事。

---

4. 以礼相待，尊重是相互的

我在前面的章节中也曾经提到过要尊重别人，但都没有专门讲述，在本章节中，详细介绍一下。我们每个人都有自尊心，如果我们在与人交往中能够时刻注意尊重他人，那么会让彼此的关系更加和谐。但是，现实中，很多女性朋友并没有注意这一点，也很少考虑这个问题。

我们不难看到，女士们在交往时，有时会太自我，对自己毫无约束，对别人无比挑剔，很少考虑别人的感受。而且，在指责对方错误的时候，不懂得委婉，直来直去，让别人下不来台。这样一来，被指责的对方也会因为你的某些话怀恨在心，从而影响到两人的关系。所以，女士们，如果你们之前有过类似的问题，现在就改过来吧，因为这直接影响你和朋友的关系。

好吧，女士们，我们先来看下面这个故事。

安娜·玛桑小姐在一家食品包装公司上班，负责市场调查工作。一天，公司领导说准备推出一款新产品，并安排安娜·玛桑小姐马上开始展开市场调研工作。遗憾的是，直到报告会的前夕，她才完成了市场调研，而且因为自己工作失误，几乎所有的调查数据都是错误的。安娜·玛桑急得团团转，不知如何是好。

报告会上，安娜·玛桑小姐因为担心，差点要哭出来。当她上台汇报的时候，她强迫自己安静下来，调整呼吸，然后强稳着心神，简单地介绍了自己的调研工作。并且，直言不讳地坦诚自己工作的失误，希望经理能再给一次机会，重新调研。安娜·玛桑小姐胆战心惊地做完汇报后，回到座位上，静静地等待经理的责备。

但是，经理并没有大发雷霆，而是肯定了她的努力，称赞了她的坦诚，并且告诉她，每个人都会犯错。然后，他又给了安娜·玛桑小姐一次机会，并鼓励她一定要把工作做好。后来，她很出色地完成了调研工作。

此后，安娜·玛桑小姐一直都非常感激经理，她更加努力地工作，全身心地投入到每一项工作中，每次都能出色的完成。后来，安娜·玛桑小姐被提升为部门主管。直到现在，安娜·玛桑小姐还是非常感激部门经理。

尽管安娜·玛桑小姐的成功主要是靠自己的努力，但是，我们不难发现，是经理对她的认同和尊重，让她更加努力地工作，以证明自己。

女士们，其实在实际工作和生活中，很多时候，我们都需要给予他人尊重和认同，不论何时何地，我们都应该换位思考，替别人着想，让他们感受到我们的尊重。我们再来看一下通用电器公司的问题吧。

多年前，通用电气公司曾经遇到了一个棘手的用人问题。

查理·史坦梅兹是通用电气公司的一个部门主管，他是电器方面的天才，深受领导重视。但是，公司领导在考虑欠周全的情况下，调任他负责管理计算机部门。查理·史坦梅兹对这个新部门的工作非常抵触，这种抵触的情绪几乎让他没有办法完成部门的正常工作，自己也深感烦恼。同时，公司的领导也意识到了自己用人不当的问题，但是，刚刚发布任命就把查理·史坦梅兹重新调回原部门，对查理·史坦梅兹的积极性会造成很大的打击，同时领导也感觉很没面子，对公司领导的权威也造成了负面影响。但是，让查理·史坦梅兹继续留任新的部门经理，对他自己也是一个煎熬。经过多次谈话，领导也进行了充分的考虑，在一番权衡利弊后，决定成立一个新部门：咨询工程部，并任命查理·史坦梅兹为新部门的主管。并且，新部门的工作和他之前最感兴趣的工作几乎一样，这样做，既保存了领导尊严，同时也让查理·史坦梅兹感受到公司的重视。他非常高兴，对公司领导也非常感激，在后来的工作中，他更加尽职尽责，兢兢业业，取得了不错的业绩。

不难看出，通用电气公司的领导非常有智慧。如果当时直接将查理·史坦梅兹调回原来的岗位，势必会影响到他的积极性，甚至会让他的自尊心受到伤害。公司成立一个全新的部门，不但保全了查理·史坦梅兹的面子，还大大促进了他工作的积极性。

女士们，绝大多数事业有成的人都会站在别人的角度考虑问题，顾及他人的感受，甚至在遇到棘手的问题时，也会智慧地处理好，尊重他人，放低姿态。

各位女士，你们比男人更细腻，思维更缜密，也更容易读懂别人的心和感受。所以，你们应该更懂得尊重别人，顾及他人的感受。每个人都渴望得到尊重，给予他人尊重也就是善待自己，更是一种人与人之间的理解和宽容。当你对他人的人格和价值表达认可的时候，必定会收获他人的好感和尊重。

女士们，尊重他人、以礼相待是一门学问。尊重他人，就是把自信、善良和豁达播种在他人的心田。当你亲手播下一颗颗种子时，相信你已经闻到了花开的芬芳。

幸福忠告

女士们，尊重别人，其实就是放弃自己挑剔、不满、批评的眼光，换位思考对方的处境和感受，然后称赞并鼓励对方，让他人感受到来自你的真诚的尊重，这样，反馈给你的也将是一个尊重的拥抱。

---

5. 拒绝八卦，为友谊守住隐私

女士们，八卦可能是女性朋友在一起的时候出现频率很高的话题，但是，我这里要说的是“拒绝八卦”。

我的培训班上，曾经有个学员非常羡慕那些口吐莲花、滔滔不绝的演说者，并向我询问怎样才能练成这样的口才。我在这里告诉有这些想法的各位女士，口才好，固然值得自豪，也值得学习，但不是任何时候都可以口若悬河，必要时请闭上嘴，为朋友和自己保守一份秘密。

多罗西小姐是我培训班上的一名学员，她非常喜欢演讲，但她是一个貌似活泼实际内向的女孩。为此，我曾经鼓励并建议她卸下心理的负担，轻松、开朗地生活，这样也有助于她学习演讲。但是，有一天上课的时候，她心事重重，不能专心听讲。

课后，心事重重的多罗西小姐找到我，无比苦恼地对我说：“卡耐基先生，我一直认为朋友会一辈子对我不离不弃，但是，她辜负了我的信任，把我的感情秘密当作笑话传了出去。”接着，她告诉了我事情的原委。

多罗西和同事萝莉是非常要好的朋友，可谓无话不谈。多罗西小姐无可救药地暗恋上了她的顶头上司，那个男士还是公司董事长的儿子。但是，她知道，只能暗恋，从未奢望成真。她把这个秘密告诉了她的好朋友萝莉，并诉说了自己的苦恼，同时要求她帮自己保守秘密。

然而，不久后，多罗西感觉背后老是有人对她说三道四，她的上司也开始故意躲避她。多罗西感觉好像有对自己不利的事情发生了。一次，她偶然间听到了别人的议论，才知道，公司里所有人都知道了她暗恋董事长儿子的事了。她知道一定是萝莉说出去的，便怒气冲天找到萝莉大吵了一架。而萝莉居然解释说只是告诉了几个要好的同事，没有想到会这样。多罗西感觉自己已经没有办法在公司待下去了，只好辞职了。

女士们，这个故事让我感触颇多，人们常说，女人天生就喜欢八卦，喜欢打听别人的隐私，而且很难守住秘密。但是，女士们，不管在什么情况下，如果你已经知道了朋友的秘密，请一定要守口如瓶，控制自己传播的欲望，否则你将失去所有的朋友。同样，自己的秘密也尽量不要告诉朋友，这样既可以不打扰朋友的生活，也可能少惹些麻烦。

女士们，如果你轻易地对别人说出自己知道的事情，难保不被一些别有用心的人所利用。所以，请管好自己的舌头，不要“祸从口出”，陷自己于两难的境地。亲密朋友之间更是如此，不管任何时候，面对任何人，请不要随意讲出朋友的秘密，哪怕它是一个正常的、无害的，也无关道德的秘密。

玛丽亚曾经是一个被人称为“胖子”的姑娘。虽然她口上说自己不在意身材，但实际上她却非常在意。而且，为了瘦下来，她不断地尝试各种方法。

大学毕业后，玛丽亚为了减肥，放弃了工作。果然，功夫不负有心人，玛丽亚历经了一个既漫长又痛苦的过程后，终于减肥成功，拥有了一个令人羡慕的苗条身材。接下来，仿佛一切都顺理成章了，玛丽亚找到了满意的工作，还找到了爱自己的男朋友，似乎一切都非常完美。但是，玛丽亚的好朋友，也是她的高中、大学同学的路西却经常嘲笑她的身材，而且有时还故意说起她以前的体重和种种神态。或许路西这么说也有些妒嫉的成分吧，因为，她经常和玛丽亚的新同事、新朋友以及现在结交的男朋友半开玩笑地说："别看玛丽亚现在这么苗条可爱，一年前，她的体重高达×××公斤呢，丢在大街上白给都没有人愿意要的。"话不过三，路西只要见到玛丽亚新结交的人就会这样说。直到后来，所有人都在怀疑玛丽亚是不是做了整形手术，而且看玛丽亚的眼神中都充满了不信任感。

玛丽亚忍无可忍，她愤怒地责骂路西败坏自己的名声，把自己的快乐建立在朋友的痛苦之上，毅然断绝了来往。

女士们，我们都知道交流情感、彼此帮助是朋友的价值所在。我们都希望能有一个善解人意的朋友，当我们享受欢乐和喜悦，或者承受痛苦、悲伤、苦恼的时候，都希望能得到别人的理解和帮助，也希望有朋友能和我们分享其中的快乐，或者听我们倾诉烦恼和苦闷。

当女士遇到一个可以倾诉的人、一个善于理解的人时，会不自觉地认为遇到了知音，有了心灵上的互动。但是，女士们，不管怎样，请一定要谨记，朋友可以用来倾诉，但只限于苦恼和痛苦。至于隐私或者秘密，它注定是不能与人分享的。所以，一定要保守住隐私，如果你贸然地告诉她，等于把保守秘密的责任强加给了朋友。这时，若你的朋友可以保守秘密，你等于给她增加了心理负担，若不能，那你的秘密也就成了别人的笑话或把柄。

幸福忠告

女士们，真正的朋友非常难得，当朋友把秘密告诉你的时候，那说明她是非常信任你的，这时，请一定要守口如瓶。如果你辜负了她，那你就会失去这个朋友，继而可能让更多的人认识到你是个不可交心的朋友。所以，为朋友守住隐私，为自己守住友情，请谨言慎行。

---

6. 懂得幽默，为社交魅力加分

我刚刚开始演讲的时候，常选择一个较小的，约能容纳百人的会场进行，但尽管如此，也常常遭遇不足一半的入座率，而且有些听讲的人，在我讲了几分钟后就会离开。我常常为此苦恼，并尝试更加细心地准备演讲稿和所需要的素材，做到万无一失，希望能对此有所改善。但是，我所有的努力仿佛全部付诸了东流，百人的会场依然不足一半的入座率。为此，我感觉很痛苦，并不断地探究着原因。

一次偶然的事情启迪了我后来的演讲，也由此带来了转机。我有幸在蒙特克莱尔州立大学听维斯特·博纳博士的数学课，他的课堂一直都是人满为患。我非常好奇这个可爱的小老头到底有什么神通。原来，他把本来枯燥无味的数学用幽默、搞怪甚至夸张的肢体动作来进行演绎，寓教于乐，让课堂充满了生动活泼、风趣幽默的气氛。从此以后，我开始尝试这个小老头的方法，果然收效甚好，听众慢慢多了起来，大家也越发地喜欢听我演讲了。

女士们，其实人与人沟通最有效的工具就是幽默，因为这样的沟通容易让人接受和认同。好吧，看看下面的故事吧。

1727 年英法战争期间，在英国旅行的法国著名哲学家沃泰尔先生不幸被英国人抓到了，战争让百姓异常愤怒。英国人歇斯底里地咆哮着：“绞死他！绞死他！……”

沃泰尔先生被宪兵押解到了绞刑架前。正准备行刑的时候，沃泰尔的英国朋友闻讯赶到了，并大声制止这个悲剧，他说：“沃泰尔不是政治家，也不是间谍，他是个哲学家，我们怎么能处死一个闻名的学者呢？”人群中有些人还在高喊着：“他是法国人，是敌对国的人民，就该死！”正在争执的时候，沃泰尔忽然举起手臂要求发言："各位，我一个即将死去的人，想说几句话，是否可以?"人们不清楚他想干什么，于是安静下来听他说话。沃泰尔看着鸦雀无声的刑场，不慌不忙地向所有人鞠了个躬，然后说："各位英国的朋友，就因为我是法国人，而要惨遭你们惩罚。其实我也很无奈，也一直因此接受着上帝的惩罚，那就是，我生来即为法国人，却永远不能生来成为高贵的英国人。"

全场都因为沃泰尔的幽默而逗乐了。笑声中，大家也都释怀了自己的仇恨，就这样，沃泰尔被释放了。

聪明的沃泰尔用一句幽默的语言解救了自己，同时也让愤怒的人群释怀了本不该有的仇恨。正如故事中一样，幽默是采用了迂回战术，将正面的矛盾悄无声息地化解掉。幽默其实也是一个人机智的表现，它会无形中增加一个人的魅力值。现在在很多西方国家，幽默感已经被大家推崇为一种能力、一种个人的鲜明符号了。

接下来再讲个幽默的小故事。

有一家公司，负责销售的部门经理一直空缺着。老板本来想从部门内直接提拔一位，但是，因为部门内各路人才彼此不服，都自诩为最杰出的人才，为了争夺部门经理的位置可谓"八仙过海，各显神通"，搅得部门七零八落，一片群龙无首般的杂乱。后来，老板经过反复的甄选后，从其他部门直接空降了一个经理——克拉小姐。

新经理上任那天，部门内每个人都愤愤不平，叫嚣着给这个新领导一个下马威。一时间，杂乱无章的部门居然拧成了一股绳，一致对外了。

克拉小姐首先面带笑容，给所有人鞠了一躬，然后开始自己的就职演说："非常感谢在座的各位。能来到这里是我的荣幸，也是我的不幸。因为大家都知道，来这个部门当经理简直就是一种酷刑。领导选择了很久，最终确定把我这个倒霉蛋扔了上来。"克拉小姐的开场白，让大家不禁笑成一团。然后，克拉小姐继续往下说："我这个倒霉蛋就像蜡烛的芯一样，站在蜡烛最核心的位置，看似高高在上，且又是个亮点。但是，这个倒霉蛋一直都是在被燃烧着，一截截被烧黑烧化。像我这样瘦的人，不知能烧多久啊?”大家再次被克拉小姐的发言逗乐了。

克拉小姐又鞠了一躬，然后示意大家安静，接着说道：“其实，倒霉蛋的蜡烛芯自己是不能燃烧的，全要仰仗周围的蜡油。所以，各位部门的同事，请多多关照，我们应该同舟共济，一起点亮我们部门最亮的蜡烛，不过一定要小心，别把我烧焦了!”房间里一时间只剩下了笑声。此时，大家早已将修理她的事抛到九霄云外了。

通过这个幽默故事，我们不难看出来，幽默也是解围、交友的好武器。其实，很多时候，沟通只不过是一个转身的距离，而幽默可以瞬间完成这个完美的转身。

女士们，既然幽默能带来这么多的积极的影响，那就不要再犹豫了，快点用幽默把自己点缀起来，让自己散发出迷人的魅力!

幸福忠告

女士们，有位哲人说过：幽默可以拉近两个人的距离。确实如此，在人际交往中，大家都喜欢和幽默的人在一起，也非常喜欢幽默。因为幽默的沟通能让彼此更贴近，更助于理解对方的意图和思想。所以，女士们，请让自己幽默起来，让生活和交际更生动有趣。

7. 适时赞美，让沟通事半功倍

女士们，上一节介绍了幽默可以让沟通更具魅力，这一节我们讲赞美。真诚地赞美别人，可以让沟通事半功倍。

当今社会，物质生活极大丰富，人们对于物质的需求已经基本得到了满足，或者完全可以得到满足。但是唯有精神需求，尤其是渴望被别人认可、被别人重视、被别人赞美的心理越发成为现代人最强烈的需求。威廉·詹姆斯曾经说过："人类本质中最希望得到肯定。"哲学家约翰·杜威认为：人类本质中最远大的源动力就是"希望具有重要性"。

的确如此，渴望被认同、被赞美、被重视是每一个人都迫切需要的。其实我的父亲也曾经为了赞美和重视而四处炫耀。那是很久之前的事情了。我们家养了一头品种优良的白牛，在美国西部一带的家畜展览会上，父亲因为这头白牛而得了特等奖，并获得了带有蓝带的奖牌。后来，父亲把它佩戴在最显眼的地方，逢人便炫耀，以期得到朋友的认同和赞美。

其实，所有成功人士都有这样的需求，他们都渴望被大家认同、重视。正是这种渴望被重视的冲动，让一个从未上过学、生活极度贫困的杂货店小伙计精心钻研法律，最终开启了精彩的人生。各位女士，你们可能已经猜到了。不错，这个小伙计就是亚伯拉罕·林肯。也是因为这种渴望，促生出了一代又一代的伟大人物。著名建筑师克里斯多夫·瑞爵士用石头记录下自己的不朽；石油大亨洛克菲勒用享用不尽的财富书写自己的篇章。

女士们，还有很多伟人都有自己的追求，都希望得到别人的尊重和认同。如喜欢别人称呼他"总统阁下"的乔治·华盛顿，拒绝接受落款未书写"女皇陛下"信件的凯瑟琳女皇，还有一直希望把巴黎市改名为"雨果市"的雨果。就连最伟大的文学巨匠莎士比亚都绞尽脑汁地想为自己的家族赢得一个荣誉勋章。

不仅伟人们需要被人尊重、被人赞美，普通人也一样需要。女性朋友喜欢穿着漂亮的衣服四处炫耀，或者开着豪华的跑车，或者炫耀自己学业全优的孩子。这些其实都是希望得到别人的赞美，都体现了对赞美的需求和渴望。

女士们，这个章节之所以一直说了这么多，其实就是想解释清楚，每个人都是希望得到赞美的。如果你经常赞美别人，那你会被大家喜欢，而且大家也乐于和你做朋友。

下面，我们来看看著名经理人查理·夏布的故事吧。

钢铁大王安德鲁·卡耐基聘用查理·夏布为美国钢铁公司总裁，当时查理·夏布只有38岁，而且聘用薪酬极高，年薪100万美元。在当时，能达到这个薪酬的人寥寥无几。

被聘用的查理·夏布先生真的熟知钢铁行业？能为钢铁公司带来好的技术和方法吗？为什么他的年薪可以达到100万美元呢？其实，查理·夏布先生对钢铁行业和技术的了解远远不如公司内其他的工人。

但是，查理·夏布非常善于管理人才、处理人事关系。他能激发出工人的潜能，让他们尽职尽责地投入工作。那么，他有什么秘籍吗？或者什么口令？如何激发工人的潜能呢？查理·夏布说过的一段话告诉了我们答案："对于下属，一味地批评和否定，必然让他们意志消沉，对工作产生抵触情绪，从而丧失活力，直接造成工作效率低下。如果换种角度，我们鼓励和赞美他们，让他们感觉自己被重视，被认同和尊重，然后自觉激起工作的热情。我相信赞美是激发他们潜能最好的办法。"可见，查理·夏布先生的秘籍就是肯定和赞美他人。

查理·夏布先生的话恰好印证了很多成功人士的做法，正因为如此，他们的人脉才会如此丰富，事业水到渠成般自然而成。

所以，赞美别人，可以最大程度拉近彼此的距离，让你获得更多的朋友。现实生活中，大家仿佛习惯了慷慨解囊，但却吝啬于赞美别人。前段时间，报纸上登了一个小故事。

几个男人雇佣了一个农妇为他们做晚餐，以便他们可以放心地外出工作。有一天，当他们回来准备吃饭的时候，却发现饭桌上只有一堆干草。几个男人顿时火冒三丈，指着农妇骂道："你是不是傻了？放一堆干草当晚饭啊！"这个农妇反问道："二十多年来，你们从来没有说过一句感谢和赞美的话，今天准备了干草怎么就发怒了？你们没有告诉过我不吃这个啊！"

很明显，这个农妇是故意"报复"这几个男人的，同时，也是对自己辛辛苦苦做了二十年的饭而不被关注的一种发泄。

女士们，赞美别人是我们的一种美德，它不但可以让别人欣然受用，也可以让自己的人际关系更和谐。所以，请在与人交往的时候多赞美一下对方，你的心情也会因此而变得愉悦，你的朋友也会因此更加喜欢和你在一起。

幸福忠告

女士们，我们不要总是想着自己的优点或者需要，而应该尽量发掘别人的优点，然后真诚地向别人表达赞美，这样，别人也会把你记在心上，拉近你们的距离，让你们的沟通起到事半功倍的效果。

8. 婉转建议，让良药不苦口

前些日子，我的一位女学员非常苦恼地对我说：“卡耐基先生，我的儿子现在很抵触我批评他，每次他都非常不高兴，要好半天才能缓和过来。你说我该怎么办啊？”我对这位女学员说：“你不能只批评他，同时还要称赞他的进步，这样孩子才可能接受你的批评。”这位女学员说：“我经常这样给他说，‘杰克，你最近表现得不错，学习也进步了不少。但是，你的代数需要继续加强，如果你可以多下点功夫，我想那会更好的。’”

的确，这位女学员教育孩子的方式已经很委婉了，她确实提出了批评，也表扬了他的进步。唯一的错误在于，她不应该用“但是”。因为，这样说会让杰克本来高兴的心一下子紧张起来，甚至否定了前半部分的赞美，让听者感觉那不过是一个铺垫而已，所以，最终的效果会打折扣。

其实，如果同样一句话，改动几个字后，感觉会完全不同。如“杰克，你近期学习非常刻苦，也取得了很大进步，我和你的父亲都为你感到骄傲。如果你在代数方面多下点功夫，肯定能取得更好的成绩。”这样，杰克听起来会舒服很多，而且能感受到来自父母的认同和赞美，同时也知道如何改进能让自己进步更大。

生活中，不光孩子，所有人都不希望被批评。所以，女士们，当你因为种种原因要批评一个人的时候，请一定要换个语气，委婉、曲折的劝说比直截了当的批评更有效。下面，我们来看看聪明人是怎么批评别人的吧。

为了装修房子，贾克布太太找来了十几个建筑工人，他们从早上一直工作到晚上。最初的几天，装修剩下的木屑和废料散落在院子里到处都是，这让下班回来的贾克布太太非常苦恼，因为同院还有别的邻居，如果不收拾肯定会引起矛盾，而自己亲自收拾却要耗费很多时间。贾克布太太本想要求那些工人把它们打扫好，但是，感觉有些不妥。因为那些人工作干得非常出色，倘若这时惹恼他们，势必影响后面的装修。于是，她忍了下来，想出了另外的解决方法。

一天，贾克布太太等所有工人离开后，她和几个孩子把装修的废料打扫得干干净净，归拢到角落里。第二天，她把工头叫了过来，对他说："非常感谢你们，昨天收工的时候把院子打扫得干净如初，没有引起邻居们的反感，惹出不必要的麻烦。"从此以后，每天收工的时候，工人们都会把院子打扫得干干净净。

从上面的故事中，我们可以看出，贾克布太太通过间接的办法指出了工人们错误的做法，并让他们欣然地接受了，不仅没有影响后续的工作，也达到了贾克布太太的目的。女士们，其实批评别人的时候同时指出错误所在，这样可以达到理想的效果，让自己的话一语中的。查理·夏布的故事就是这样子的。

查理·夏布有一次视察自己管辖下的一个钢铁厂。他发现了很多男性工人聚集在一起抽烟，而不远处就醒目警示到"禁止抽烟"。查理·夏布非常生气，但他并没有失去理智严厉地批评这些工人，而是拿出一盒烟，给每一位在场的工人都派发了一支。在工人一脸愕然的时候，查理·夏布先生温和地说："弟兄们，感谢你们为工厂做出的贡献，如果能到外面抽烟，我会非常感谢你们的。"工人们也知道自己违反了规章制度，自觉会受到处罚，但是查理·夏布先生不但没有处罚他们，甚至都没有批评他们一句，而且还每人派发一支烟，让他们非常感动。此后，工厂里再没有出现过类似的事情。

从查理·夏布先生的事情来看，批评别人其实也是要讲究艺术的，温和委婉迂回的方式不仅可以照顾对方的尊严，更容易被对方接受，而且还会博得对方的好感。如果你声色俱厉地批评对方一顿，或许对方一时能纠正错误，但心中肯定会有怨气，而且可能会针对你怄气，思考的重心会转移到对你的仇视上来，而不会真正认识到自己的问题所在。

各位女士，批评和赞美都是手段，目的都是为了阻止对方继续犯错，或者激励对方进步。不同的是，批评要具有艺术性，这样才能让人不抵触，更容易接受。所以，我们不妨委婉间接地批评对方。

幸福忠告

女士们，如果你想给别人建议，请委婉地提出，否则建议虽好，如果对方不接受，最终对事情并无裨益。生活中，我们不妨学习一下故事里的主人翁，切实为他人着想，委婉迂回地提出我们的建议，让对方完全听进去，并接受它。请务必谨记，婉转的劝说比猛烈的批评更有效。

9. 控制情绪，不逞口舌之快

一位女士曾写信向我诉说自己的烦恼，她和一位朋友因为辩论问题而发生了争执，后来大家不欢而散，感情也大不如初。我回信说：其实，从一开始，你们就不应该辩论，因为无论什么问题，越争辩各自就越坚信自己的观点。而且不论胜败，你都是失败者，因为胜利后你们将失去彼此的友谊。所以，不要再进行无谓的争辩。

曾经年少的时候，我也是一个固执的争辩者。我和我的表弟曾经把天下所有的事情都拿来当题目进行辩论，而且斗志昂扬地参加各种辩论比赛。更甚者，我竟然自信到了要出一本辩论相关的书籍。后来，我有幸碰到了加蒙先生，他说："永远不要正面冲突。"我记住了他的话，也开始改变自已。

二战结束后不久，我应邀参加了一个欢迎罗斯爵士的宴会，当时加蒙先生也去了。宴会上，我旁边坐着一个很有学问的人，他讲了一个有趣的故事，其中提到："《圣经》中曾经说过，'不管我们如何粗俗不堪，我们的目的就是有一个神。'"他说话的时候洋溢着得意的神情，仿佛别人都不如自己。

我知道他说错了，因为这句话出自莎士比亚的一篇文章。于是，年轻气盛的我直接指出了他的错误。但是，他依然坚持自己的看法："这句话就是出自《圣经》，莎士比亚怎么会说出这样的话，肯定不对!"

后来，我们就争辩了起来，但终是不能让他承认自己的错误。于是，我便向加蒙先生求助，因为他博学多才，肯定知道答案。谁知，他先是用脚示意似的碰了碰我，然后说："戴尔，是你错了，这句话确实出自《圣经》，不是莎士比亚的文章。"我倍感困惑。

晚会结束后，我找到加蒙先生再次向他求证："加蒙先生，那句话真的是出自莎士比亚的文章，不是《圣经》。你怎么说是我错了呢?"加蒙先生说："不错，是出自莎士比亚的《哈姆雷特》，第五幕第二场。但是，当时那种情况，我们指出对方的错误，你觉得对方会是什么感觉？不要忘记了，我们只是客人。应该尊重对方的面子，记住，永远不要正面冲突。"

此后，我开始反省自已的问题，并逐渐有意识地进行改正。确实，和别人争论不休不是一件好事情，也不光彩，它能带给你的除了愈加烦恼外，别无其他。富兰克林曾经说过："如果你强于争辩、反驳、坚持，最终或许可以得到胜利，但这个胜利其实没有任何实际意义，它不过是一个空洞的虚名，但是，你却让对方对你失去了原有的好感。"这句话能让我们得到很多启迪：我们是要追求一种空洞的、毫无实际意义的、短暂的、口头的胜利，还是想博得对方长久的好感呢？我想，大部分女士都会毫不犹豫地选择后者。

女士们，口舌之争其实在女性朋友之间并不多见。但不能因为不多，就可以放任不闻不问。因为女性也同样有争强好胜的心理。如果从心理学角度考虑，女性比男性更具虚荣心和自尊心，因此，如果不讲究方法和场合地挑剔女性身上的毛病和问题，有些脾气急躁的女性朋友也同样会据理力争。其实，这样做不会得到任何好处，前面已经说了很多了，不再累赘。所以，女性朋友，如果你发现自己也非常喜欢争辩，请克制自己，改变自己，这样对自己有百利而无一害。

多年前，我的培训班上有一位做汽车推销工作的女学员。她学历不高，但却非常喜欢和别人争论，甚至在面对自己的客户时，她也丝毫不改喜欢争辩的习惯。尤其当客户对她推销的车辆提出不同意见的时候，更是如此。可以说，几乎所有和客户的争辩她都赢了，客户最终都承认自己错了。但是，直到参加培训班前，她没有成功推销出一辆车。

后来，她来到我的培训班上，我告诉她要谨慎说话，避免和客户再发生口角冲突。她学习了一段时间后，彻底改变了，现在，她已经成为销售明星了。

从以上的故事中，我们可以看出，一味地和别人争执和辩论没有什么好处，尤其是和自己的客户，一定不能争辩。否则，你将失去这位客户，也很可能会失去业务拓展的机会。

事实上，那些真正获得成功的人，他们几乎从不和别人争论，或者从不喜欢和别人争论。记得林肯曾经说过："要想成功，就不能偏执的坚持己见，过分强调自我。"这句话一针见血。

女士们，要记住，常常和他人发生无谓的争论和辩论，不仅妨碍人际关系，同时也会阻碍自己的事业发展。所以，女士们，控制情绪，不要逞口舌之快，竭尽全力地防止争论的事情，远离正面冲突。

幸福忠告

女士们，一时口上的胜利会让你失去原有的朋友，请放弃争论的念头，不要逞口舌之快，理智控制自己的情绪，别让争辩给你带来消极影响。

---

10. 化敌为友，宽恕伤害你的人

多年前，我到国家森林公园——黄石公园去游览，坐在露天看台，等待灰熊从森林里走出来。森林管理员介绍说，灰熊非常凶猛，但是当灰熊出来找食物的时候，身边总是会有一只小动物跟随着，它就是鼬鼠。尽管灰熊可以轻而易举地拍死它，但灰熊从来没有这样做过。因为经验告诉它们，拍死鼬鼠不值得。我从小在农场长大，也抓过一次鼬鼠，之后马上就后悔了，因为我的身上和手上全是它的臭味。所以，从此我就知道，它不值得抓。我想灰熊也知道不值得拍死它。

女士们，我这一节开始先讲这个小故事，其实是有用意的。我是想说，鼬鼠就如人类内心的仇恨一样，都是不值得关注的东西，否则，带给我们的就只有痛苦和难受。莎士比亚曾说过："仇恨的怒火会将自己焚烧掉。"如果一个人整日都在仇恨中活着，即使最终你报复了带给你仇恨的人，但自己心灵和身体都会受到很大的损伤。我们先来看看下面这个故事吧。

我有一位女性朋友，性如烈火，脾气暴躁，如果有人得罪了她，她必然不择手段地报复那个人，否则，她的心里会感到严重失衡。不久前，邻居修理自家花园时，把剪下来的杂草堆放到了她家的栅栏旁。这让她无法忍受，她气急败坏地把家里的垃圾全部扔到邻居家里来报复她。结果，两个最亲近的邻居越闹越凶，直至互相谩骂，就差动武了。一天，她们争吵后，我的这位朋友感觉胸口发闷，送到医院检查，发现已经得了心脏病。

可见，如果一直想着利用报复来解决问题，最终只会导致问题越积越多，还会影响身体健康。有一本大家都熟悉的杂志《生活》中写道："引发高血压发病、心脏病的主要原因之一就是精神长期处于仇恨状态，不能坦然面对仇恨引起的。"另外，医学研究还发现，爱记仇的人还容易患上胃溃疡以及过敏性疾病。

所以，女士们，不要总想着那些过去的仇恨了，报复别人其实还是在折磨自己。如果你因此容颜早衰、疾病缠身，我想，那些曾经伤害你的人或许会偷着乐吧。

那么，面对我们的仇恨，该如何去释怀呢？宽恕他们。或许女士们都在说，怎么能放过他们呢？但是，确实应该宽恕他们，因为只有这样，我们才能真正放掉仇恨，让自己活得没有压力，也就不会让那些内心的魔鬼侵蚀掉快乐，损害我们的身体健康了。更甚者，或许你的宽恕，能让他认识到自己的错误，从而化敌为友。我们来看看下面这个故事。

乔治·罗纳先生二战前曾在维也纳从事律师职业，二战期间，颠沛流离的他从维也纳逃难来到了瑞典。此时，他一贫如洗，迫切需要一份工作。乔治·罗纳的长处是懂得多国语言，于是，他希望找一个进出口公司的文书工作，并写了很多的求职信。但绝大部分公司以战争期间不需要增加员工为理由拒绝了他。其中有一封回信很有挑衅的意味："你太愚蠢了，我们公司根本不需要一个文书。但因为你的瑞典文写得错误百出，所以，即使我们需要一个文书，也不会招聘你的。"

乔治·罗纳读完信，非常气恼，感觉自己被对方羞辱了。于是，急匆匆地回信，狠狠地抨击对方的无礼。但信写完后，他的怒火也熄了。他冷静地思考了一下，觉得不能这样做，应该谦虚地接受对方的建议，好好学习一下瑞典文，毕竟不是母语，难免出现错误。

于是，乔治·罗纳先生重新写了一封信："非常感谢您的回信，我会更加努力学习瑞典文，谢谢您的指点。您说那里没有文书，那这封信应该是您亲自写的，所以，我再次感谢您能百忙中回复我的信件。总之，我再次由衷地感谢您激励我成长。"

出人意料的是，几天后，乔治·罗纳就收到了对方的聘用回复。

从故事中看，宽恕鄙视或者对自己无礼的人，其实并没有什么坏处。如果可以做到这点，最终的结果很可能会化敌为友，皆大欢喜。

我是一个虔诚的基督教信徒，每天睡觉前都会念《圣经》祈祷。《圣经》中有一句话："爱你的敌人，祝福诅咒你、折磨你、迫害你的人，为他们祈祷吧。"父亲常说，这句话可以让人心灵安静。

女士们，或许让你们爱自己的敌人是强人所难，更不可能为他们祈祷祝福。不过，我们应该爱自己，所以，我们不能让敌人给我们的伤害控制我们的心灵，影响我们的心情和身体健康。所以，要学会宽恕别人的过失和损害，让心灵充满爱的光辉和能量。这样，你的人生便会洒满祥和的、温暖的阳光。

幸福忠告

女士们，不要再对以往的仇恨耿耿于怀了，要学会宽恕、放下、摆脱仇恨对我们心灵的干扰和控制，让自己的心灵安静，理智思考生活的重心和方向，让生命充满阳光。没有仇恨干扰的身心才能更加坦然和舒畅。

第九章　活力四射，身心健康是美丽的保险

做一个幸福的女人，健康是首要的，它包括身体的健康和心态的健康。而心态往往对身体的健康起着举足轻重的作用，只有拥有良好心态的女人，才有调剂压力、释放活力的能力，从而洗净心灵的尘土，让自己拥有豁达和健康，长久地留住青春的色彩。

1. 达观乐天，女性的优质滋补品

人生中总是充满着变数和不幸，当女士们面对这些会选择什么样的心情去处理呢？是郁郁寡欢，还是用微笑去迎接，用达观的心态去接受这些不如意？

上帝不会偏爱某一个人，他给予我们的是同样的快乐和不幸。我曾经听过这样一个故事，和大家分享一下。

在第二次世界大战期间，布朗太太是美国某州政府的工作人员，她要不断地将战争前线士兵牺牲的消息通知他们的家属。她每次都以阳光般温暖的态度去安抚每一位牺牲士兵的家属，可是谁也不会想到，布朗太太也是这些不幸的人中的一位。

在担任抚恤小组成员的一个月后，布朗太太就接到了自己儿子牺牲的噩耗，不仅如此，她的家也在这场战争中破碎了。当她拖着疲惫的身体回到空荡荡的家时，她所有坚强的外壳已然破碎，她再也无法抑制内心的痛苦，流下眼泪。“我的儿子战死在了沙场，我的丈夫在战争期间遭遇车祸身亡，其他的亲人也相继离开了人世。自己一个人孤零零地站在空无一人的房间里，我感受到了深入骨髓的悲伤和孤独，我好怕自己会因为过度伤心而疯掉！”

然而，布朗太太并没有让自己深埋在这种悲伤的情绪中，她擦干了眼泪，继续投入到了工作中。她告诉自己：“我要接受所有的不幸，就像当初我是那样开心地迎接所有的幸福一样。我一定要好好地生活下去，帮助那些和我有着一样痛苦遭遇的人们。”

于是，布朗太太开始认真地做好自己的工作，不了解她遭遇的人们都会对她的乐天和挂在嘴角的微笑赞不绝口，而得知了她的经历后，人们则会钦佩地对她竖起大拇指。直到战争结束，参战的美国士兵终于回到了本土，布朗太太依然兢兢业业地做好份内的工作，并常利用下班后的时间去探望那些失去亲人的家属。她说：“如今的我可以达观地面对任何不幸。人生的路很长，我们所能做的事情还有很多。”

如果布朗太太面对接二连三的打击，一味地怨天尤人，无法接受家庭的巨大变故，那么她只会被痛苦所打倒。但是她没有，她坚强地从负面情绪中挣扎了出来，用自己的热量温暖了许多有着同样不幸的家庭。

曾经，我遇到过一位非常达观的女士，面对她，你会感受到一股轻松、积极的气息，然后也会不自觉地变得愉快起来，她的周身散发着从内而外的美丽。她说，虽然自己并不富有，职位也很普通，收入一般，孩子也很调皮，但是，在她看来，人生最快乐的事情并不是拥有多少，而是对自己拥有的一切感到满足和珍惜。她说：“我的职位普通，这意味着我可以有更多的时间陪伴家人。我虽然收入一般，但是它可以让家人更紧密地抱在一起，避免走向堕落。我的孩子虽然很淘气，但是却能和家人很好地沟通，我不担心他会叛逆。”这位女士乐观积极的心态感染了很多人，大家都愿意和她接触，也很佩服她。

其实，很多人对女性依然抱有刻板的看法，认为女性心胸狭小。虽然女性的心思大都敏感，但这并不意味着与达观绝缘。在过去相当长的一段时间里，女人被禁锢在家中，整日处在一个狭小的空间里，很少得到平等对待，心态自然很难豁达。然而，当男女平等的思潮兴起后，女性也慢慢地被冠以“达观”、“豁达”等词语。

弗兰克小姐学历并不高，进入一家大型的公司后，受到了同事的为难。一些新职员都不愿意做的事情，都一股脑地推给她做，而一旦做得出色，又常常被别人说成是自己的功劳。面对这种状况，弗兰克小姐并没有抱怨，她告诉自己，我获得了更多的锻炼机会，而且我的学历并不高，本来就应该在工作中进行补充。

几年的时间过去，弗兰克小姐凭借自己出色的工作能力，被提升为副总监，可麻烦又接踵而至。因为弗兰克小姐长相姣好，一些同事就在私下里诋毁她利用不正当的手段获得了这个职位。

弗兰克小姐听到了这些谣言，却没有放在心上，即便面对那些对她诋毁的同事也像什么事情也没有发生一样。

无论是工作中遇到困难还是生活中的坎坷，达观的人总是会用乐观的心态去看待自己的一切遭遇，如同弗兰克小姐一样，面对来自外界的刁难和中伤，她从未因此忧心，反而让自己不断地提升和完善。

女士们，我们会注意到这样一个事实：那些天性乐观、友善积极的女性，尽管她们的长相不一定漂亮，但是那种从内而外散发出来的气质和强大的气场，会让人们觉得她们具有一种独特的魅力，让人喜欢与之接近。所以，一颗乐观的心是女性的最佳保养品，它让女性笑口常开，快乐的花朵会点缀她的整个人生。

幸福忠告

快乐是一种态度，也是一种财富，它不属于富人，也不属于穷人，它被心态达观、积极向上的人所拥有。乐天的女性，嘴角会经常扬起幸福和知足的笑容，这会让女性散发出迷人的风采，感染周围的人一同体会驾驭生活的美丽心情。

2. 沉静心情，做好情绪管理

劳拉是我一位远房堂姐的女儿，她在一所小学里当老师。昨天，她找到我，对我说："叔叔，我快崩溃了！"我急忙问她究竟发生什么事情了。

她告诉我，她对自己的脾气实在忍无可忍了，她经常会因为一些微不足道的小事情而大发雷霆，有时候还像疯了一样哭一会儿笑一会儿。她在面对淘气的小孩子时，她几乎无法控制想揍他们的冲动。她回到家里，也会带着坏情绪和丈夫斯太尔发生矛盾。每次这样的情况过后，她自己也很后悔，也会一个人反省。但是持续不了多久，下次遇到类似的事情，依然会让她的情绪瞬间点燃。

其实，和劳拉情况类似的女人还有很多，她们都缺乏控制自己情绪的能力。本来事情并不大，也没有那么严重，却每次都火冒三丈。本来事情没有那么糟糕，但是却让自己长时间陷入痛苦的情绪中无法自拔……所以人们常说，女人是很情绪化的动物。当然这话有些片面，但是，确实有很多女士被自己糟糕的情绪所累，她们常常毫无征兆地因为一点小事而发怒或者伤心，她们自己对此也束手无策。正因为如此，她们生活得并不愉快，所有的坏情绪都自然地找到了她们。

情绪化的危害远不仅仅限于此，一位女士如果经常表现出情绪化，会使自己的形象也随之受损。昨天晚上我遇到的情形就可以证明这一点。

昨晚，我和妻子到一家意大利餐馆吃饭，我们对面坐着一位先生和一位漂亮的小姐，很明显，两个人正处于热恋时期，给人的感觉很幸福甜蜜。

我妻子要了一杯咖啡。当服务员把咖啡送过来的时候，一不留神，将咖啡溅到了那位漂亮的小姐身上。看到自己的衣服被弄脏了，那位小姐立刻怒不可遏，冲那位服务员高声叫嚷起来。那名服务员忙不迭地向她道歉，但是这位小姐依然不依不饶，训斥的声音还越来越大，中间还夹杂着一些很难听的话。

当时正值餐厅里人多的时候，大家都循声看来，从人们的表情可以看出来，这位漂亮小姐的表现实在令他们难以置信。当时，这位小姐的男朋友也很尴尬，脸涨得通红。后来，这位小姐拽着自己的男朋友气冲冲地离开了餐厅。但是，他们走了以后，很多人都对此议论纷纷，批评这位小姐的做法。

漂亮的衣服被弄脏了，确实令人扫兴。但是她在大庭广众之下大发雷霆，对服务员的无心之过不依不饶，实在是不妥。这种无法掌控自己情绪的做法，很难赢得他人的尊重。

女士们，可见，能够做好情绪的管理有多么重要，为了自己的形象和快乐，你们一定要学会如何掌控自己的情绪，成为情绪的主人。

很多女士都认为掌控情绪是件很困难的事情，因为情绪如同天上的云雨，不一定什么时候会来，也说不准什么时候会离开。其实，事实并非如此，只要你们加强情绪方面的训练，就完全可以成为情绪的主人。

肯特夫人情绪化很严重，她经常和朋友们发生争执，因此，她失去了很多朋友，她对此也感到很苦恼。然而，尽管她意识到了这点，却根本无法控制自己。很多时候，她与身边的人发生一点点小摩擦的时候，她会立刻火冒三丈，和对方争执吵架。

为了能改变自己的现状，肯特夫人报名参加了我的辅导班，希望我可以给她一些建议。我告诉她："当你下次想发脾气的时候，就停下来想一想下面三个问题：首先，我因为什么要发脾气呢？其次，如果我发脾气会给我带来什么影响呢？最后，还有没有其他补救的方式呢？当你思考完这些问题，你的情绪就会平复很多。如果你再稍稍控制一下，你就可以掌控自己的情绪了。"

肯特夫人听取了我的建议，确实改变很大，她已经不像从前那样爱发脾气了。因为她做出了努力，让自己有了改变，她的朋友也渐渐地多了起来。

华莱士博士曾经说过："情绪只是一种心理活动。"这种定义是很准确的。有时女性会无法控制自己的情绪，原因就在于她们缺乏理性，没有经过思考就把情绪宣泄出来。我建议肯特夫人在发脾气之前先思考一下那三个问题，就是想让她变得更理智。当她经过理性的思考后，就不会随便发脾气了。各位女士，当你们处于消极的情绪时，你们可以在心里想一想这三个问题。而当你们经过一系列的理性思考后，你们就不会那么情绪化了。

女士们，不要让自己继续沉浸在负面的情绪中，你们完全可以自己掌控情绪，把它们握在自己的手中。这样，你们就可以获得真正的精神上的自由，从而让生活回到幸福和快乐的轨道上来。

幸福忠告

情绪如同人体内的精灵，有时它像天使一样温柔，有时它像魔鬼一样凶暴。女性要学会让自己成为情绪的主人，让它为你所用，驱走失控的魔鬼，让天使永远驻在心灵。

---

3. 拥抱健康，展开紧缩的眉头

很久以前，纽约市有800万人口，每8个患上天花的人中，就有2个人死掉。一天晚上，我的邻居来敲门，让我和家人一起去接种牛痘，预防天花。当时人们的恐惧情绪已经开始蔓延，等待接种牛痘的队伍排了很长。

然而，遗憾的是，我在纽约市居住了快40年，却从没有一个人按我的门铃，告诉我要警惕预防精神上的忧虑。但是，在过去的几十年中，这种病症对人类造成的危害远远超过天花的危害。

曾经获得过诺贝尔医学奖的阿利西斯·科瑞尔博士说过：“不懂得与忧虑做抗争的人，都不会长寿。”各位女士，不要以为科瑞尔博士的话是言过其实。我曾经和梅育诊所的著名医师哈罗·海滨博士在通信的时候，谈论过有关忧虑的问题。哈罗·海滨博士曾经对176位平均年龄在44岁左右的工商业负责人进行过调查，并且还写了相关的报告。研究发现，大约有三分之一的人因为忧虑而导致了以下几种疾病：心脏病、高血压以及消化系统疾病。而且，据其他医学研究发现，长时间的忧虑还容易引发慢性关节炎、肾病以及蛀牙。

女士们，也许你们都很在意自己的容貌，可是，也许有一点，你们不清楚，那就是忧虑是导致女人加速衰老的一个重要的原因。忧虑让女人的表情难看，还会让女人的头发脱落，脸上生出皱纹。

欧嘉·詹维住在爱达荷州科尔·达勒的布克斯892号。8年前，她被医生告知会缓慢而痛苦地死于癌症。国内最有名的梅育诊所的医生梅育兄弟也证实了这个诊断。当时，欧嘉几乎崩溃了，她怎么也没有想到，死亡会有一天降临到自己的头上。

当时，她还很年轻，绝望之余，她给她的医生克罗格打电话，向他诉说了内心的痛苦和绝望。克罗格听了她的诉说后，不耐烦地说："怎么了？欧嘉，难道你就这么被打垮了吗？如果你继续这样下去，等待你的一定是死亡。是的，你遇到了最糟糕的情况。现在开始，面对现实，不要忧虑，然后想想你该怎么办。"

就在那时，欧嘉暗暗发誓，指甲都深深地陷入了肉里，而且背上一直冒着凉气："我不会再忧虑，不要再掉眼泪。如果我还有什么愿望，那就是我想继续活下去！"

从那以后，欧嘉经历了一次次痛苦而艰难的治疗过程，而在这个过程中，欧嘉始终面带笑容，一次眼泪都没有掉。结果，奇迹真的出现了。

女士们，你们是否热爱生活？你们想健康长寿吗？其实，我们绝大多数人比我们想象得要坚强，我们拥有许多令自己都惊讶的潜能，就像梭罗在他的《狱卒》里写道的："我不知道还有什么比一个人决心改变生活的状态更令人感到振奋……如果一个人充满自信地朝着理想的方向努力，决心过他所向往的生活，一定可以收获奇迹。"

美国南北战争时期，格兰特将军率领的部队在长达9个月的时间里围攻瑞奇蒙，在战争快要结束的时候，南方联盟殊死抵抗，战斗异常惨烈。

最终，南方联盟的军队损失了一大半，他们在逃跑之前烧掉了粮食和工厂。但是，在这关键的时候，格兰特将军却病倒了，突然之间，他感觉头疼得厉害，眼睛也模糊了，无法看清东西。他希望自己可以继续指挥军队作战，但是他的身体已经无法支撑他继续指挥了。

无奈之下，他只得停下来，在一户农家养伤。他将双腿浸在凉水里，还把芥末药膏贴在了自己的颈部以及手上，以求可以痊愈。

第二天，他果然痊愈了，但是让他得以康复的并不是芥末药膏，而是一个骑兵从前线带来的好消息：南方联盟投降了。后来，格兰特将军在回忆录中这样写道："当那个骑兵出现在我的面前时，我的头仍然疼痛得无法忍受，但是听到他带来的好消息后，我所有的不适都好了。"

从这个故事我们可以看出，真正让格兰特将军病倒的是紧张和忧虑的情绪。而后来，当这些负面的情绪全部消失后，他马上就恢复了健康。

各位女士，我们所有人都渴望自己健康长寿，但是我必须要强调，我们只有消除内心的忧虑、保持心灵的宁静，才能够获得这些。前些天，我和一位患有忧虑症的朋友一同去费城，我们拜访了那里的一位专治忧虑症的专家。在他的诊所里，有这样一块大木牌，上面写着他对病人的建议。

轻松和享受，
睡眠、音乐、欢笑和你的信仰，
是你感觉轻松和愉快的秘方。
你要学着好好睡觉，
热爱悦耳的音乐，
并且享受自己的生活。
这样，
健康和愉快都将属于你。

因此，女士们，要牢记这一点：千万不要忧虑，因为它是美丽和健康最大的克星。

幸福忠告

不必要苛求生活的完美，也不要抱怨命运的缺失。快乐与否实际上只是我们内心的一种体验，当我们让生活充实起来、内心坚强起来时，就可以远离忧虑、舍弃欲望，快乐就成了一种家常便饭。

---

4. 消除疲劳，给心灵减压

除了忧虑和孤独，现代人还饱受着另一种“疾病”的困扰，那就是疲劳。我的培训班上，经常有女学员会向我抱怨：“卡耐基先生，我每天都感觉很疲惫，每天唯一能让我感觉到幸福的事情就是睡觉了。”确实如此，现代社会的快节奏和日趋紧张的竞争，让越来越多的人承受着来自工作和家庭的压力，经常会感觉到疲惫，体力和心神都一点点被透支。

然而，尽管如此，人们并没有真正意识到疲劳所带来的伤害。著名的医学家巴马克博士曾让他的学生们做过一系列很枯燥的实验，结果那些学生都对此很不耐烦，纷纷抱怨头疼、眼睛疲劳，甚至还反映胃不舒服。巴马克博士给这些学生做了新陈代谢的检验，结果显示，疲劳不仅让人产生忧虑和烦躁的情绪，还会使人体的免疫力下降。所以，女士们，你们一定要经常休息，在真正感觉到疲惫之前就让自己休息。

此刻，也许会有很多女士对我说：“卡耐基先生，您说的这些建议似乎并没有什么实际意义。我们也不想生活在疲惫之中，我们也渴望可以多休息，但是被生活所迫，我们别无选择啊！”

女士们，大家对著名的石油大王洛克菲勒和英国首相丘吉尔都不陌生吧。他们的工作都异常繁忙，但是，他们却并没有让自己生活在疲劳的状态下。我们不妨看看，他们是如何减压的。

洛克菲勒曾经创造了两项令人惊叹的记录：第一，他赚到了全世界最多的财富；第二，他活到了98岁。这在所有人的眼里是非常了不起的事情，尤其是第二点，因为大家都知道，富豪大多很短命。那么，洛克菲勒是如何做到这个奇迹的呢？其实，秘诀很简单，就是每天中午都要保证半个小时的午睡。而在他睡午觉的时候，哪怕是美国总统打来电话，他也不会理睬。

英国首相丘吉尔应付疲劳也是用类似的方法。

第二次世界大战期间，他已经70岁高龄了。为了做好自己的工作，他每天的工作都超过了16个小时。这对于一个年迈的老人来说，无疑是一个巨大的挑战。但是，丘吉尔却从未感觉过疲劳，甚至他每天都精神百倍、神采奕奕。

丘吉尔用什么办法保持这样好的精神状态呢？原来他把自己的办公桌搬到了床上，他每天口述命令、审阅报告，甚至有的重要会议都在床上开。每天吃过午饭后，他都会在床上睡一个小时。因为在疲劳之前他已经休息了，所以，他可以精神百倍地工作到后半夜。

丹尼尔是纽约市著名的心理专家，也是我的朋友。他曾经写过一本书叫做《人为什么会疲倦》。书里这样说道："休息，并非指什么事情都不做，休息的真正含义是修补。"丹尼尔说得很对，哪怕休息时间很短，只有一点点，也具有很强的修补功能。著名的棒球明星康黎·马克对此深有体会。每一次比赛前，如果他不休息一小时，在比赛进行到第五局的时候，他就精疲力竭了。可是，假如他之前睡了午觉，哪怕只睡上20分钟，他也可以精神抖擞地打满全场。

各位女士，亨利·福特80岁生日的时候，我曾去访问过他，看到他精神矍铄、健康的样子，我很好奇，于是问他有什么秘诀。他笑着告诉我："秘诀就是，可以坐下的时候我绝不站着，能躺下的时候我绝不坐着。"

女士们，看了以上的例子，你们或许会知道如何消除疲劳了。在疲劳到来之前要短短地休息几分钟，从而把疲劳有效地缓解掉，如果没有午睡的习惯，那么就在晚饭之前躺下来休息一小时。如果你在晚饭前睡一个小时，晚上睡七个小时，合计就是8个小时。这样，会比连续睡上8个小时效果更好些。

我曾经向一位好莱坞的导演建议过这个方法，他尝试过之后，发现疲劳果然有所缓解，并且工作效率也大幅提高。以前，他每天都要连续工作14个小时，结果把自己弄得身心俱疲，健康状况也每日愈下。为了解除疲劳，他尝试过很多方法，比如服用一些维生素等，但是却不见效果。

后来，我建议他每天在工作间隙休息几分钟，给自己的身体放松一下，他采用了我的建议后，感激地对我说："感觉太神奇了！我现在基本不会感觉疲劳了，感觉自己仿佛年轻了20岁一样。而且更让我惊奇的是，我现在居然可以比原来工作的时间还要长2个小时。"

幸福忠告

快节奏的生活和繁重的工作压力，往往让现代人经常有疲惫感。严重的时候，会影响到我们的身体。要想让自己扫除疲劳，彻底焕发生机，就要懂得休息。女性要学会利用各种减压的方式让自己的神经得到放松，这样才有更好的体力和精力去面对生活。

5. 养精蓄锐，轻松入眠

如果你经常睡不好觉，会不会因此感到忧虑呢？塞缪尔·昂特迈耶是国际上知名的大律师，我想，也许你不曾知道，他这一生从来没有好好睡过一天。

塞缪尔·昂特迈耶读大学的时候，对两件事情很担忧，一个是气喘病，一个是失眠。这两种病似乎都很难根治，于是他索性充分利用清醒地的时间来读书，而不是躺在床来翻来覆去地忧虑到精神濒临崩溃。结果，他的每一门功课都名列前茅，成为纽约州立大学的奇才。

后来，他开始执行律师业务，但是他的失眠状况依然没有好转，可昂特迈耶丝毫不感觉忧愁，他说："大自然会关照我的。"事实果然如此，虽然他每天睡得很少，却丝毫没有影响到健康，而且，他可以和纽约法律界所有的年轻律师一样努力工作，甚至还比他们做得优秀。因为，在别人睡觉的时候，他还是清醒的。

昂特迈耶在他21岁的时候，每年的收入已经达到7.5万美元了，因此，很多其他年轻的律师都到法庭去研究他的方法。1931年，他因为一个诉讼案件获得了有史以来律师界的最高酬金——整整500万美元，并且都是现金。

可是，他仍然有失眠症，晚上他用一半的时间在看书，然后第二天早上5点钟就起床，开始了一天的工作。当大多数人刚刚开始工作的时候，昂特迈耶已经做完全天工作的一半了。他一直活到了81岁，却一生也没有睡个好觉。可是，如果他为失眠而一直担心、忧虑，恐怕他也不会取得后来的成就。

我们正常人的睡眠占生活的三分之一，可是对于睡眠，我们却一无所知。我们都知道睡眠是一种习惯、一种休息状态。可是我们并不了解一个人究竟需要多长时间的睡眠，甚至不确定我们是否需要睡眠，也没有人告诉我们每天究竟要睡多长时间。因此，你们不必因为失眠而感到痛苦或者忧虑。

为失眠症而忧虑，对人所造成的伤害，远远超过失眠本身。我的一个学生叫伊勒·桑德拉就差点因为严重的失眠症而自杀。

桑德拉最初以为自己会精神失常，因为他原来是个睡得很熟的人，有时闹铃都无法把他从睡梦中叫醒，结果几乎每天都会迟到。这件事情让桑德拉感到很忧虑，事实上，他的老板再三警告他要准时上班。桑德拉心里很清楚，如果继续这样下去，他的工作就不保了。

后来，他把这件事情告诉了朋友，朋友建议他在睡觉之前把注意力集中到闹钟上，结果他开始失眠了。他整日被那个令他无比厌烦的闹钟滴答声音弄得异常焦虑，反而更睡不着了，整夜翻来覆去，就是不能入睡，到了第二天早上，桑德拉几乎病得无法起床，身心疲惫到了极点。这样的状况大概持续了两个月左右，他饱受失眠的折磨，开始怀疑自己是不是已经精神失常了。有时，他还会走来走去，转上好几个小时，甚至还设想直接从窗户跳下去就解脱了。

最后，他去他的医生那里寻求帮助，医生告诉他："伊勒，抱歉，对于你的情形我无能为力，没有谁能帮你，因为这种状况是你自己造成的。每天晚上上床后，如果你睡不着，就不要去想它，告诉自己说，我才不在乎能不能睡着呢，就算一直躺到天亮也没有关系。闭上你的眼睛，告诉自己反正只要我躺在这里，不为它感到忧虑，就能得到休息。"

桑德拉听从了医生的建议，结果不到两个星期，他又可以正常地入睡了。不出一个月，他可以每天保证8个小时的睡眠，又恢复了良好的精神状态。

芝加哥大学的教授纳撒尼尔·克莱特曼博士，曾对睡眠问题做过很多研究，他也是世界上这方面的专家。他说过，还没有听说有谁是因为失眠而送命的。实际上，也许有人为失眠而忧虑，导致体力下降，受到细菌的侵袭，然而这种损害却是忧虑造成的，并非失眠症。

无论怎么样，失眠都不是一种好的现象，我们还是要尽量避免失眠发生。当你们在面对失眠的问题时，不要为此而忧虑，应当坦然面对，并且学会放松自己，让它对我们的精神无法构成威胁。这样，你们就可以尽情地享受自己的睡眠，不会再为失眠而感到痛苦了。

幸福忠告

现实生活中被失眠所困扰的人很多，他们对此苦不堪言，并因此而焦虑。面对失眠，女性要先让自己的心情放松，克服对它的忧虑，否则你将会陷入一种恶性循环中，最终严重影响健康。

6. 运动疗法，解除心灵毒素

倘若我发现自己感觉烦闷，或者精神上像埃及的骆驼在寻找水源那样一个劲儿地绕着圈子，我就开始做一些激烈的体能活动，帮助我扫清这些烦恼。

我可能会去跑步或者徒步远足到郊外，或者打上半个小时的沙袋，或者到体育馆里打网球。总之，不管是什么运动，都可以帮助我恢复精神的活力。每逢周末，我都喜欢从事很多种运动，比如绕高尔夫球场跑上一圈，打一场激烈的网球赛，或者到阿迪伦达克山去滑雪。

当我的身体感觉疲倦的时候，精神也就随之得到了休息。因此，再回去坐到办公桌前时，我就会感觉神清气爽、充满活力。在我工作的纽约市，我经常到俱乐部健身院呆上一个小时。没有人会在滑雪后或者其他剧烈的活动后还会烦恼，因为他肉体的疲惫已经让他没有时间烦恼了。此时，烦恼的大山已经成为微不足道的小丘陵，激烈的运动早已将它击毁了。

我发现，最好的解除烦恼的方式就是运动。当你烦恼的时候，要让肌肉充分地运动起来，而不要再使用脑力，这样做的效果一定会让你感到惊讶。我对这种方法感觉极佳，每当我开始运动时，烦恼就不翼而飞了。

一位致力于研究快乐如何影响心理的科学家，曾整理出了几个快乐的技巧，方法简单，见效也快。它让人立刻就可以变得积极起来，这就是运动和听音乐。

首先，经常运动。

楚安妮曾经强调说，在矫正头脑之前，要先矫正身体。这么做的原因在于人的生理和心理是紧密联系在一起的。相信你也有过类似的体验，当心情处于低谷的时候，我们往往无精打采、手足无力，而心情高昂时，自然会神采奕奕、昂首阔步。所以，身体的姿势往往反映了心理的状态。

从另一个角度来说，当一个人昂首挺胸的时候，呼吸自然也顺畅，所以，深呼吸便成了释放压力的一种妙方。当我们抬头挺胸的时候，我们会感觉对压力的担忧会减轻很多，当然也容易产生“没什么大不了”的乐观心态。此外，那些与肉体有关的信息也会通过神经系统传回大脑，所以，当我们抬头挺胸的时候，大脑会判断出这样的信息：四肢自然，呼吸顺畅，心情应该不错。而当大脑做出这样的判断后，心情自然就觉得轻松多了。

因此，身体的状态势必会对心情构成影响。千万不要小看这个方法，倘若头脑中又冒出悲观的念头，马上调整一下姿势，昂首挺胸地带出快乐的心境吧！运动几下，或者听听音乐也可以，这也是第三种让身体快乐的方法。

有个女孩子曾这样说：“心情不好，你就大声地唱歌吧！”接着她就唱起了锉冰歌：“红豆，大红豆，芋头……”没料想歌声一落，她身边的男友就立刻开口：“是啊，每次唱完，你的心情就好了，我的心情也跟着好了。”可见，歌声对扫除内心的负面情绪是很有帮助的。

引吭高歌对舒缓情绪是否有帮助？其实，早在几百年前，人类就懂得如何利用音乐来调节情绪了。例如几世纪前，有些欧洲国家就把音乐与歌声当成治疗忧郁症的一种药物。

当时，倘若有人感到心情郁闷、情绪低迷，他就会按照医生的安排，在固定的时间听音乐，并且被要求开口大声地唱歌。这个不需要药物，既经济又简单的方法，在当时的社会中显得很另类。然而，后来的心理学家开始证实，唱歌的确有帮助驱走忧郁的作用。因为当我们发声歌唱的时候，如同把自己的身体当成了乐器，声音在体内上下左右地振动，与按摩有着异曲同工的效果。

当你尽情高歌时，你是否能够感受到体内蕴藏的声音能量，从头到脚地开始活跃？音振此时在你的体内按摩五脏六腑，放松了肌肉紧绷的状态，同时让焦虑得到缓解。

此外，当你在嘶吼的时候，体内的负面情绪也随之向外宣泄，不会被压抑在内心，自然就会感觉舒缓很多。有些心理医生还进一步指出，唱歌可以帮助我们调整情感，帮助我们感受到“美”，因此，这是一种非常不错的心情疗法。

总之，女士们，自己的心情要自己解救，轻松和快乐是你的权利。

幸福忠告

当心情低落，或者出现烦躁情绪的时候，女性要懂得如何为心灵减压，其实方法有很多，运动是其中见效最快的方式之一，当心中的负面情绪随着运动的畅快和肉体的释放烟消云散时，你也就找回了快乐的自己。

---

7. 享受工作，用它来医治无聊

马克·H·赫林德博士曾在《健康世界》这份杂志上向读者们介绍了一位81岁的老人。这位老人住在堪萨斯，一天，她收到了女儿寄来的一张摇椅，而她却把摇椅给退了回去，并且附言说：“我实在很忙，每天都有做不完的事情，根本没有时间坐摇椅。”

很多人都不理解老人的话，已经81岁高龄了，还有什么事情让她忙碌呢？其实，这位老人非常有智慧，因为她明白一个道理，那就是只有工作才是对生命和健康最有益的事情。

但是，有很多女性认为工作是一件无聊而枯燥的事情，只有休息的时候，她们才能感到幸福。在她们看来，如果每天都很清闲，那才是幸福的生活。其实，这种想法极其错误，要知道，懒惰是人类最大的敌人，它只会给人们带来悲哀的情绪，加速衰老和死亡。

英国伯明翰大学医学教授安诺特博士曾经就指出过：“倘若一个人休息得过多，反而使身体出现不好的反应。有研究表明，没有任何工作会伤害到你，哪怕你的工作很劳累、很辛苦，但是，只要没有很高的危险性，就不会妨碍你的睡眠以及人体的正常供给。只要你有足够的时间来恢复体力，那么，这样的工作就是没有害处的。”

德国脑壳研究中心的福格特博士在一次会议上也发表过类似的言论：“脑细胞的运动有预防衰老的功效，适度地工作不仅不会对人体造成危害，还可以延缓一个人的衰老过程。据我们的观察，那种认为工作会加速神经细胞过快老化的观点是站不住脚的。”

看到这里，也许会有很多女士表示怀疑：“既然工作没有坏处，那为什么有那么多主管常常会患上各种疾病，甚至有的还英年早逝呢?”的确如此，这些主管患上了各种疾病，但是原因却并不在于工作本身。他们在工作中所消耗的体力和精力不会太大，但是在工作中遇到的其他因素，如紧张的气氛、巨大的压力、无休止的竞争等，这些无疑给他们的健康造成了不可估量的损伤。当内心的压力过大，情绪出现波动时，他们便选择了酒精、安眠药或者镇静剂等来帮助缓解，结果他们的健康被过度透支。各位女士，你们要清楚，真正使人患上疾病的不是工作本身，而是工作背后的紧张、焦虑等心理压力。

劳动是我们人生中的必须部分，它仅仅是我们谋生的手段，更是我们保证生命活力的重要元素。工作也不像传说中说的那样“是对原罪的惩罚”，相反，工作让我们的劳动被认可，我们可以通过有价劳动获取报酬，保证日常的生活，更是人类征服这个星球的手段。如果我们把工作看成是一种无奈的忍受，或者仅仅为了那点报酬而被迫让自己劳累和忙碌，那么你就永远无法享受到工作所带来的益处和乐趣。

也许有的女士会说，现代的很多工作都流于机械，几乎每天都在重复同样的动作，没有什么创造性可言，这样的工作怎么会让人感觉快乐呢？各位女士，你们是否听说过G·K·切斯特顿的话？他曾经说过：“假如你想摆脱秘书的命运，最好的办法就是让自己成为一个优秀的秘书。”可见，如果你想让你的工作充满乐趣，那么首先就要让自己的心态有所改变，而不是抵触和反感它。这样，你才会爱上你自己的工作，并且对它产生兴趣，甚至当我们在沮丧和失意的时候，可以通过工作来缓解和释放心中的痛苦。

1941 年，琼斯夫妇带着他们的两个孩子，举家迁到了新墨西哥州的一个农场，到了那里以后，他们才发现那是一个蛇窟，到处都能发现响尾蛇的踪迹。

虽然那里没有水电，也没有煤气，生活有诸多不便，但是这对于琼斯夫人来说并不是最忧心的地方。她最担心自己的两个孩子会被响尾蛇咬到。几乎每天晚上她都会被噩梦惊醒，梦到孩子被蛇咬到了，她抱着他们去找医生。白天的时候，她的丈夫到地里干活，她也紧张得不行，担心丈夫遭遇什么不测。

接连不断的忧虑让琼斯夫人不得不维持一种工作状态。而只有在工作的时候，她的忧虑和担心才会有所减轻，否则精神早就崩溃了。每天，她都让自己变得疲惫不堪，回到家躺在床上就睡着了。

两年之后，他们一家搬离了那个农场，没有人被响尾蛇咬过。虽然从那以后的生活再也不需要琼斯夫人那样拼命的工作，但是她仍然对那一年的紧张而辛苦的工作感激不已，因为，如果不是忙碌的工作，也许她的精神早就崩溃了。

爱得蒙·伯克曾经说过："永远不要让自己陷入绝境，倘若你产生了绝望的情绪，那么就去干活吧。"

女士们，工作是生活的法则之一，无论你因为什么脱离了工作，你都不可避免地会因此而感到痛苦。有调查研究发现，当一个人停止工作后，很可能从那种活跃、有益的活动状态中一下子进入寂寞和孤苦的泥潭。也正因为如此，一些人在退休之后，马上就对生活产生了极大的不适应，感觉无聊而痛苦。

所以，各位女士，你们应该学会爱惜和享受自己的工作，只要自己还可以参加工作，还能为自己或者他人服务，就不要停下脚步。

幸福忠告

工作是人生中不可缺少的内容，人的很多烦恼都来自于内心的空虚，工作恰好可以让你的心灵获得充实，让你的视野更加开阔，让你的被认同感得到满足。所以，要学会享受工作，感谢工作给我们带来的一切，用它来驱赶无聊和烦闷，还给我们一个惬意而有价值的人生。

8. 假戏真做，消除愁苦有妙招

前段时间，我接受了一家电视台的采访，主持人问我："卡耐基先生，您一生中最大的教训是什么？"

当时，我这样回答："我这一生最大的教训是：人是思想的产物，在一定意义上说，是我们的思想创造了我们这个人。如果你的思想是快乐的，那么你的生活也会很快乐；如果你的思想充满了痛苦，那么你的生活也会陷入凄苦的境地。"罗马的皇帝、历史上著名的哲学家马卡斯·奥里欧斯也曾经说过："思想决定一生。"

各位女士，如果我的话没有让你们完全理解，还是让我们来看看下面的故事。

我的一位朋友罗威尔·托马斯是一位著名的纪录片导演。他和他的助手拍摄了很多战争题材的纪录片，并且很受观众的欢迎。有一次，他举行了一次演讲，题目是"巴勒斯坦的艾伦比和阿拉伯的劳伦斯"，这在整个伦敦甚至全世界都引起了强烈的反响。

因为这次演讲，伦敦的歌剧节都为了他整整延后了六个星期。在伦敦引发了轰动后，他在全世界又刮起了旋风，自己的事业也达到了巅峰状态。在接下来的两年里，他又花了大量的时间和精力拍摄了关于阿富汗和印度的生活的纪录片。

但是，接下的日子里，各种厄运突然开始接踵而至。最后，他在伦敦宣布破产，生活陷入了穷困的境地。在那段时间里，他每天只能吃一顿饭，而且很便宜。如果不是因为向一位艺术家朋友借了些钱，他甚至连饭都吃不上了。

尽管和从前的日子相比，他的生活有天壤之别，但是，他并没有被生活所击垮。面对巨大的债务和挫折，他没有整日忧虑和后悔，而是将精力集中到关心自己的问题上。他很清楚，假如自己被击倒了，自己就会真的一文不值，甚至都对不起自己的债权人。因此，每天早上出门的时候，他都要买一朵花插在衣服的口袋里，走在街上的时候，他也要昂首挺胸，让自己显得神采奕奕。果然，经过不懈的努力，他凭借积极的心态，终于让自己回到了事业的巅峰。

各位女士，如果你想生活得幸福，想获得人生的成功，就要改变自己的心态和思想。300 年前，弥尔顿就说过这样的话："心灵是一个人自己的天堂。你可以把它变成天堂的地狱，也可以把它变成地狱的天堂。"弥尔顿是在告诉我们，不要总是被外界的环境所困扰，要努力改变自己的心态，而这才是一个人获得成功和快乐的秘诀。

然而，遗憾的是，大多数人对此并不了解，其实他们本来已经足够幸福了，但是他们却把自己的天堂变成了地狱。

我认识一位女士，她住在加州，丈夫在多年前就离开了人世，她也老了。听起来，确实很值得同情。但是，与其他那些不幸的女人相比，她还算是幸运的，她的丈夫留下了一大笔遗产，足够她幸福地过一辈子了。另外，她的孩子们也都有了各自的家庭和事业。这对于一个老人来说，是幸福的。但是，她并不这么想，她总埋怨女儿不给自己买礼物，并且认为三个女婿也很吝啬。更严重的是，她觉得自己很可怜，所以，她每天都生活在痛苦和自怜中，丝毫感觉不到生活的快乐。

看到这里，也许女士们会明白一个人的思想可以对她产生多么大的影响。那么，怎样才能转变自己的思想呢？

威廉·詹姆斯先生是一位著名的心理学家，他曾经说过："假如你感觉生活得不开心，能让自己开心起来的唯一方法就是坐直身体，并且装作很开心的样子去说话或者做事。"

这个简单的"小魔术"很神奇，你可以尝试一下，当你心情不好的时候，试着在脸上对出一个大大的微笑，并且深呼吸，让自己全身心得到放松。然后，你再唱一首自己喜欢的歌曲，当然，如果你不喜欢唱歌，吹吹口哨也可以。很快，你就会明白威廉·詹姆斯先生说的意思：如果你可以让行为保持快乐的状态，那么你的心情也会随之变得快乐。也就是用这个"假戏真做"的方法，我的朋友恩格勒特先生得以保住了性命，并且很开心地活到了现在。

10 年前，恩格勒特染上了猩红热，痊愈后又发现自己患了肾炎。他四处求医，却总不见效果。不久，他又患上了高血压，最高的时候甚至攀升到了 214 毫米/汞柱，这是很危险的。当时，恩格勒特和家人都很苦恼，恩格勒特还查了查自己的保险是否在有效期，因为他觉得自己活不长了。

在痛苦中过了一个星期后，恩格勒特告诉自己："你实在很愚蠢，你看起来好像一年之内是没有问题的，那为什么不让眼前的日子过得好一点呢？"然后，在接下来的日子里，他努力让自己多笑，并且刻意地让自己全身放松，装出没有任何问题的样子。

最初，他心里很清楚自己的开心完全是装出来的，但是随着时间的推移，他的状况居然开始好转了，心情也随之好了起来。到了后来，他竟然奇迹般地恢复了健康。这让他的主治医生也感到很惊奇，认为这绝对是个奇迹。但是恩格勒特很清楚，他之所以会恢复健康，就是因为自己改变了内心的想法。如果自己总想着"快死了"，只怕自己真的早就不在人世了。

可见，女士们，倘若你的心情很差，不妨像恩格勒特学习，先让自己装作开心的样子，在脸上堆出一个笑容，慢慢地，你就会惊喜地发现，自己的心情会真的有所改变，自己的思想也会被幸福和快乐所包围。

幸福忠告

心灵是每个人独享的天堂，只有自己保持轻松、积极和快乐的状态，我们才会感受到天堂里的风和日丽和美景无数。所以，当遭遇坏心情的时候，不妨让自己假装快乐，假戏真做往往会让心灵获得实质的改变，从而驱走内心的愁苦和烦闷。

9. 敞开内心，释放心灵的疲惫

每年的八月份，我的助手都会请假前往波士顿参加一个世界性的医学课程。我想，她之所以会千里迢迢地赶到那里，一定有什么东西特别吸引她。于是，有一年，我和她一起坐上了飞往波士顿的飞机。刚下飞机，助手就拉着我去医院检查身体，她说与会的人进场之前必须要出示自己的身体检查报告单。我参加过很多课程，还是第一次碰到有做出这样要求的。

进入会场后，我发现这里有很多看上去心事重重的女士。我很奇怪，怎么会有这么多的女士来参加医学课程？看到我的疑惑，助手告诉我，这个课程实际上是一个临床的心理学实验，目的是治疗那些被忧郁困扰而患病的人，其中绝大多数病人是精神上感到压抑的女士。

听完助手的介绍，我突然对这门课程感兴趣了。于是，我找到了课程的医学顾问罗斯·希尔费丁先生，想对课程做更多的了解。后来，希尔费丁先生告诉了我关于约瑟夫·普拉特博士的故事。

1930年约瑟夫·普拉特博士创立了这门课程，他原来是波士顿当地一家医院的医生。在多年的临床经验中，他发现很多前来求诊的病人生理上并没有问题，但是却自认为生病了，这部分人以年轻人为主。比如，有人的双手由于患上了“关节炎”而无法灵活使用；有人因有“胃癌”而痛苦不堪；还有一些人常年被头疼、背痛、疲倦等疾病所困扰。他们面对医生时，都能清楚地描述自己的病情，然而经过彻底的检查后，却发现生理上并没有问题。

普拉特博士认为，如果仅仅告诉这些人回家好好休息然后忘记这件事，是不够的。因为这些病人都不希望自己患上某种疾病，如果可以忘掉，那么早就忘掉了。普拉特博士怀疑这些年轻人患病的真正原因在于自身的压力。于是，他辞去了工作，专门开设了一个类似心灵减压的课程班。在这里，他会尽力去开导学员们敞开内心，讲出内心的秘密。

当时，他的做法遭到了医学界的普遍质疑，但是时间最终证明了一切。从开班到现在过去18年了，这期间有成千上万的人从这里痊愈。记得曾经有一位女士，她第一次来这里的时候，对自己患上了肾脏病和心脏病深信不疑。她整日都在忧虑，有时候还会出现间歇性发病的症状。经过几期课程后，她变得开朗很多，而且充满了生活的信心，更重要的是之前那些困扰她的所谓的疾病都消失得无影无踪了。

最后，希尔费丁告诉我，普拉特博士办这个课程班的目的就是让人们可以讲出来内心的话，进而把自身的忧虑、压力完全地释放出来。这样，人们才可以远离疾病，远离痛苦。

我很赞同普拉特博士的观点，生活中有很多女士常常心事重重，不愿意对别人说，因此造成了精神的紧张，甚至导致生理上患病。其实，各位女士，你们应当像普拉特博士说的那样，尽量把内心深藏的话讲出来，这样才能让身边的人帮助你分担忧愁，解决问题。

我曾经把这个理论运用到了我的学员身上，下面我们看看丽莎小姐的故事。

丽莎小姐在纽约的一家房地产公司工作，她的父母都是普通的工厂工人，她还有一个弟弟和一个妹妹正在读中学。家里的一半经济压力都在她的身上，第一次见面，我就感觉她的神经总是处在一种紧张的状态之中。后来，我取得了她的信任，她会经常和我倾诉一些内心的烦恼，有时也会讲一些开心的事情。渐渐地，我在丽莎小姐的脸上又见到了久违的笑容，她也逐渐变得开朗起来。

有的女士对我说："卡耐基先生，我没有机会参加这样的课程，而且我也没有值得信任的朋友可以讲诉心事，我应该怎么做呢?"即便这样也无须担心，我把在普拉特博士那里得到的一些对心灵减压有帮助的概念与大家分享一下。

1. 准备一个"滋养心灵"的小册子

你可以用来摘抄一些能够鼓舞人心的名人名言、喜欢的诗句等。当你感到沮丧、心情低落、焦虑的时候，不妨看看里面的话，给自己的精神做一次洗涤。

2. 不要过度为他人的事情忧心

每个人都有自己的生活方式，有时你需要做的就是照顾好自己。

3. 多结交朋友

生活中如果没有朋友，将是件可怕的事情。因此，你不妨多认识一些朋友。

4. 做好计划和安排

很多人都会因为事情做不完而感到疲惫，所以，要学会提前做好计划和安排，这样就可以避免因为事情完不成而自责，同时也会提高做事的效率。

5. 学会放松

工作之余，要多和同事们交流，或者做一些简单的运动，都可以舒缓紧绷的神经。

现代社会充满了浮躁，快节奏的生活往往让人们感觉无所适从，人们的内心难免会感觉到无助和彷徨。情感隐私的存在已经成为人们心灵上的负累，其实，心事如同一个个沉重的包袱，当你敞开心灵，把心事说出来，无疑是甩掉了一个个压在心头的负累，整个人就会重新焕发出精神和活力。

女士们，当你们在被内心的情感困惑和隐私压抑得透不过气时，不妨与家人和朋友多多沟通，彻底地释放内心的疲惫。

幸福忠告

每个人内心或许都有心事，愿意主动分享的一般都是令自己感到愉快和自豪的事情，而那些伤心的、懊恼的事情则往往被压抑在内心深处，令我们感到疲惫和忧虑。只有把心灵敞开，让阳光照进来，那些尘封的阴霾才会随之一扫而空，人也会重新绽放出笑容。

---

10. 平衡作息，迈向活力的巅峰

著名的哲学家亚里士多德曾经说过：“人只有在闲暇的时候才能获得幸福感，而恰当的利用好休息的时光，可以让一个人获得更多的幸福感。”这句话很有道理，休息的时间对于我们每个人都非常重要。新泽西著名的医师约翰·克雷曾经说过：“一个人如果长时间处于紧张的状态，那么他罹患精神疾病的风险会大大增加。而给自己多一些休息的时间，可以有效地缓解精神紧张。”

令人感到遗憾的是，随着社会环境的变化，人们的压力越来越大，很多人为了达到心中的梦想或者达到自己设定的某个目标，夜以继日地忙碌着，几乎就没有想过要休息。实际上，人越是压力大的时候，就越应该放松，否则沉重的压力会剥夺你的快乐和幸福。

前几天，我去拜访我的表姐，她住在华盛顿，我们上一次见面是在一年前，因此我们见到彼此都很兴奋。表姐热情地接待了我，还带我去华盛顿的各个旅游景点游览。但是，我发现表姐和去年相比瘦了很多，而且眼神里也不见了昔日的光彩，这让我感到困惑。相隔一年，表姐的变化怎么这么大呢？

在表姐家住了三天，我终于找到了答案。表姐每天都有很多事情要做，要照顾孩子，要收拾房间，每天下午还要给一个女孩子上钢琴课。原来，她的丈夫前段时间失去了工作，如今她只能做些兼职，和丈夫一起承担起经济责任。因此，表姐几乎每天都从早忙到晚，几乎一点休息的时间都没有。于是，她开始变得憔悴起来，整个人看起来没有生气。

美国国家疾病中心的研究人员通过研究发现，一个人每天至少需要两个小时的时间去做一些不会让自己感受到压力的事情。如果没有这些轻松愉快的时间，那么这个人的情绪便会变得很不稳定，甚至会焦躁不安，严重的会有自杀的想法。另外，如果一个人长期处于压力下，这个人患病的几率会大大增加。

各位女士，你们或许已经明白平衡作息，为自己争取一些闲暇时间的重要性了。对此，我深有体会。曾有一段时间，我的事业正处在刚刚起步的阶段，每天都有很多事情需要做，繁重的工作压得我几乎透不过气来，我常常会连续工作 15 个小时以上。结果，没过多久，我的身体就报警了，我每天的倦怠感非常严重。后来，我调整了自己的作息，每工作一段时间后，就强迫自己休息一会儿，或者看看书，或者听听音乐……如此一来，我的工作效率提高了很多，而且从前的疲惫感也消失得无影无踪了。所以，各位女士，你们一定要懂得享受自己的闲暇时间，这是保证身体健康运行、提高工作效率的重要方式。

看到这里，或许会有女士问："卡耐基先生，你的这种建议实在太不现实了，难道我们不想享受生活吗？可是我们每天的工作都安排得满满的，总有无数的事情等着处理，到哪里去抽出两个小时的时间来放松自己呢？假如我赋闲在家，家里的经济就会陷入瘫痪的。”

确实，这点我不否认。现在几乎所有人都很忙碌，每天都有做不完的事情。然而，女士们，只要你可以提高自己的工作效率，并且对自己的时间进行合理地安排，你就可以节省出很多空暇时间。我的妻子这方面就做得不错。

女士们，尽管我们每个人都在忙碌，但是我相信放松的时间并非抽不出来，不要给自己找一堆借口，也不要透支健康。只要为自己抽出了闲暇时间，就可以充分地利用这些时间。如果你已经抽出了这些时间，而又不知道如何去利用，从而达到你想达到的效果，那么这也是没有意义的。

著名的科学家爱因斯坦就很善于利用这些闲暇时间。爱因斯坦是“奥林比亚科学院”的组织者，这个学院每天晚上都要开一次例会。而对于爱因斯坦来说，这段开会的时间就是他得以放松的时间。他很聪明，和其他科学界的精英们开会的时候，是在一边品茶一边讨论的情形下进行的，不仅让自己得到了放松，也让自己每天都会有所收获。

从爱因斯坦的故事中可以看出，他把自己的闲暇时间巧妙地转变成了工作时间，只是地点发生了变化。其实，我们也可以效仿他的做法，例如在闲暇的时候读读自己喜欢的书，不仅可以让自己得到知识，同时也可以得到放松。

各位女士，在现在这个充满压力的生活常态下，能为生活减压、为自己获得放松是十分必要的。大家一定要给自己预留一段休息的时间，从而让身心都得到彻底的放松。

幸福忠告

现代生活的压力越来越大，在生活无奈地走向沉闷时，我们要学会安排好自己的时间，让作息得到平衡，保证身心的充分休息，继而以更加饱满的状态去迎接生活，迈向活力的巅峰。

第十章　感悟生活，探索幸福之源

幸福，其实是一种美好的自我感知，它往往会随着生活和境遇的起伏而时有时无、时强时弱。但是，幸福源自内心，需要我们自己用心去感悟，去找寻。女人要善于从生活的点滴中发现阳光的色彩，找寻幸福的源头。让自己从容地迎接生活中的喜怒哀乐吧，无论欢笑还是泪水，我们必定会在未来的某个回首的瞬间惊觉，幸福，原来就在你我的心中。

1. 平淡是真，回归生活的本原

据说，在苏格兰有一个山寨，那里有一条不成文的规定，就是在爬山的途中，每走一段时间，无论是否觉得疲惫，都要停下来歇一歇。他们认为，如果一个人走得太快，就会将灵魂遗落。

身处这样一个快生活节奏的社会，大多数的女士生活在紧张而忙碌的环境中，承受了莫大的压力，每个人都在为家庭奔波。在生活的道路上，我们是否遗落了我们的灵魂呢?

很多女士从每天早上起床开始，就要准备好家人的早餐，接着又要把厨房收拾整洁、倒掉垃圾才能出门上班。然后她们经过至少 8 个小时的工作，拖着疲惫的身体回家准备晚餐、做家务，还要辅导孩子的功课。在她们的思想里，似乎没有闲暇的字眼。

各位女士，你们是否想让自己停下来歇一歇？假如没有给自己充足的时间去休息，去享受生活，你很容易被生活的劳累给拖垮。要知道，这也是必须的人生投资，因为假如你没有让自己满足心灵和身体的需求，是无法呈现出饱满的精神状态的，又何谈去面对紧张的生活和工作呢?

一次，我在我的培训班里和学员们分享了这个观点。当时，就有一位女士起身反驳我，她大声地对我说："卡耐基先生，你的这种想法已经完全与现实脱离了。你以为我们不想拥有自己的时间、不希望享受生活吗?然而，在现实生活中，这种想法是奢侈的。我和我的丈夫，还有我们的四个孩子挤在一间狭小的公寓里，每天都要被房东追着讨要房租，而且几乎每天都要为电费、水费、煤气费、孩子的教育经费所困扰。生活充满了艰难，我们已经被现实的残酷压得快要窒息了，哪里有什么休闲时间去享受生活呢？我可以保证，假如我每天少做一份工，那么我下个月就得从那间狭小的公寓里搬出去了。”

面对这位女士来势汹汹的反驳，我没有感到丝毫的生气和紧张，因为，对于她的处境，我很理解。我微笑着对这位女士说：“那你下班后，都做些什么？”那位女士有些不耐烦地说：“难道你听说过哪个已婚女人是不需要做家务的吗？把准备晚饭、打扫院子、洗衣服这些活做完就已经到了睡觉的时间，哪里有时间享受生活呢？至于周末就更累了，因为我还要进行彻底的打扫。”

我还是微笑着告诉她：“我妻子也是一样，每天要准备家人的早餐和晚饭，要照顾孩子，还要洗衣服、整理房间，当然，她也有自己的工作。不过，她的时间观念很强，做事的效率很高。每天下班后，她会做好晚饭，她会利用等我们吃饭的这段时间去看看书或者听一会儿音乐。等大家吃过饭后，她会很快收拾好餐桌，然后再去做自己喜欢做的事情。她每天几乎都是在一种很轻松的状态下度过的，你甚至很少能看到她手忙脚乱地做什么事情。正是她在头脑里已经规划好了自己要做的事情，使得自己拥有了闲暇时间，让自己得到了充分的放松。”听完我的话，那位女士才恍然大悟。

女士们，虽然我们都为了家庭和生活辛苦奔波，但是我相信，只要能够对时间合理地安排和利用，一定会抽出放松的时间。美国的作家索尔贝洛曾说过：“我们内心的力量源自于内心深处的自我，而如果想找到内心深处的那个自我，就需要花费一些时间去感受生活。”亚里士多德也说过：“人唯有在休闲的时候才能感受到幸福，恰当地利用休闲时间是我们做人的基础。”所以，女士们，请不要再埋怨，也不要过度劳累，透支自己的健康，休闲时间对我们是很重要的。

女士们，你们要学会利用闲暇时间做一些自己喜欢做的事情，假如你对文学感兴趣，那么就可以利用休闲时间多看些书；假如你喜欢音乐，那么就利用闲暇的时间多听听歌；如果你热衷于交朋友，不妨在休息的时候，约上三五好友去咖啡厅坐坐。当然，如果你实在很疲惫了，就索性躺在床上舒舒服服地做个好梦吧。

幸福忠告

生命是一段长长的旅途，现实中我们一直为着自己所谓的目标和追求不停地往前奔跑，而路边的风景却几乎从未欣赏过，然而，生命的意义和美丽却并不在于到达目的地。所以，请放慢你的脚步，用心去欣赏路边的风景，让心灵回归生命的本真。

---

2. 勾画未来，平衡梦想和现实

女士们，生活中，我们每个人都有自己的梦想，都希望能过上自己希望的生活。毋庸置疑，如何生活的决定权在你自己手里，而不是别人。

但是，我们发现在现实生活中，真正能改变自己生活现状，过上自己向往的生活的人并不多。这是为什么呢？有些人在不断地抱怨，对自己现在的生活非常不满，但是她们却从未寻求改变，或者说她们害怕改变，她们认为追求一个不确定的美好生活存在太多的风险。所以，她们一直都在自欺欺人地安慰自己，只要努力会好起来，但实际上却缺少破釜沉舟的勇气和一往无前的精神，有时即便真的想了，也难以付诸行动。

生活如逆水行舟，不进则退。如果一味地安于现状，最后你会发现，你和同期的朋友相比，生活已经大不如他们了。

所以，生活中，我们不能有任何安于现状的想法，要勇于改变，不要畏手畏脚，趁着年轻，重新审视自己生命的意义，制定自己的目标，开始改变。

女士们，我们的梦想不会因为我们决心改变就一定能实现，还需要做好准备，制定实现梦想的阶段性目标，如我希望这辈子达到什么？那么1

年内、3 年内、5 年内、10 年内、20 年内……我应该达到什么？然后把阶段性的目标再分解到每月、每天，按部就班地来完成。这里我需要额外提醒一下大家，目标不要制定得太过远大，遥不可及，那样对我们的积极性会是一个打击，首先阶段性的目标要容易实现，让自己品尝到成功的喜悦，然后逐步扩大目标，提高要求，直至实现自己的最终梦想。

女士们，所有成功的女性，背景和历程都各不相同，但是她们都有一个共同的特性：都有梦想，而且为梦想制定了明确的计划和步骤。

格蕾娜是一个美丽的女人，因为丈夫的背弃，她不得不独自抚养 3 个年幼的女儿，同时还要偿还房子和汽车贷款，生活非常艰难。

一次，她参加了一场名为“想象力乘以 V（Vividness，逼真）等于 R（Reality，事实）”的精彩演讲。其中提到：“心智以图像表现出来，当我们能清晰地在心中逼真地画出想要的东西时，这些东西就会变成事实。”

格蕾娜牢牢记住了这句话。于是，她下决心把自己梦想的东西转化为图像。她千方百计地搜寻自己心中的图像，并最终成功。

1. 风流倜傥的男士；
2. 穿燕尾服的男子和穿婚纱的女子；
3. 鲜花；
4. 漂亮的大粒的钻石、珠宝；
5. 位于加勒比海上的一个漂亮的岛屿；
6. 甜蜜温馨的家；
7. 全新的、高档的家具；
8. 升任为大公司副总裁的女子。

两个月后，格蕾娜开车行驶在加州的公路上，她正在急匆匆地赶往目的地，因为她约了客户 10 点洽谈生意。突然，一辆红色的凯迪拉克从旁边飞快的超越了她。一瞬间，格蕾娜被这辆漂亮的豪车吸引住了，而红色凯迪拉克车主吉米却被格蕾娜吸引住了。四目相视，彼此会意地一笑而过。

然而，一切就这样童话般地开始了。红色凯迪拉克一路追赶着格蕾娜，直到目的地。接着，犹如所有美国大片一样，男女主角相爱了。格蕾娜惊奇地发现，吉米居然是个钻石收藏家，并且喜欢让有高贵气质的女子试戴他收藏的所有钻石，格蕾娜就是他最满意的人选。

结婚前，吉米对格蕾娜说："亲爱的，我已经选好了我们度蜜月的地方，就是加勒比海上的圣约翰岛。"而更让格蕾娜惊讶的是她被公司任命为业务拓展部的副总裁。

仿佛一切都顺理成章了，婚后的家庭，格蕾娜完全按照自己的意愿来布置，典雅、高档的家具，亲密的爱人，温馨的家。

尽管这听起来像个传说，但这是真的。婚后的吉米和格蕾娜不断地更新自己的蓝本，也不断地实现……

女士们，生活中，你和周围的朋友、同事一样挤公交，在一样的环境下工作。大家从事着类似的工作，但是几年后，你是否发现，一些人已经飞黄腾达，出类拔萃，脱颖而出。其实，这些人看似平凡，但实际上有一颗不断上进的心，有一个远大的梦想。因为有梦想的人，她们的行为处事会与众不同，她们的出发点会不一样，她们的每一步都在为实现梦想做准备，或者说都在迈向梦想。

梦想与现实并不是矛盾的，梦想是要建立在现实的基础上，起飞远眺是梦想赋予现实以活力和动力。女士们，从现在起，开始绘制你的生活蓝图吧，为自己勾画出梦想中的桃园，并为之踏实前行。

幸福忠告

女士们，梦想不能脱离现实，必须要以现实为基础来升华，而且，梦想也会让现实生活充满激情和活力。所以，女士们，请明确自己的梦想，然后阶段性的制定目标，并坚定不移地实现它，相信你的生活会更加精彩。

---

3. 活在当下，不纠结于过去和未来

各位女士，我有一个问题想问问你们：你们是否生活在今天的“方格”中呢？或许有很多女士会认为这个问题有些莫名其妙——我们不生活在今天，难道生活在过去和未来吗？各位女士，我指的是你们的思想是否活在当下。

据我了解，有很多人，他们的思想就是生活在过去或者将来，而唯独与当下的生活脱离了。对于这种情况，我举个例子。

蒂娜是一位很漂亮的姑娘，她在21岁的时候认识了一位很优秀的男士。不久，两个人就坠入了爱河，并且开始商量着结婚、生孩子。然而不幸的是，这位男士在临结婚不久遭遇车祸，当时就去世了。这让蒂娜痛苦万分，她终日以泪洗面，将自己尘封在过去的那些美好日子里。四年的时间，她始终把自己锁在记忆中，不肯走出来，让悲伤和痛苦一次次地伤害自己。

对于这个事例，不知道你们有什么样的体会？蒂娜的遭遇很值得同情，但是她却走进了一个很严重的误区，那就是不应该让自己生活在过去，而是应该踏实地活在今天，让自己尽快从伤痛中走出来。我们可以试想，即便蒂娜再伤心，她的男朋友也无法再活过来。所以，她的这些悲伤、痛苦除了自我伤害以外，不可能起到任何积极的作用。所以，女士们，假如你们曾经有过伤心、痛苦的往事，不要让自己沉浸在那段忧伤里，毕竟它们已经过去了，无论你怎么想都于事无补。

另外，还有一些人生活在未来，他们对将来怀揣着希望，以至于竟然忘记了享受当下的生活。下面这个与韦斯特先生有关的事例讲的就是这种情况。

韦斯特先生在一家酒店做服务员，每天的工作就是给客人端菜、擦桌子，单调而无聊。尤其糟糕的是，他的工资很微薄，几乎每个月都靠借债度日。这让韦斯特先生很失望，内心里充满了愤恨。他痛下决心，要自强不息，让自己以后能够过上好的生活。每天，他都对以后的生活充满无限的希望，并且很努力地去工作。然而没多久，他就觉得生活还是很无聊、很无趣，每天都感觉很苦闷。又过了一段时间，他的意志完全消沉了，也不敢去想那些美好的愿望了。

各位女士，韦斯特先生为什么由原来的壮志满怀变成了后来的萎靡不振了呢？原因就在于他并没有活在当下，自然就无法体会到生活的乐趣，从而觉得生活是无聊的，每天都生活在苦闷之中。长期下去，他就变得萎靡不振了。每个人对未来都怀有一份美好的向往，这是可以理解的，然而如果你们的思想一味地放在了将来，这也会变成一种不幸，会沦为故事中的韦斯特先生一样的命运。

过去的事情无法重来，而未来的事情无法把握，唯有当下的生活才是真实的。只有活在当下，你们才会体会到生活的快乐和幸福。就在前不久，我还起草了一份计划，名称为“活在今天”。我觉得它可以振奋人心，也可以使大家生活得更快乐一些。于是，我将它打印了好多份，分发了出去。很多人按照它去做，真的觉得生活比从前幸福多了。在此，我想和大家分享一下，供各位女士参考。

活在今天

1. 林肯说过：“只要你想，大部分人都可以决定自己的快乐。”真正的快乐源自于人的心灵，它并非外来之物。所以，我们每天都要告诉自己：“今天，我要愉快地生活。”

2. 我要学会自我调节，而不是让整个世界来适应我。我要学会配合自己的事业、家庭和机遇。我要珍视自己的身体，每天都要用心养护它，而不是滥用它，或者干脆置之不理。我要让自己的身体成为心灵的殿堂。

3. 今天，我要增强自己的心灵能量，不让心灵闲置。我要学习！以后的每一天，我都要抽出一定的时间，专心地读一些经典而有益的读物。

4. 今天，我不仅要让自己生活得开心，也要让周围的人生活得更快乐。我要穿戴得体，彬彬有礼，并且要多称赞别人。

5. 我要全心全意地活好这一天。我不会去期望整个人生，也不会纠缠于过往的事情。我只要过好这一天，做好自己份内的事情。

6. 今天，我要为自己制定一个计划。尽管我不能保证完全按照计划执行，但是我要做出计划，这样，可以避免自己遇事仓促或者优柔寡断。

7. 今天，我要留给自己半个小时用来轻松和娱乐。这个期间里，我抛开那些恼人的工作，只去想那些快乐的事情，并且让自己彻底地放松，卸下一身的疲惫。

女士们，以上就是我“活在今天”的计划中的全部内容。只要我们能够做到以上这些，就可以完全消除生活中的忧虑和烦恼，获得真正的幸福和快乐。

幸福忠告

不要哀叹过往的伤痛，也不要预支明天的烦恼，我们每个人可以真正把握的就是当下。用心安排好现实的生活，踏实地走好每一步，就是为明天的幸福储蓄一份收获。

4. 安之若素，每一种经历都是命运的馈赠

女士们，人生漫长的旅行中，我们都会遭遇一些意想不到的事情，让我们陷入痛苦和烦恼，既然事情发生了，就不能再回头，所以，我们能做

的也就只有进行选择了。要么选择为此而悲伤，然后郁郁寡欢，直到最后击垮我们的生活甚至生命；要么理智地说服自己接受这些不可能逆转的现状，然后想办法忘记或者适应它。

我最喜欢的哲学家之一威廉·詹姆士针对这样的事情，给过一些忠告："乐于承认并接受已经发生的事实，是迈出克服任何不幸的非常重要的一步。"乔治五世曾经说过："我不能因为月亮的圆缺而悲伤，也不能事后反悔。"虽然他已经过世，但这句话至今还挂在白金汉宫的图书馆里。叔本华也说过："走在人生的旅程中，我们需要学会的最重要的一件事就是顺应时势。"显然，环境的本身并不能让我们高兴或者悲伤，而唯有我们自己的心态才是左右我们情绪的魔棒。

我小的时候，常和几个要好的朋友在一起玩，有一次，我们到离家不远的一座荒废的阁楼上玩耍，这个阁楼全部采用木质材料建成，而且看起来仿佛有很多年头了。我爬上阁楼从窗户跳下去，不幸的是，我左手食指上的戒指挂在了一颗铁钉上，结果，我的手指被拉断了。面对突如其来的变故，我完全被吓懵了，认为自己要死了，拼命地吼叫着。

后来，手还是好了，我也接受了这个不可逆转的事实。现在，我甚至都不记得我的左手只有4个手指。

几年前，我在纽约市中心一个办公大楼里碰到了一个人，他在这个大楼负责开货梯，他的左手在一次事故中被齐腕切断。我问他缺少左手是否很难过，他说："没有，只有在穿针的时候才会想起这事。"

如果有必要，我们可以非常迅速地接受已成的事实，然后慢慢地适应它，直至最后忘记它。

女士们，我们其实都可以做到快速适应变化，接受变化。只是，在发生变故的一瞬间，我们需要告诫自己："事情已经发生，不会再改变了。"而这个时候，不管你是抱怨还是反抗，或者因此而哭泣，都不能重新回去，但是，我们可以改变自己，就像故事里说的那样，我们都可以做到。

神女沙拉·般哈特可以被誉为"最懂得适应改变"的女性，在面对突发的变故时，她依靠智慧，冷静地应对并接受它，适应它。

沙拉·般哈特 50 年来一直都是全世界最受喜欢的演员，被称为四大洲剧院里独一无二的“皇后”，并历久弥新。但是，不幸往往都是在最幸运的时候突然降临。在沙拉·般哈特 71 岁那年，她破产了，钱也不翼而飞。更为不幸的是，她横渡大西洋时遇到了风暴，不小心摔坏了腿，得了静脉炎和腿痉挛。她找了当时最好的医生给她治疗，但是，最后，她的私人医生巴黎的伯兹教授还是很遗憾的告诉她需要截肢。大家以为，当沙拉·般哈特知道这个消息后会发疯的。但是，沙拉·般哈特非常冷静，她在详细了解情况后，平静地接受了这个现实，她说：“既然只能这样，我也只能接受了。”在去手术室的路上，沙拉·般哈特还乐观地给所有的医生和护士背诵她曾经表演的喜剧。她说：“我是希望能让医生和护士放松一点，不要太紧张。”

手术后的恢复阶段，沙拉·般哈特继续环游世界。

女士们，面对命运的安排和不确定性，我们能做的就是说服自己去接受现实，如果我们一味地反抗各种挫折，不顺从、不接受、不适应或者不忘记，最终痛苦的只有我们自己，我们会因此而忧虑、焦急、暴躁直至伤害到自己的生命。

汽车轮胎的最早设计理念是要足够坚硬，用来抵抗道路不平带来的颠簸，但是，这样的轮胎往往脆弱异常，经常四分五裂。后来，经过多次改变和更新后，轮胎才成了我们现在用的这样，它可以有效地吸收道路不平和车体重量的双重压力，所以才持久耐用。

女士们，如果我们再激进一点，抛弃我们认为的所有的不快和痛苦，那我们会怎么样？试想一下，一个完全由我们自己的思想营造的自认为快乐的世界会怎么样？我想，最终也不会像想象的那样没有任何烦恼吧。或许，你的精神会因此发生错乱呢。

好吧，女士们，本着“既来之则安之”的心态，接受命运的任何好的、坏的安排，适应它们，让我们的生活继续前行，拥抱快乐和幸福。

幸福忠告

不要再为突如其来的变故急躁不安、焦虑烦恼。我们不能改变即成的事实，所以，不如就此安心地接受这个事实。随遇而安，让生活更快乐幸福。

---

5. 有舍有得，放弃是为了更好的选择

生活中，我们常会面对判断，面对事物的取舍和抉择。女士们，日常的生活中，你们是否经常会既渴望得到没有的，又不想失去自己已经拥有的。诚然，这是人的天性。每个人都会这样，以为拿到手里的东西越多，得到的就越多，然后越安全。但是，生活中通常不会尽如人意。很多时候，我们别无选择，只能放弃，而很多时候，我们也别无选择，只能得到。所以，我们会经常不得不放弃升迁和涨薪的机会，不得不忍痛割爱地舍掉自己美好的爱情。因为如果不放弃这些，我们就不能得到另外一些。

女士们，生活中应该学会放弃，尽管放弃很难、很痛苦，但如果一味地握有、执迷不悟，最后失去的可能更多。所以，生活中，我们应该学会理智地、勇敢地舍弃一些东西。

在英国，流传着这样一位女孩推销保险的事情，那就是罗纳的故事。

罗纳，一位保险界的销售明星，是一个富有传奇色彩的女孩。她从步入保险界开始，依靠她广泛的人脉和杰出的推销艺术，她可以在很短的时间里完成高额的业务量，业绩骄人，犹如龙入大海般游刃有余地活跃在保险行业。

但是，就如同所有参加工作的年轻人一样，度过一个快速的业务增强期后，罗纳也步入了自己事业的“瓶颈”期，一般很多人会停留在这个“瓶颈”期不再成长，也有部分突破了瓶颈，获得更高的成就。罗纳拼命地想突破这个“瓶颈”，她更加合理地安排拜访客户，然后制定更加详细的推销计划和推销策略，同时详细整理了每一位客户的信息。每天她都起早贪黑，但是，不管怎么样，她的业绩依然没有起色。同时，为了提升业绩，她开始更加看重一些客户的订单，迫切希望客户尽早签订，结果，一些客户不但没有提高采购量，反倒减少了。

罗纳陷入了沮丧和失望之中，她甚至开始怀疑自己的能力，认为自己应该转行。但是，罗纳非常不甘心，于是，她在自己整理的客户信息中，仔细查看，最终，她惊人地发现了其中的秘密，并且为此欣喜若狂。

接下来，罗纳有针对性地改变了销售策略，结果发现，短短的两个月时间，她的业绩就迈上了新的高度。后来，有人好奇地问她是什么原因促使她取得如此的成就时，罗纳毫不保留地说：“就是舍得。我分析自己的销售订单时发现，在我的销售组成中，有70%的销售量是第一次拜访客户就签订的，24%的销售量是第二次拜访客户时签订的，剩下的6%是第三次甚至第四次拜访客户才取得的。而实际工作中，我为了争取这6%的销售，耗费了我将近一半的精力和时间。所以，我觉得应该放弃这部分，转而开拓新的市场，即第一次就签订的订单。这就是我的秘籍。”

女士们，从罗纳的故事中，我们可以发现，当你开始仔细分析遇到的问题时，如果指定一个明确而且可行的目的，比如提升销售量，那就可以制定出相应的解决办法来。而这个过程其实就是取舍抉择的过程。

我儿时的一个玩伴茉莉喀曾经在一个晚上到我家来拜访。对于她的突然到来，我感到非常吃惊，因为我们已经很多年没有联系过了。寒暄后，她开门见山地说她很苦恼，生活简直糟透了，没有任何乐趣，希望我给她一些建议。

茉莉喀和我说了事情的原委。她说，四年前，茉莉喀不顾家人的阻拦和劝诫，嫁给了她家人认为是花花大少的罗森。尽管家人都说罗森是不会忠诚于她的，但是茉莉喀还是义无反顾地爱上了他。婚后，罗森的本性慢慢显露了出来，对她不再像婚前那样好，经常在外面鬼混，彻夜不归，还把家庭的重担全部压在了她的身上。更过分的是，罗森喝了酒还会对她大打出手。周围的人都在劝她马上离婚，离开那个伤心的家，这个男人不值得她去付出。但是茉莉喀非常爱他，而且一直期望他有一天会变好。再后来，她有了孩子，更不忍离婚了。现在，她每天都非常苦恼。

茉莉喀的痛苦只能怪她自己。如果她一早听了父母和朋友的话，不嫁给那个罗森，那她也就没有后来的痛苦了；如果她发现罗森的本质后，能毅然离婚也可以摆脱痛苦；如果她现在离开，至少后半生还可以过上清净的日子。但是，她都没有做。因为她一直都非常爱罗森，尽管他给了她很多痛苦，但是她依然很爱她，而且期望他能变好。

其实，茉莉喀的爱已经变成一种盲目的爱了。她听不进别人的建议，不知道自己的问题，更不懂得放弃。

女士们，懂得放弃而又能在关键时刻决定放弃，其实需要很大的勇气。所以，生活中，我们必须要有足够的勇气，因为我们面对的事情需要放弃的太多，需要抉择的太多。诚如有人说，人生其实就是一个漫长的不断取舍的过程，只有懂得放弃，才有可能获得更多。

幸福忠告

懂得放弃是一种能力，是一种成熟的标志。女士们，生活中我们常常面对选择，必须要有所得有所舍，与其被逼无奈的任由事情选择我们，不如我们自主地选择对我们最有利的。舍得之间方显智慧，正所谓只有放弃才能选择更多。

6. 珍惜拥有，不眺望无法企及的幸福

女士们，看到这个标题，或许会条件反射地立刻想到贪婪。的确，奢望那些我们无法达到的幸福，本身就是一件贪婪的事情。

前面已经零星地提到过贪婪，但这一节我要系统地再介绍一下贪婪。

女士们，如果一个人总是想着那些不切实际的需求，而不懂得珍惜自己力所能及或者已经拥有的幸福时，那我们认为他已经陷入了贪婪的泥沼，甚至可以说，已经慢性中毒了。它会在不知不觉间一点点地侵蚀掉我们的心灵，最后让我们无法自拔，永远和快乐、幸福无缘了。

我没有夸大的成分，事实确实如此，甚至可能会更严峻，因为欲望的不可满足性会把我们都吞噬掉。有这样一个故事，很好的诠释了贪婪带来的危害。

有三个年轻人在一个小镇上闲逛，碰巧遇到了一队送葬队伍。了解后知道，死去的是他们的两个朋友，“友谊”和“快乐”，谋杀他们的是“死亡”。于是三个人商议，决定为他们的朋友报仇，杀掉“死亡”。然后，他们开始一路跟随“死亡”。正巧，对面慌慌张张地跑来几个老妇人说，“死亡”正在追赶他们，让他们一起逃命，否则遇到“死亡”就只有死路一条了。三个年轻人却非常开心，按照老妇人所指的方向，他们三个来到了“死亡”出现的地方。

他们神情紧张，紧握着短刀，非常警惕地四处张望，准备随时杀死“死亡”。但是，一番寻找后，他们只发现了一箱金币，连个人影都没有找到。三人见到金币后，欣喜若狂，两眼冒光，一时间，把原来的计划全部抛到了脑后。看看天色见晚，于是他们商量第二天分赃。同时，挑选了一人去买吃的回来。但是三个人此时已经各怀鬼胎，都想尽量多分点。

买东西的那个年轻人，一心想独吞这笔钱，于是，他先自己吃得饱饱的，然后在带回去的食物里放入了慢性毒药，期望能把剩下的两个人毒死。而留下来的两个，正在商量着杀死买东西的人，然后平分金币。于是悲剧发生了，一个人被杀死了，两个人被毒死了。他们三个最终也和“友谊”和“快乐”一样死掉了，杀死他们的就是眼前这箱金币，而它就是“死亡”。

“死亡”继续闪着诱人的光，开始寻找下一个目标了。

这是一则寓言故事，意思简单明了。其实，现实中有很多这样的事情，人们因为自己的贪婪一次次攫取本不属于自己的东西和财富，而最终等待他们的就是“死亡”。其实，寓言里的“死亡”并不能杀人，而是因为人们看到了“死亡”就产生了贪欲。如果换一个角度来看就会清楚，他们其实是被自己杀死了。

其实，寓言故事也喻示着我们生活的现状，人其实最难战胜的就是自己。女士们，现在有很多人，说起别人可谓头头是道，但遇到自己的事情就会犯糊涂。面对自己的欲望，她们无法控制，甚至不知道已经错了，这样只会自食苦果。

艾莉·克恩是一个公司的打字员，收入一般，但非常喜欢时尚的衣服，而且热衷于名牌。22岁那年，公司里的一个同事爱上了她，并向她求婚。艾莉本不喜欢这个同事，但考虑到收入可以翻一番，同时有个男人听自己指挥，也就答应了。

婚后的生活，虽然不富足，但也衣食无忧，而且两个人都在同一家公司，出双入对也惬意非常。但是，艾莉渐渐开始厌倦婚后的生活，而且开始抱怨挣得太少，甚至以丈夫没有本事为理由羞辱他，并扬言这样的生活缺少情趣，要离婚等等。她希望得到名牌的衣服，出入名流会馆，和上层贵族一起谈论时事……

一个花花大少，腰缠万贯的风流男人约瑟夫闯进了艾莉的生活，他垂涎于艾莉的美貌，并且了解到艾莉的家境，感觉有机可乘。而艾莉也正在为丈夫的“无能”发愁。两人一拍即合，各取所需。

没有不透风的墙。艾莉的老公得知了此事，愤怒地责骂她，并最终离婚。

艾莉更加无所顾忌，而且对于约瑟夫的要求也越来越高。她不满足于已有的生活，她要求更高更具品质的生活，希望像公主一般出入社会最高层次的舞会，然后和富太太们一起品尝咖啡。而约瑟夫本来也只是爱慕她的美貌，看到她要求如此高，不免有些后悔。最后，约瑟夫开始躲着艾莉，然后，在艾莉的世界里消失了。

艾莉的生活又重新回归了正常，而此刻，她连自己的家都丢了。

女士们，如果你无法控制自己的欲望，只盯着比自己更高的目标，尽管可以在一定程度上激发我们的潜能，但更多的是让自己陷入了欲望的沼泽，越挣扎陷得越深。其实，可以思考一下，如果你不懂得珍惜已经得到的，那么即使拥有富可敌国的财富也无法满足你的欲望，也不会让你感到幸福，因为你永远看不到已经拥有的一切。

女士们，不管是一座金山还是一枚金币，如果你对自己拥有的东西视而不见，那都是一样的。如果你永远都在奢望得到更多、享受更多，最后，可能连原有的财富都会丢掉了。

幸福忠告

女士们，珍惜自己拥有的，不去奢望那些高高在上无法企及的欲望，让生活更加真实。你会从自己拥有的财富中体味到生活的幸福和快乐。所以，请珍惜所有，让生活轻松愉快。

---

7. 爱人有方，让对方获得一种享受

女士们，随着年龄的增长，你们必须要仔细考虑一个非常严峻的问题，那就是如何和男人相处。因为不管生活还是工作中，我们都会接触到男人。如果你还不能掌握和男人相处的技巧，或者不懂得和男人相处的艺术，那将会给你的婚姻和家庭带来不必要的麻烦，而且还会制约你事业的发展。所以，女士们，不管怎样，都必须要学会和男人相处。那么，到底该如何相处呢？男人喜欢什么样的女人呢？

答案仿佛一成不变，而又有些落入俗套，但绝对是真理。那就是“男人喜欢能让自己轻松、舒适的女人”。我们先来看一个故事吧。

“二战”快结束的时候，有人在军营中对男性士兵做了一个调查，这个调查中有这么一项：“你理想中的婚姻生活是什么样子的？”士兵的答案几乎达到了惊人的一致，是“舒适”。了解中，士兵说，经过战争的洗礼，他们对人生有了新的看法，认为家庭中能有一个让人舒服的妻子是最温馨的事情。当然了，如果妻子能漂亮一点、更具魅力一点，就更完美了。

所以，女士们，如果你一直以为漂亮和魅力可以拴住男人的心的话，那么你就错了。请一定要改变原有的想法，首先让自己的丈夫感觉到舒服，然后再考虑漂亮和魅力的事情。因为这样做，会让更多的异性朋友乐意与你交往，当然了，这个交往需要经过你的同意才行。

女士们，或许我们现在可以得出来这样一个结论：“爱他，就让他感觉到舒服”。

但是，我们又不得不面对另外一个棘手的问题，就是，如何才能让他感觉到舒服呢？为此，我也非常苦恼，为了能得到一个相对合理并且能被

大多数人接受的答案，我拜访了十几位女性心理专家，专门探讨这个问题。经过讨论分析后，整理出如下几点。

第一，适应男人。各位女士，这个是前提条件，我们必须要学着适应。我们先来看一个小故事吧。

基利和米倍儿是一对恋人。一天，基利约了米倍儿周末一起看电影，米倍儿非常高兴地答应了。但是到了周六，米倍儿却对基利说："明天我不能和你一起看电影了，因为我的新礼服还没有做好。我们改到下周好吗?"基利虽然有些生气，但还是答应了她，然后一个人跑到电影院把电影票退掉了。到了第二个周末，基利很早就到米倍儿的楼下来接她看电影。但是，米倍儿却一拖再拖，直到电影快开始了，米倍儿才化好妆，穿着新礼服姗姗下楼而来。等他们到了影院的时候，电影已经演了一半了。基利忍着怒火目不斜视地看完了电影……

女士们，米倍儿的事情各位是不是碰到过呢？对于女人一定要准备好新衣服看电影，男人是无法理解的，他们会问为什么不能提前化妆呢。尽管基利没有抱怨，但这是一个影响他们关系的隐患。

女士们，男人和女人性格的差别其实很大，所以，在日常的交往中，不要一味地依据女人的想法来评判男人的心理或者为男人制定标准。我觉得，在我这本书中，这一节还是主要强调女士要尽量适应男士朋友吧。或许，你们对此有意见，认为男人应该适应女人。但是，各位女士朋友们，我们不妨看看或者回忆下自己和男朋友的一些事情，他忍受你的脾气，耐心地等待你换好衣服，提前准备好你喜欢的零食，吃饭时耐心地听你的唠叨和抱怨……这样的事情还有很多。所以，女士们，不要再抱怨男士应该适应女士了，他们已经做了很多。但是，如果你能稍作改变，我相信，你的男人或者男朋友会更加宠爱你的。

第二，善于聆听。女人爱唠叨，这个好像成了女人的一个标签。事实上女人的话确实很多，而男人也有表达的欲望，他们也希望有人能聆听他们的声音。所以，女士们要培养适当控制自己表达的习惯，学会倾听男人的声音。

第三，要有一个好性情。狄更斯被称为“爱情婚姻专家”，他曾经说过：“男人选择女人首要的标准就是要有一个好性情。”此可谓一语中的。如果一个女人喜欢抱怨或者发脾气，那她肯定不会受到男士的欢迎。相反，如果一个女人能够带给男人舒服和快乐，她就很容易受到男人的欢迎。有位男士曾经跟我说过：“卡耐基先生，尽管我的妻子并不是很漂亮、很聪明的女人，但是我非常爱她，因为和她在一起，我的心情非常放松、舒服。”

所以，女士们，从以上几点建议中，希望能对你们有所帮助。最后，我以一个男人的角度来说出他们的心声：“我宁肯一个人吃青豆，也不想和一个面带愁容、喋喋不休的女人吃牛排。”

幸福忠告

女士们，如果你还在为了讨好丈夫或者男朋友而苦恼的话，请从自我改变吧，让他感受到你的爱，享受和你在一起的舒服、放松的感觉。

8. 凤凰涅磐，在苦痛中蜕变

印度亓里什那神说过一句箴言：“真正圆满的人生，不是平淡无奇的幸福，而是英勇地应对所有的不幸。”

人性因为“英勇的面对”而变得坚强和丰满，“不幸”就犹如一把刺痛神经的刀，激发出身体内庞大的潜能，然后催动我们战胜它，从而展开新的篇章。

前段时间，我拜访了一位资深的心理专家，想知道究竟怎样的心态面对不幸才可以最终战胜它。我得到的答案让自己有些吃惊，他告诉我："其实很简单，只要你接受并且适应了，你就已经取得了战胜不幸的初步胜利。"后来，我接到了伊丽莎白女士的来信，读后我便对那位心理专家的话深信不疑了。

信中，伊丽莎白女士讲述了她亲身经历的一件事情。一天，伊丽莎白女士接到了一封来自国防部的电报。电报上说她最疼爱的侄子乔治战死在了北非的战场。这无疑是一个无法承受的噩耗。这个侄子是伊丽莎白女士一手带大的，他们情同母子，在伊丽莎白的眼里，她的侄子乔治就是世界上最完美的年轻人。后来，对于乔治参军为国效力，伊丽莎白女士感到很欣慰，她觉得自己付出的一切都是值得的，都有了回报。

如今，这封电报却将她所有的美好希望击得粉碎。伊丽莎白觉得自己的一切都失去了意义，甚至对生命也绝望了。她开始轻视自己的工作，漠视自己的朋友。她无法接受一个年轻而美好的生命就这样离开了这个世界。伊丽莎白女士的生活陷入了崩溃的状态，她彻底被改变了。

这天，她又在清理乔治的遗物。突然，她发现了一封早前侄子写给她的信，信中乔治安慰伊丽莎白不要为他母亲的去世感到伤心。信中这样写道："我们都很想念她，尤其你，我的姑妈。但是，你一定要坚强，就如我心中一直想象的那样。我相信你，你曾经告诉过我，无论遇到什么困难，我都要做个真正的男子汉，勇敢地面对。"

伊丽莎白女士流着泪水读完了这封几乎要被她遗忘的信，感觉仿佛侄子就在她身边和她说着这些话。她突然觉得自己不应该这样颓废，被伤痛所击垮。她要做的，就是从伤痛中走出来，重新面对生活，就像所有的美好都不曾离开过她。

正如伊丽莎白夫人所经历的苦痛一样，尽管让人痛不欲生，但最终还是要接受的。而且，布朗夫人也告诉我们最好的解决伤痛的办法就是时间。

失去亲人是人世间最痛彻心扉的事情，而面对这样的不幸，我们只能接受。有时，面对被伤痛割裂的生活，也只有时间能把它缝合起来。当悲剧刚刚降临的时候，人们往往会悲观地认为我们将永远的承受这样的伤痛，而且时间似乎也停滞在了那一刻。但是，如果我们不想让自己也成为悲剧，那就必须要克制自己的情绪，忍住悲伤，继续前行。

其实，有时候，不幸也不全是坏事，它可以激发我们的斗志和潜能，让我们穷则思变，开始付诸行动，让智慧因此而清晰，也有利于促进我们摆脱痛苦。

让我再来举一个例子吧。

著名作家罗阿·斯梅斯有一部很有鼓舞性的作品，名为《在死神面前的完整生命》。书中讲述了主人公爱慕尔·哈姆的故事，一个出生在俄亥俄州的可怜的女婴。

当爱慕尔出生的时候，负责接生的医生告诉她的父母："这个婴儿恐怕不久会夭折。"但是，爱慕尔还是坚强地活了下来，并且最终活到了90岁高龄。尽管在她的一生中，她始终都在忍受着右半身严重受伤带来的痛苦，但是她从未向现实低过头、服过软。她很清楚自己不能从事体力劳动，于是就把精力都放在阅读上。后来，在她28岁的时候，她加入了卫理公会，做了一名传道士。

至此，也许大多数人会认为她从此就一帆风顺了，然而她至少还遇到过两次足以致命的意外。但是，她并没有退缩，也没有放弃信念。后来，一位商人关注到了她，并且在经济上给予了她很大的帮助。经过数月的治疗，爱慕尔在与死神数次碰面后，获得了新生。

后来，爱慕尔将所有的精力都放在了慈善事业上。她兴建了教堂，设立了基金，还经常捐助附近的学校和医院。70岁的时候，她终于选择了退休，却没有停止工作。她将自己讲道、写书、募捐来的钱全部用在了教育上。当她快要离开人世的时候，她已经是超过20多所专业学校和一所大学的名誉董事了。

在爱慕尔·哈姆女士的头脑里，就没有“苦难”的字眼。她的心中只有一个信念，她坚信自己是一个有生命的个体，并且是一个有意义的个体。她相信所有的苦难都是人生必经的路程，突破了这些苦难，就是一个重新的蜕变。

人生的旅途不是一帆风顺的，倘若爱慕尔臣服于命运，她拥有的将是悲痛的人生。上苍没有因为她的痛苦而眷顾她，但也没有抛弃她。每个人都不免要经历一些痛苦和悲伤，国王、乞丐、诗人、农民等等，不论身份、不论职业都有自己要必须经历的苦难。

所以，我们不能怨天尤人，不能坐以待毙，应该学会在不幸的生活中努力拼搏，改变现状，摆脱痛苦。为此，我总结了几个方法，希望能够对大家有帮助。

1. 接受不可逆转的现实，让时间治疗伤痛；
2. 积极行动起来，抵制痛苦；
3. 有生之年，充分利用自己的生命，为梦想拼一次；
4. 集中精力，帮助别人；
5. 了解我们拥有的幸福。

幸福忠告

女士们，人生不是平淡的，必定会经历痛苦、磨难、欢乐、幸福。所以，请坦然面对遇到的不幸，英勇的接受现实，适应现实，理智地支持自己，度过难关，继续美好的生活。

---

9. 学会调剂，享受有氧生活

曾经有一位女学员，她在我的培训课上愁眉苦脸地对我说："我的生活几乎没有一点生气，枯燥极了。我几乎每天都在重复着前一天的事情，无聊而琐碎。我实在对这种单调至极的生活忍无可忍了。卡耐基先生，我该怎么做呢?"这时，旁边的女士似乎对这个问题都有感触，纷纷围了上来，都想知道这个问题的答案。

我笑着对她们说："你们可以仿照多莉女士，看看她的休息时间是如何安排的。"

多莉女士也是我的一个学员。她家里的经济条件很一般，没有多余的钱可以用来享乐，并且婚后的她需要面对很多生活上的烦心事，比如房子、老人、孩子等等。可是，面对这么多琐碎的事情，她并没有任由生活变得枯燥而无味。她最大的乐趣之一就是交朋友。每逢周末，她都会邀请三五好友到家里聊天、喝茶，有时候也一起去逛街。

她有很多爱好，其中一个就是收藏有关厨具的杂志，她的收藏品已经很多了。一次，我和她聊天，提到了这些收藏品，我们聊了很久，她给我介绍了世界各地的厨具。当时，她很兴奋，看得出她并没有觉得生活是单调的。

女士们，对于单调和枯燥的生活，你们是如何定义的？我个人的看法是，无论你们是什么身份、做什么职业，如果你想让自己快乐起来，获得幸福，就必须让自己的生活从单调中走出来。单调和枯燥是你们的生活不断褪色的元凶。

所以，女士们，你们要鼓起勇气，让丰富多彩、充满乐趣的生活来到你们身边吧，只有这样你们才能获得幸福和快乐。你们多培养自己的兴趣和爱好，让自己有一个精神寄托，就如上文中的多莉女士一样，拥有自己的爱好，这样你就可以减少做那些重复而无聊的琐事了。

说要这里，我想给大家介绍一位我认识的女士的故事。

我认识一位年轻的母亲，她叫米娜。她每天的工作就是在做完家务后，陪着她的儿子玩，直到孩子上幼儿园。偶尔碰少闲暇的时候，她也会拿起画笔，在画板前用心地作画。高兴了，她也会听听音乐，让自己全身心地沉醉在音乐的世界里。

我碰到过她和孩子在一起的场景，她的孩子很听话，很少哭闹，米娜作画的时候，他会站在一旁认真地看着，仿佛他能读懂画里的意境似的。米娜担心他兴奋的时候会在自己的画上胡乱涂抹，就拿起一支笔和一张纸丢给他，让他自己在一边随心所欲地画些自己想画的东西。这样的场景让人感觉很温馨，就像一幅艺术作品。

后来，米娜的儿子去了幼儿园，米娜仍然在家做全职太太，但是她每天的生活依然很充实。白天家里就剩她自己了，她便开始画画、看书，一个人自得其乐。而且，她的爱好并不局限于此，她还对唱歌、读书感兴趣，她用她的兴趣点燃了本来如死灰一样的生活。

最后，米娜说："我们都是生活在现实中的人，如果说没有烦心的事情，是不可能的。只是，我们女人要懂得为自己培养些爱好，比如画画、做瑜伽、听音乐、旅游……这样，即便很多时候都是自己一个人，也不会感觉生活有多枯燥、自己有多寂寞。选择一两项自己感兴趣的活动，既可以让自己排解孤独，改变生活的现状，还可以提升自己的修养和素质，此外，还可以让自己变得健康美丽。这样的生活就再也不会觉得枯燥和无聊了。"

其实，无论是哪种爱好，即便它表面看起来很无聊，只要你自己觉得喜欢，那么你就可以从中获得快乐和充实的感觉。大家普遍认为家庭主妇是最无聊的群体，这是因为所有人都了解家庭主妇的生活几乎是同样的内容，每天就是洗洗涮涮、缝缝补补、带带孩子、看看电视等。可是，如果可以抽出一点时间去选择一些家务之外的活动，那么她们很容易就会找到快乐的。

沃森太太已经进入老年了，她的丈夫在几年前就去世了，孩子们离她都很远。但是，她的生活却不像我们想象的那么单调和乏味，相反，她过得很充实，也很快乐。

丈夫离开后，沃森太太开始喜欢上了培育鲜花。迄今为止，她已经弄出了上千个自己的花园。每到黄昏时分，邻居们都会不约而同地来到她的院子里，和她一起欣赏那些美丽娇艳的花朵。此时，沃森太太就会一边听着邻居们对这些花儿赞不绝口，一边看着美丽的景色，心里无比惬意。

然而，这还不是全部，最近，沃森太太对桥牌产生了兴趣。于是，每逢周末，她都会邀请一些邻居到家里玩上几局。没过多久，由她组织的桥牌协会也诞生了，她自己出任了会长。现在，会员已经发展到十几人了，办得有声有色。

一次，我在花园里碰到了沃森太太，我对她说："真让人不敢相信，沃森太太，您现在比从前更加精神焕发了，显得年轻了很多。"沃森太太笑着说："谢谢你，亲爱的。等你到了我这个年纪，自然会懂的。假如我每天都心事重重的，恐怕我早就去见我丈夫去了。可是，我现在找到了生活的乐趣，活得很快乐。"

沃森太太已经年过古稀了，依然可以对生活保有这样的热情，让生活得到了很大的改变，那么女士们，你们还在犹豫什么？赶快行动起来，给自己单调的生活创造一些乐趣，抓住每一个闪光的瞬间，让单调和无聊远离你的生活，从而轻松愉快地享受自己的人生。

幸福忠告

激情似火是生活，平淡如水也是生活，生活的颜色和味道，其实很大程度上是掌握在你自己手中的。做一个睿智的女人，给自己一个多项选择，为生活的单调和乏味做一些调剂，让生活呈现出阳光般明亮的色彩。

---

10. 懂得感恩，用心礼唱生命

女士们，这部书就要结束了。其实，从自信、成熟升华成为魅力女人，不论是个人生活、家庭生活还是职场，或者培养掌握财富的技能、修炼活力四射的美丽人生，再到最后的感悟生活。其实，我们都是在围绕着“我们是有独特的鲜活生命的人，我们应该懂得感恩生命，懂得用心来感悟”这一中心来完成的。所以，女士们，如果你已经全部看完了，请静静地闭目思考，如果你对生活还有不满，请再耐心地把这最后一节看完吧。

女士们，我们生活中90%以上的事情都是好的，只有不足10%的事情是不好的。如果我们一直盯着这不好的10%，那我们的生活将被灰暗、压抑、苦恼所充满。但如果我们关注90%好的事情，那我们的生活中将会洒满阳光，充满欢声笑语。

英国文学史上最颓废的厌世主义者乔纳森·斯威夫特，就是《格力佛游记》的作者。乔纳森·斯威夫特每日黑衣素食，以此来表达对自己生命的遗憾，但是他却大加赞美幸福快乐的生活是保证身体健康的关键要素。他宣称：“世上最好的医师是快乐、安静、节制医师。”我们可以接受“快乐医师”的免费服务，了解自己独特的可贵的财富——这个财富比阿里巴巴的财富还要可贵。试想一下，你会对那些千亿万身价的富翁们出卖自己的眼睛、听觉、孩子或者家庭吗？大家都会说不会。就算把世界上所有富人的财富都加起来也买不到你拥有的一切。

但是，女士们，生活中，我们为拥有的这一切心怀感恩了吗？我们只是看到我们没有的东西，忽略自己所拥有的可贵的财富。正如叔本华说过的：“人们常盯着自己没有的，而漠视自己拥有的。”

我的一位朋友约翰·派玛正是因为这样，整个人都变成了一个坏脾气的老家伙，而且差点毁掉了他的家。朋友们，让我们看看约翰·派玛到底发生了什么事情。派玛退伍后不久就开始独自做起了生意。本来生活一直不错，但还是出了问题。他夜以继日地忙碌，但是却采购不到他需要的原材料和零件。于是，他绞尽脑汁，想尽一切办法，并通过所有认识的朋友和关系收集所需的物品。他开始担心自己的生意会因此被迫倒闭，整日的担忧和精神上的过度紧张，让他变成一个脾气暴躁、刁钻刻薄、让人厌恶的小老头。他的雇员们一个接一个地离开了他，他越发地气愤，认为大家不能和他同甘共苦。

一天，他又为了一点小事而发脾气。这时，唯一的一个雇员——也是从部队转业回来的，而且是伤兵——忽然非常严肃地对他说：“约翰先生，你太不应该这样了，你以为只有你一个人苦恼吗？买不到原材料最多把店关了，等解决了原材料问题再开就行了，至于每天都发脾气吗？你看看我，我只有一只胳膊，而且半边脸还受了伤，如果我有你这样的产业和身体，我每天都会开心地笑。但是我从来不抱怨，因为我知道，至少我还活着，我还有一只手臂，眼睛还能看，还可以自食其力。如果你还是这样喋喋不休地抱怨，你不仅会失去你的朋友，也会失去你现有的生活。到时候，后悔都来不及了。”约翰·派玛被他的一席话猛然惊醒，然后他重新思考遇到的问题，决心改变，而且最终他成功了。后来，约翰·派玛和那位雇员成了非常要好的朋友。

女士们，故事中约翰·派玛的行为其实在生活中非常多见，有些人及时扭转过来，最终成功，而有些人直到最后也没有醒悟，而且他们还在抱怨生活对他们的不公。

还有一个故事，是玻姬儿·德尔真实的生活写照。

玻姬儿·德尔只有一只眼睛，而且只能通过眼睛左边的一个小洞来窥探世界。小的时候，她必须把书贴到脸上才能看到上面的字，而且还必须把眼睛用力斜向左边。

但是，玻姬儿·德尔不期盼任何人的怜悯，也不希望别人给她特殊的优待。小时候，她常希望和小朋友们一起玩跳房子，但她看不到地上的线。后来，她经过反复练习，贴近地面看所画的线，牢记每一个位置，终于能和小朋友们一起来玩了。后来，她经过坚忍不拔的毅力和无比艰辛的付出，自学完成了大学的课程，并先后获得了明尼苏达州立大学学士学位和哥伦比亚大学硕士学位。

然后，她开始从事教育工作。起初，她在明尼苏达州双谷一个小农村任教，后来升到南大科他州奥格塔那学院任教新闻学和文学，并在那里工作了13年。期间，她积极参加各项活动，而且还曾经主持过电视节目。她常说："我非常担心我会彻底失明，对此一直有着深深地恐惧，所以，我对生活的态度一直是快乐为主。"

1943年，52岁的约翰·派玛在著名的梅育诊所进行了一次手术，术后，她能比之前看清楚40倍。这让约翰·派玛异常兴奋，简直要发疯了。

后来，她把自己的一生写成了一本书《我希望能看见》。书中，她描写了自己眼睛变好后的一件令她欣喜的事情："我可以在脸盘里玩肥皂泡了，而且通过肥皂泡，我居然看到了一道闪着光亮的彩虹……"

女士们，相信你们会有所感触。在约翰·派玛的眼里，我们生活的世界就是一个美丽的童话王国，我们都是这个王国里的主人，可是我们却视而不见，而且还不断抱怨。请重新审视自己的心灵世界吧，感谢生命给我们的快乐，别让我们只忙着享受而忘记了感恩。

生命的旅程，其实不过是低头闻闻青草的芳香，抬头仰望湛蓝的晴空，挥手掠过一丝轻柔的风。我们要学会享受一路走来的点点滴滴，无论是酸还是甜，都是生命的馈赠。在人生的舞台上，每个人都有各自的脚本，尽管有时角色相同，但总有不同的演绎，重要的是站在聚光灯下的自己，诠释出本色，释放出光华。

让我们感谢这多彩的生命，感谢曾经拥有的一切，感谢那些激励我们前行的伤痛。只有一颗懂得感恩的心，才会看到人生的大精彩，领悟到生活的大智慧。

女士们，感悟生活、感恩生命，让我们珍惜拥有的一切，无论贫穷富贵，无论高贵卑微，让自己快乐起来，用心来感受生命给我们的快乐。唱响生命精彩的华章。

幸福忠告

感悟生活、感恩生命，用智慧和理智拥抱人生，别再患得患失，欣赏自己独特的人生，相信自己有着别人不可替代的魅力。水滴虽小，但可以包容太阳。请阳光起来，只要怀着感恩的心，就一定能奏响绚丽多彩的生命乐章。